書不盡言
言不盡意
有覺聖智
完成人格

辛卯冬 二〇一一年
九四讀童
南懷瑾

南怀瑾先生

南怀瑾谈历史与人生

练性乾 著

复旦大学出版社

饶乾如晤：

我正在旅途中，蒙寄有阅"历史人生纵横谈"一书来，我就不必再看了，免得自己脸红。我的书，台湾已出版了三十多种，大陆也出了十多本。其实，我自己却不满意。

你既然已花了那么多时间，整理出这本"纵横谈"，又有出版社愿意出书，那就随缘吧！这本书如果能给人贡献一些有关中华民族传统文化方面的知识，你的好意也就达到目的了。

但希望读者们，从此能更上层楼，探索固有文化的精华所在。千万不要把我看作是什么专家、权威、学者。我从来把自己归入旁门左道，而非正统主流。我只是一个好学而无所成就、一无是处的人。一切是非曲直，均由读者自己去判断。是所至盼。 癸酉初春人日後一日。

1993. 1. 30.

南懷瑾

修订版前言

《南怀瑾历史人生纵横谈》最初由华文出版社出版，销路不错，反应颇佳，书内好几篇文章被多家报刊转载。我自己心里却一直不安，因为编校疏忽，全书出现了一些错别字；《帝王好色入诗来》《旧八股与新八股》和《人人可做观世音》等三篇文章，也只有开头，后面好几段文字被漏排了。

承蒙复旦大学出版社的支持，出版了这本书的修订本，并改书名为"南怀瑾谈历史与人生"。借此机会，改正了初版书中的错别字，补上了漏排的段落，并补充了《苦命的皇帝》《谁肯将身作上皇》《欲除烦恼须无我》《春秋多权谋》《〈长短经〉——反经》《苏秦的历史时代》《商鞅的变法》《圣盗同源》和《神奇的堪舆学》等九篇文章。

今年，《南怀瑾谈历史与人生》再次由复旦大学出版社推出新版，希望能受到更多读者的喜爱。

练性乾

二〇一五年八月

前　言

一辈子同文字打交道，自然是读了一些书。但对一位作者的书读得那么认真、那么津津有味，在两三年的时间里读了他十几本专著，在我的读书经历中，算是件稀罕的事。这位作者就是台湾著名学者南怀瑾先生。虽然未曾谋面，未拜过师，但是，我在书信中还是称呼他为"老师"——不是北京眼下逮住谁都叫"老师"的客套，而是从心底里感到，南怀瑾先生的学问、人品，确实令我敬佩、羡慕。

南怀瑾先生在台湾有许多头衔："教授""大居士""宗教家""哲学家""国学大师"和"禅宗大师"等，还一度名列"台湾十大最有影响的人物"，但流传最广的却是这个最普通的称谓——南老师。上至达官贵人，下至贩夫走卒，都这样称呼他；不管三教九流，男女老幼，也都如此亲昵地叫着他；许多人都以是南老师的学生为荣，而南老师自己则经常谦虚地说："我从来没有一个真正的学生，也没有收过一个徒弟。"接着，还自我幽默一下："老师早，老师好，老师不得了！我最讨厌人家把我当成偶像。吾乃一凡人，不足让人盲从我。"

南老师自谦为"凡人"，实际上他的一生充满了传奇色彩。

南老师出生于浙江温州乐清的一个书香人家，自幼接受严格的私塾教育。少年时期，已遍读诸子百家，还学习拳术剑道等各种功夫，此外，还学习文学、书法、医药和易经、天文等。

抗战军兴，南老师入川，曾任教于当时的"中央军校"，并在金陵大学研究所研究社会福利学。后离校，专门研究佛学，花三年时间遍阅《大藏经》，后又远走康藏，参访密宗大师。此后，曾讲学于云南大学和四川大学。

抗战胜利后，于一九四七年返乡。不久，归隐于杭州之三天竺之间；后又于江西庐山天池寺附近结茅篷清修。

一九四九年春，南老师去台，一住近四十年，毕生从事教学工作，先是个别授学，后执教于文化大学、辅仁大学以及其他院校和研究所，并创办东西精华协会、老古文化事业公司等文化事业。

南老师学问博大精深，一生著作等身，在台湾已出版了三十一部专著，其中大多为南老师讲述，他人整理。目前，还有大量讲学录音带尚未整理。南老师的著作不像三毛、琼瑶的小说那样畅销一时，而是长销不衰，一版再版，最多的一种达数十版，印数四十多万册。台湾流传一段佳话：一对新婚夫妇互赠礼品，新郎向新娘赠送一套《论语别裁》，新娘还赠一套《孟子旁通》，而这两部书都是南老师的著作。

随着海峡两岸关系的发展，大陆的读者有机会读到南老师的书。自一九九〇年以来，大陆的复旦大学出版社、国际文化出版公司等几家出版社，已先后出版了南老师的《论语别裁》《孟子旁通》《老子他说》《历史的经验》《禅宗与道家》《静坐修道与长生不老》等好几部专著，还有《禅海蠡测》《易经杂说》和《易经系传别讲》等正在洽商出版中。南老师的书在大陆虽未引起轰动，但也拥有不少读者。在我的朋友中，有专家教授，也有青年学生、一般干部，凡读过南老师著作的人，无不叫好，无不佩服。一位朋友说，他在书店看到南怀瑾的书，随便翻翻，就毫不犹豫买下来，虽然书价不低。一个个体书贩在我案头看到南老师的书，就说："南怀瑾的书好卖，有人一看见'南怀瑾'三个字就买，都说这老头子学问大，字字值钱。听说他九十多岁了……"他讲了一大堆不知从哪儿听到的传闻，说得有点神了，我赶紧拿出南老师的相片给他看，并告诉他，老师今年才七十四岁。

我喜欢读南老师的书，因为他的书别具一格，不同凡响。南老师毕生钻研并弘扬中华传统文化，但他并不拘泥于一字一句的训诂注疏，不固执于一得之见、一家之言，而是透彻地理解儒释道各家的学术精髓，结合现代社会的种种现象和现代人的种种心态，广征博引，谈笑自如。"上下五千年，纵横十万里，经纶三大教，出入百家言"，这是南老师客厅里挂着的条幅，反映了南老师宽阔的胸怀和执著的追求。

南老师的著作一个难能可贵的特点是通俗易懂。《易经》《论语》《老子》这些几千年前的深奥经典，南老师用通俗、轻松、幽默的现代口语讲解起来，使读者如同听故事读小说，入耳入脑，爱不释手；南老师的书还充满人生哲理，富于强烈的民族意识。难怪出版界争相出版南老师的书。

我无意吹嘘南老师的书完美无缺或句句是真理。我敢说，国内学术界的专家学者肯定可以在南老师的书中挑出毛病或提出完全与之相反的观点。本来，如何解释、评价几千年前古人讲过的话，有不同的意见是很自然的。老子的一部《道德经》，才五千多字，但后世诠释评价《道德经》的文章专著恐怕已有几千万言了，不仅有中国的，还有外国的，无不掺进了作者本人的思想观点，老子如果活到现在，不知作何感想。所以，南老师谦虚地把自己的书名都用上"别裁""杂说""旁通"等。

南老师现已离开了讲坛，几年前，移居香港。南老师淡泊名利，不求闻达，但声名远播，桃李满天下；南老师学富五车，功成名就，但没有高官厚禄、腰缠万贯。出于对家乡的厚爱，出于对中华民族繁荣富强的企望，南老师在海外筹集巨资，建立了几个投资公司和基金会，在国内开办或筹组八个合资企业，合资修建温州至金华的铁路的项目也正在落实；南老师慷慨解囊，在全国二十多所高等学校设立奖学金或提供资助，但是他不让宣传，连他亲近的人也说不清有多少人得到过南老师的扶植。

南老师的书在大陆已印行了几十万册，拥有相当数量的读者，但南老师的身世人品还鲜为人知。我根据间接得来的信息作此短文，不足以全面反映南老师的道德文章。这是我第一次未经采访本人而写成的"人物专访"，但愿有机会亲聆教诲，向喜欢南老师书的读者介绍南老师不平凡的业绩。

练性乾

一九九八年八月

目 录

第一章

诗话与人生

诗 的 伟 大

"诗三百"，是指中国文学中的《诗经》，是孔子当时集中周朝以来，数百年间，各个国家（各个地方单位）的劳人思妇的作品。所谓劳人就是成年不在家，为社会、国家在外奔波，一生劳劳碌碌的人。男女恋爱中，思想感情无法表达、蕴藏在心中的妇女，就是思妇。劳人思妇必有所感慨。各地方、各国家、各时代，每个人内心的思想感情，有时候是不可对人说，而用文字记下来，后来又慢慢地流传开了。孔子把许多资料收集起来，因为它代表了人的思想，可以从中知道社会的趋势到了什么程度，为什么人们要发牢骚？"其所由来者渐矣！"总有个原因的。这个原因要找也不简单，所以孔子把诗集中起来，其中有的可以流传，有的不能流传，必须删掉，所以叫做删诗书，定礼乐。他把中国文化，集中其大成，作一个编辑的工作。对于诗的部分，上下几百年，地区包括那么广，他集中了以后，删除了一部分，精选编出来代表作品三百篇，就是现在流传下来的《诗经》。

读《诗经》的第一篇，大家都知道的"关关雎鸠，在河之洲，窈窕淑女，君子好逑"。拿现在青年的口语来讲，"追！"追女人的诗。或者说，孔子为什么这样无聊，把台北市西门町追女人那样的诗都拿出来，就像现在流行的恋爱歌"给我一杯爱的咖啡"什么的？这"一杯咖啡"实在不如"关关雎鸠，在河之洲"来得曲折、含蓄。由此我们看到孔子的思想，不是我们想象中的迂夫子。孔子说："饮食男女，人之大欲存焉。"人一定要吃饭，一定要男女追求，不过不能乱，要有限度，要有礼制。所以他认为正规的男女之爱，并不妨害风化。那么他把文王——周朝所领导的帝王国度中，男女相爱的诗列作第一篇，为什么呢？人生：饮食男女。形而下的开始，就是这个样子。人一生来就是要吃，长大了男人要女人，女人要男人，除了这个以外，几乎没有大事。所以西方文化某些性心理学的观念，强调世界进步乃至整部人类历史，都是性心理推动的。

《诗经》归纳起来，有两种分类——"风、雅、颂""赋、比、兴"。什么叫"风"？就是地方性的，譬如说法国的文学是法国的文风，法国文风代表法国人的思想、情感，所以《诗经》有《郑风》《鲁风》《齐风》等等。"雅"以现代用词来讲，是合于音乐、文学的标准，文学化的、艺术化的，但有时候也不一定文学化、艺术化。"颂"就是社会、政府公事化的文学。

作品另三种型态，一种是"赋"，就是直接的述说。其次是"比"，如看见下大雪，想起北国的家乡来，像李太白的诗："举头望明月，低头思故乡。"因这个感触联想到那个，就叫"比"。"兴"是情绪，高兴的事自己自由发挥；悲哀的事也自由发挥；最有名的，像大家熟悉的文天祥过零丁洋七律诗："辛苦遭逢起一经，干戈寥落四周星。山河破碎风吹絮，身世飘零雨打萍。惶恐滩头说惶恐，零丁洋里叹零丁。人生自古谁无死？留取丹心照汗青。"这也就是"兴"。他在挽救自己的国家、挽救那个时代而遭遇敌人痛苦打击的时候，无限的情感，无限的感慨。这也就是真的牢骚，心里郁闷的发泄，就是"兴"。

孔子说，我整理诗三百篇的宗旨在什么地方？"一言以蔽之"——一句话，"思无邪"——人不能没有思想，只要是思想不走歪曲的路，引导走上正路就好。譬如男女之爱。如果作学问的人，男女之爱都不能要，世界上没有这种人。我所接触的，社会上各界的人不少，例如出家的和尚、尼姑、神父、修女，各色各样都有，常常听他们诉说内心的痛苦。我跟他讲，你是人，不是神，不是佛，人有人的问题，硬用思想把它切断，是不可能的。人活着就有思想，凡是思想一定有问题，没有问题就不会思想，孔子的"思无邪"就是对此而言。人的思想一定有问题，不经过文化的教育，不经过严正的教育，不会走上正道，所以他说整理诗三百篇的宗旨，就为了"思无邪"。

第一，以现在的话来说，一切政治问题、社会问题只是思想问题。只要使得思想纯正，什么问题都解决了。我们知道，现在整个世界的动乱，是思想问题。所以我在讲哲学的时候，就说今天世界上没有哲学家。学校里所谓的哲学，充其量不过是研究别人的哲学思想而已。尤其是作论文的时候，苏格拉底怎么说，抄一节；孔子怎么说，抄一节。结果抄完了他们的哲学，自己什么都没有，这种哲学只是文凭！

世界上今天需要真正的思想，要融汇古今中外，真正产生一个思想。可是，现在不止中国，这是个思想贫乏的时代，所以我们必须发挥自己的文化。

第二，牵涉到人的问题。

中国历史上，凡是一个大政治家，都是大诗人、大文学家。我常和同学们说，过去人家说我们中国没有哲学，现在知道中国不但有哲学，几乎没有人有资格去研究。因为我们是文哲不分，中国的文学家就是哲学家，哲学家就是文学家，要了解中国哲学思想，必须把中国五千年所有的书都读遍了。西方的学问是专门的，心理学就是心理学，生理学就是生理学。过去中国人作学问要样样懂一点，中国书包括的内容这样多，哪一本没有哲学？哪一样不是哲学？尤其文学更要懂了，甚至样样要懂，才能谈哲学，中国哲学是如此难学。譬如唐初有首诗，题名"春江花月夜"，其中有两句说："江上何人初见月？江月何年初照人？"与西方人的先有鸡还是先有蛋的意思一样，但到了中国人的手里就高明了，在文字上有多美！所以你不在文学里找，就好像中国没有哲学，在中国文学作品中一看，哲学多得很，譬如苏东坡的词："明月几时有？把酒问青天，不知天上宫阙，今夕是何年？"不是哲学问题吗？宇宙哪里来的？上帝今天晚上吃西餐还是吃中餐？"不知天上宫阙，今夕是何年？"他问的这个问题，不是哲学问题吗？所以中国是文哲不分的。此其一。

文史不分：中国历史学家，都是大文学家，都是哲学家，所以司马迁著的《史记》里面的八书等等，到处是哲学，是集中国哲理之大成。此其二。

文政不分：大政治家都是大文豪，唐代的诗为什么那么好，因为唐太宗的诗太好了，他提倡的。明代的对联为什么开始发展起来，朱元璋的对联作得很不错，他尽管不读书，却喜欢作对联。有个故事，朱元璋过年的时候，从宫里出来，看见一家老百姓门前没有对子，叫人问问这家老百姓是干什么的，为什么门口没有对子。一问是阉猪的，不会作对联。于是朱元璋替他作了一副春联："双手劈开生死路，一刀割断是非根。"很好！很切身份。唐太宗诗好，大臣都是大文学家，如房玄龄、虞世南、魏徵，每位的诗都很好。为什么他们没有文名？因为在历史上，他们的功业盖过了文学上的成就。如果他们穷酸一辈子，就变文人了，文人总带一点酒酿味，那些有功业的变成醇酒了。像宋代的王安石，他的诗很好，但文名被他的功业盖过了。所以中国文史不分、文哲不分、文政不分，大的政治家都是大文学家。我们的一个老粗皇帝汉高祖，他也会来一个"大风起兮云飞扬，威加海内兮归故乡"。别人还作不出来呢！不到那个位置，说不定作成："台风来了吹掉瓦，雨漏下来我的妈！"所以大政治家一定要具备诗人的真挚情感。换句话说，如西方人所说，一个真正做事的人，要具备出世的精神——宗教家的精神。此其三。

第三，中国人为什么提倡诗和礼？儒家何以对诗的教育看得这么重要？因为人生就有痛苦，尤其是搞政治、搞社会工作的人，经常人与人之间有接触，有痛苦有烦恼。尤其中国人，拼命讲究道德修养，修养不到家，痛苦就更深了。我经常告诉同学们，英雄与圣贤的分别："英雄能够征服天下，但不能征服自己；圣贤不想去征服天下，而征服了自己；英雄是将自己的烦恼交给别人去挑起来，圣人是自己挑尽了天下人的烦恼。"这是我们中国文化的传统精神，希望每个人能完成圣贤的责任，才能成为伟大的政治家。从事政治，碰到人生的烦恼，西方人就付诸宗教；中国过去不专谈宗教，人人有诗的修养，诗的情感就是宗教的情感，不管有什么无法化解的烦恼，自己作两句诗，就发泄了，把情感发挥了。同时诗的修养就是艺术的修养，一个为政的人，必须具备诗人的情感、诗人的修养。我们看历史就知道，过去的大臣，不管文官武将，退朝以后回到家中，拿起笔，字一写，书一读，诗一诵，把胸中所有的烦闷都解决了。不像现在的人上桌子打麻将或跳舞去了。这种修养和以前的修养不同了，也差远了。

追 的 哲 学

《诗经》的第一篇，就是讲男女相爱。讲到《诗经》的男女相爱，有一句话要注意的，孔子在《礼记》中提到人生的研究："饮食男女，人之大欲存焉。"孔子知道人生的最高境界，但是却往往避而不谈，偏偏谈到最起码的、很平实的这两件人生大事。一般人引用的"食色性也"这句话不是孔子说的，而是与孟子同时代的告子说的，两人的话相近，但观念完全不同。男女饮食不是"性"也，不是人先天形而上的本性，是人后天的基本欲望。一个人需要吃饭，自婴儿生下来开始要吃奶，长大了就需要两性的关系，不但人如此，生物界动物、植物都是如此，因此人类文化就从这里出发。

说到这里，我们就联想到，影响这个时代观念的两种思想，一个是马克思的《资本论》，影响了这个时代；另一个也是近代西方文化的重心，弗洛伊德的性心理观，认为人类一切心理活动，都由男女性欲的冲动而来，这一思想对现代文化影响也很大。弗洛伊德原来是个医生，后来成为一个大心理学家。比如西方的存在主义，也是几个医生闹出来的，有人依据弗洛伊德的性心理观点来看历史文化（这个性不是我们所说人类本性的性，是男女性行为的性），认为历史上的英雄创业，就是一种性冲动，乃至说希特勒是性变态心理。我们现代思想界受这说法影响的也很多，乃至把旧的历史写成的小说，多半都加上这种观念。甚至许多戏剧、电影故事，总要插上一些性——医学上的性；而文学上改用一个好听的名词——爱，等于一个人穿上外衣，结上领带，好看一点，也礼貌一点而已。在中国古老的文化中，我们懂不懂这方面的道理呢？《诗经》第一篇选了《关雎》，根据"饮食男女"的基本要求，指出人生的伦理是由男女相爱而成为夫妇开始的，所谓君臣、父子、兄弟、朋友，所有社会一切的发展，都由性的问题开始。

曾有一位学者对我说，他有一个新发现——"性非罪"论，要提出讨论。他所指的这个"性"是狭义的，指男女性行为的性而言。我没有立即答复这个问题，他把文章留下来，后来函电催问，我始终觉得很难直接答复，后来我写了一篇文章，大概谈了一下，但还是避开了他那个观点。我认为这是人生哲学上最高的问题。究竟这是本能的冲动吗？这个本能又是什么？不过我告诉他，世界上的宗教家，都认为性是罪恶的。中国文化中，过去的思想——万恶淫为首；西方的基督教思想，亚当和夏娃不吃那个苹果，一点事都没有，上了魔鬼的当去吃苹果，他们也认为性是罪恶的。曾经听过一个笑话，说西方文化是两个半苹果而来的：第一个苹果被亚当夏娃吃了，闯了祸，所以我们人类到如今那么痛苦。第二个苹果，启发牛顿发现了地心吸力，中国人吃了很多苹果都不晓得。另外半个苹果，是《木马屠城记》所表现的英雄思想。这是西方文化来自两个半苹果的笑话，当然这不是偶然说说的。

西方与东方宗教家都认为性是罪恶，哲学家则逃避这个问题。我们现在看孔子，他可以说是哲学家、宗教家，又是教育家。我认为现代观念的什么"家"什么"家"都可以给他加上。反正孔子，集中国文化之大成。我们中国人自己对他的封号最好——"大成至圣先师"，我们不要跟外国人走，给他加上了一个"家"字，反而不是大成，而是小成了，所以不要上西方文化的当。

孔子说：《关雎》"乐而不淫，哀而不伤"。孔子认为"关关雎鸠"男女之间的爱，老实讲也有"性非罪"的意思在其中。性的本身不是罪恶，性本身的冲动是天然的，理智虽教性不要冲动，结果生命有这个动力冲动了。不过性的行为如果不作理智的处理，这个行为就构成了罪恶。大家试着研究一下，这个道理对不对？性的本质并不是罪恶，"饮食男女，人之大欲存焉"。只要生命存在，就一定有这个大欲。但处理它的行为如果不对，就是罪恶。孔子就是这个观念，告诉我们说，关雎乐而不淫。大家要注意这个"淫"字，现代都看成狭义的，仅指性行为，在古文中的"淫"字，有时候是广义的解释：淫者，过也，就是过度了。譬如说我们原定讲两小时的话，结果讲了两个半小时，把人家累死了，在古文中就可以写道："淫也"；又如雨下得太多了，就是"淫雨"。所以《关雎》"乐而不淫"，就是不过分。中国人素来对于性、情及爱的处理，有一个原则的，就是所谓"发乎情，止乎礼"。拿现在的观念来说，就是心理的、生理的感情冲动，要在行为上止于礼。只要合礼，就不会成为罪恶，所以孔子说《关雎》"乐而不淫"。

但《关雎》这篇诗中，也有哀怨，我们看这一篇诗，很好玩的。虽然只有几个字，假使用现代文学来描写，就够露骨的了。它最后说："求之不得，辗转反侧。"这个求，就是现在白话文的追呀！追呀！追不到的时候睡不着呀！睡不着还在床上翻来覆去打滚哩！但古文用"辗转反侧"四个字都形容尽了。可见这中间还有哀怨，尽管哀怨，并不到伤感、悲观的程度。这个道理就是说一个人情感的处理适中，合乎中道。

我对音乐是外行，但听到播放日本音乐，只要他一开口，听起来就使人有不胜哀戚之感，隐隐象征了这个海岛民族的命运，也可以说是日本民族性的表现。不管它怎么变，一听就知道是日本音乐，哀怨中有悲怆，悲怆中有哀怨。

重 论 诗 教

中国上古的文化，不像西方的文化把宗教放在那么重要的地位，中国上古文化注重于诗的文学境界，它有宗教的情感，也具有哲学的情操，上古的诗，就包括了现在所讲的整个文艺在内。所以孔子告诉学生们，修养方面，多注重一下文学的修养，"小子，何莫学夫诗？诗，可以兴，可以观，可以群，可以怨，迩之事父，远之事君，多识于鸟、兽、草、木之名。"中国古代的文臣武将，在文学上都有基本修养，从正史上看，关羽就是研究《春秋》学的专家；岳飞等人，学问都是非常好的，都有他们文学的境界。退休的朋友们走这个路线是不错的，不然就去研究宗教，最怕是退休闲居的人，自己内心没有一点中心修养，除了工作以外就没有人生，很可怜，所以学一种艺术也可以，自己要有自己精神方面的天地，这是很重要的。所以孔子说，你们年轻人，何不学诗？

诗"可以兴"，兴就是排遣情感。人的情感有时候很痛苦，人生有许多烦恼，对父母、妻、儿、朋友都无法说的，如果自己有文学或艺术境界，再不然就写写毛笔字，乱画一阵，也把怨气画去了，绘画也好，诗词更好，所以诗可以兴。这个兴是兴致，就是一切感情的发挥。

"可以观"，在诗的当中可以得到很多道理，得到很多启发。对自己的诗，也可以看出自己思想的路线与情绪。看一个人的作品，大致上就可以断定作者的个性。说写字吧，过去就名为"心画"，同样的毛笔，一万人写同样的字帖，写出来的都不同。所以中国人看毛笔字，可以知道写字者的个性，寿命的长短，前途的祸福，现在发现钢笔字、铅笔字一样可以看出人的个性。"观"就是这个道理，从作品中可以了解人。

"可以群"，也可以合群，自己调整心境，朋友之间、社会之间，可以敬业乐群而不孤立，所谓以文会友。

"可以怨"，这很明显，有了文学的修养，可以发牢骚了，有时心里的苦闷没有办法发出来，压制在里面，慢慢变成病。脾气大的人、情绪不好的人，心里很多痛苦压制下去，往往得肝病、精神病，所以需要修养。可是修养并不是压制，而是自己疏导，不能疏导也不行，人的牢骚往哪里发？会作诗就可以发牢骚了。有文学艺术修养，在文学艺术境界上可以把牢骚发泄掉。

"迩之事父"，近一点可以孝顺父母。怎样孝顺？有艺术修养，侍奉父母，则有乐观态度。

"远之事君"，远大一点可以对国家社会有贡献。

最后一句话，因为喜欢在文学方面多研究，喜欢诗词，就"多识于鸟、兽、草、木之名"。知识渊博了，等于学了现在的"博物"这一科，什么都知道了。我们要知道，孔子的时代，工具书是绝对没有的，就靠一些诗才知道。工具书从唐宋以后才有编辑；《辞源》《辞海》是民国时代根据《渊鉴类函》《佩文韵府》这些类书编的，例如汉代左思作《三都赋》，花了十年的时间，并非是文章难作，而是当时没有类书。所谓虫鱼鸟兽、人物等等，资料难以收集，何况远在春秋时代。孔子当时所以特别提倡学诗，也是为了获得各种各样的知识。

说到这里，可以介绍很多东西，就讲文学境界中诗的牢骚，随便举个例子：宋代爱国诗人陆放翁的诗，就有很多牢骚，对国家世事很多忧虑，爱国热情无法发挥，在他的诗集文集里，可以看到很多；岳飞的有限遗著中也有很多牢骚；再说文天祥的诗词中，也看到很多牢骚。不论古今中外，每个时代，人生的痛苦，尤其想有所贡献于国家社会的人，所遭遇的痛苦，比普通人更大更多，多半见之于诗词之中。辛弃疾（稼轩）有一阕有名的词，仅举半阕，就看出他有多少的痛苦与牢骚："追往事，叹今吾，春风不染白髭须，却将万字平戎策，换得东邻种树书。"这是下半阕。上半阕是描写他的生平，年轻时壮志凌云的气魄；这里则回想过去，感叹自己，现在老了，头发白了，胡须白了，再没有青春的气息，把自己的白发恢复年轻，回不去了。现在干什么呢？当时南宋不敢起用他，自己住在乡下，他写给南宋的报告，论政治、谈战略，好几篇大文章，如今没有用了，只好拿到隔壁邻居的老农家里，去换种瓜种菜的书。这里面岂没有牢骚？牢骚确是很大，可是他绝不掩盖自己心里的牢骚，他非常平淡，要我贡献就尽量贡献，不需要贡献则不贡献，是牢骚也非常平淡。因为他艺术文学的修养太高，把人生看得很平淡。像这些情感，他的诗词里太多了。看了以后就懂了人生，也懂了历史。古今中外一样，看通了人生，了解了人生，就会更加平淡、更愿贡献给社会。像辛弃疾的一生，所遭遇的打击太大了，照我们现在人的修养，可以造反了。这样一腔爱国的热忱，他带到南宋来的部队，却被解散了，他都受得了，能够淡然处之，虽然怨气填膺，但不像普通人一样动辄乱来，就因为他的目的只在贡献。现在我们举他这个例子，就是说诗可以兴、可以观、可以群、可以怨的道理。

发挥与寄托

"子曰：兴于诗，立于礼，成于乐。"

这是孔门教育、作学问的内容。第一个是"兴于诗"，强调诗的教育之重要。"兴于诗"的"兴"念去声，读"兴趣"的"兴"。所兴的是人的情感。人都有情感，如果压抑在内心，要变成病态心理，所以一定要发挥。情感最好的发挥是透过艺术与文学，诗即其一。

古代所谓的诗，就包括了文学、艺术、哲学、宗教等等。古代诗与音乐是不可分的，而且诗也就是文学的艺术。所以孔子说人的基本修养，要会诗。关于这一点我常想到，从事严肃工作的，如政治的、经济的，乃至于作医生的人要注意，我常常劝一些医生朋友学画。一个真正的名医，生活好可怜。我认为医生的太太都很伟大，医生几乎没有私生活的，一年三百六十五天，天天忙到晚，一天与上百病人接触，每个人都愁眉苦脸的，一直下去，自己都要病了，尤其是精神科的医生。我对一位精神科的医生开玩笑说："你也差不多了。"荣民总医院一位精神科医生说："你这话是对的。我当年做学生时，那位教我们的老师，看起来就像精神病的样子。精神科医生病人看多了，自然就变成精神病似的。"有人说官僚气，我说这没有什么稀奇，官做久了就自然是那个样子，习惯了；医生就是医生气，见到朋友说人血压高了；商人一定市侩气。这没有什么好奇怪的，这都是现代心理学上所讲的职业病。某一行干久了，看人看事的观点都惯于从这一角度出发。过去这种生活上的调剂就靠诗，以艺术的修养做调剂。所以过去的官做得大，文集也留得多，诗也作得多，这绝不是他故意这么做，而是闲下来有许多感情无法发挥，只好寄托在这上面。所以孔子说"兴于诗"。例如王安石的诗与政治生活，几乎成为两种完全不同的风格。

但学艺术、学文学久了的人，有一毛病，就是所谓"文人无行"。一般认为真正纯粹的文人，品行都不大好，吊儿郎当，恃才傲物，看不起人。还有一个最大的毛病，千古以来，文人相轻，文章都是自己的好，看人家的文章看不上。以前有一个笑话，说有人作诗一首吹道："天下文章在三江，三江文章唯我乡，我乡文章数舍弟，舍弟跟我学文章。"说来说去，转了一个大弯，最后还是自己文章好。所以中和艺术的修养，就要"立于礼"。

我们一般人将学者文人连起来，事实上学者是学者，学术专家是学者；文人是文章写得好，不一定是学者。有些人文章写得好，如果和他讨论某一学问思想，如谈经济学、心理学等等，他就不懂了。曾经有一次，各种专家学者和某大文豪在一起闲谈，那位大文豪听得不大耐烦，就问科学家说："你说电脑好，电脑会不会作诗？"使在座无人答话。当然那位科学家也不好怎么答，我出来代他答了，我说电脑也可以作诗，不过作得好不好是另一问题，"一二三四五，东西南北中。"也未必不是诗。抗战期间的汽车常抛锚，就有人改了古人一首诗加以描写道："一去二三里，抛锚四五回，前行六七步，八九十人推。"那也是诗。一个文人，光是文章好，没有哲学修养，不懂科学，毛病就大了。所以光"兴于诗"还不行，还要"立于礼"，立脚点要站在"礼"上，这个"礼"就是《礼记》的精神，包括了哲学的思想与科学的精神。"成于乐"，最后的完成在乐。古代孔子修订的《乐经》，没有传下来，失传了。《乐经》大致是发挥康乐的精神，也就是整个民生康乐的境界。

诗 的 人 生

我们知道中国文化，在文学的境界上，有一个演变发展的程序，大体的情形，是所谓：汉文、唐诗、宋词、元曲、明小说，到了清朝，我认为是对联，尤其像中兴名将曾国藩、左宗棠这班人把对联发展到了最高点。我们中国几千年文学形态的演变，大概是如此。

一位学者同我聊天，谈到很多人写作的东西，他说过去看了一些作品，马马虎虎过得去，还不注意，现在看一些作品可难了。他这话是真的。有些人有文学家的天才，随便写几句，从笔调上一看，就知道他在文学上一定会有成就；也有的人努力学一辈子，也不能变成文学家。虽然，写文章写得蛮好，但是他到不了那个程度，怎么下工夫都无法突破他自己的那一个极限，他的文章始终只是一个科学家的文章。所以看科学的书，没有办法看得有趣味，我曾经对学生说，你教化学的，如配合文学手法来教，会比较成功。科学本身很枯燥，所以最好把它讲得有趣味，比如对一个公式，先不要讲公式，讲别的有趣的；最后再说明这个有趣的事，跟某一公式的原理是一样的，听的人就可以贯通，结果有几个学生用这个方法教，的确很成功。但现在中国文学正在剧变当中，还找不出一个法则来。

至于诗，过去我们读书，没有人不是在小学（不是现代的小学）就开始学诗的。每一个人都会作诗，不过是不是一个诗人，是另一个问题。有人问为什么我们对诗的教育这样重视，这是个大问题。一般人通常认为作诗，就是无病呻吟，变成诗匠。从前也有人打趣这种诗，所谓"关门闭户掩柴扉"，关门就是闭户，闭户也是关门，掩柴扉还是关门。平仄很对，韵脚也对，但是把它凑拢来，一点道理都没有。这就是无病呻吟，这样的文学，实在有问题，都变成"关门闭户掩柴扉"了。

过去还有一个笑话，在几十年前，有一种所谓"厕所文学"。在江南一带，像茶馆等公共场所的墙上，乱七八糟的字句，写得很多。这些字句，无以名之，有人就称它为"厕所文学"。有人看了这些文字，实在看不下去了，也写了一首诗，这首诗也代表了中国文化中文学的末流。原句是："从来未识诗人面，今识诗人丈八长，不是诗人长丈八，如何放屁在高墙？"这是当时批评"厕所文学"的滑稽之作，像这类衰败的情形，我们现在看来很平常，但当时却很严重。所以当年孙中山先生不得不提倡革命。那时文学、文化的问题，是非常严重。那些无病呻吟的诗，衰败的东西太多了！像这一类含义的笑话，实在太多。所以后来五四运动的时候，要打倒旧文化，固然打错了，可是这个错误的存在，也不能完全由当时动手打的人担负起来。这个错误是在那个时代，历史的包袱给他们的压力而造成的。

帝王好色入诗来

在我们中国历史文化上，素来是反对好色的，但很妙的是，却允许帝王好色，三宫六院，甚至更多也无妨，愈多愈好，而且建立制度规章，法令也明文规定。儒家讲了几千年的不可好色，但却没有改变哪一个帝王这种好色的生活。想来帝王也是教化之民吧？英明的帝王好色，美色只是生活的点缀，并不会影响他的事功。差等的皇帝，一沉迷美色，就昏天黑地去了，亡国灭家在所难免。

讲到历代帝王好色的故事，只要从古代的诗词中，就可以看到很多。唐朝白居易的《长恨歌》："春宵苦短日高起，从此君王不早朝。承欢侍宴无闲暇，春从春游夜专夜。"唐李商隐《北齐》："一笑相倾国便亡，何劳荆棘始堪伤。小怜玉体横陈夜，已报国师入晋阳。"清朝朱受新《吴宫词》："夜拥笙歌百尺台，太湖月落宴还开，君王自爱倾城色，却忘人从敌国来。"如果把这些诗词集中起来，一一加以阐述、讨论一番，又可以编辑成有关这方面的诗话了。我们仅仅随意举几个例子来研究。

唐末的诗人李山甫《题石头城》那一首七律："南朝天子爱风流，尽守江山不到头。总是战争收拾得，却因歌舞破除休。尧将道德终无敌，秦把金汤岂自由。试问繁华何处有？雨莎烟草石城秋。"这是李山甫在南京，有感于南北朝时代在此立都、沉迷歌舞女色而亡国的名诗。诗的大概意思是说，南朝的皇帝们差不多都是战场上打下来的江山，辛苦多年，流血拼命所争取到手的，结果却为了几场歌舞，转手让人。

像远古的尧舜，以道德垂拱，结果天下太平，人心归向。而秦始皇以武力统一了天下，又继之以严刑峻法，结果却不足以保妻子。所谓南朝金粉，当时这座帝王都城，在风流皇帝的奢靡下，不知是何等风光！而今，往日的荣华安在？摆在眼前的，就是这座石头城上的荒草，在细雨之中，摇曳在秋风里。

这首诗委婉地写出了南朝帝王好色的后果，也提到尧的圣德。后来宋太祖看见了这首诗，叫大臣写下来，在宫里立了一个碑，希望后代子孙看到这首诗，能够有所警惕。但是到了徽宗，仍然走进了这座窄门。

中国历史上几千年来，经常在讨论"好色"与"政治"的问题，自然就涉及一些美人。如西施、王昭君、杨贵妃等等，为数很多。其中有人是谴责她们的，也有为她们叫屈的。几千年来，一直在争论不休，不曾得到定论。

有关王昭君案外的评语

像清代刘献廷咏王昭君的诗说："汉主曾闻杀画师，画师何足定妍媸。宫中多少如花女，不嫁单于君不知。"大家都知道这个故事，汉元帝时，宫廷中设有画师，把宫女们的像，画给皇帝去选择，以便召幸。当时的画师毛延寿没有把美丽的王昭君画好，以致昭君没有得到宠幸，而被送给外国人了。汉元帝因此非常生气，把那名画师毛延寿杀了。杀掉毛延寿的传说，可靠性不大，因为后人为昭君抱不平，就都想把毛延寿杀掉。

这首诗是说，一个画师怎么能够评断出一个人的美丑？个人的审美观点，本来就不完全相同的，后宫里的美女，像王昭君这等姿色的，可能还多的是，只因为昭君要嫁到外国，临行前向皇帝辞别时，才被元帝发现了她的美。至于那些始终没被皇帝发现、白头宫中的美女，还不知道有多少呢。表面看来这是为毛延寿喊冤的诗，其实也是对历史评论的反驳。主要寓意，则是对古代帝王后宫美女太多的一种评责。

昭君出塞的这段史实，不知博得多少人的同声一叹，感叹着红颜薄命的悲凉。另外一首咏王昭君的诗，则有不同的论调，另持一种观点，也是明代诗人的名诗："将军仗钺妾和番，一样承恩出玉关。死战生留俱为国，敢将薄命怨红颜。"

这首诗以王昭君的口吻说，将军战士们出关，是拿了兵器打仗；而我王昭君一个弱女子出关去，是遵奉国家的外交政策，通婚和番，嫁给外国人，以谋国家安宁。同样都是奉了国家的命令，远出塞外。多少战士们在国外战死了；而我，身负和平使命，必须活着留下来。

死者生者，都是为了国家。如今我这个弱女子，虽然远离故土，到那蛮荒的塞外，终此一生，又哪敢怨叹呢？他这一首诗，把王昭君对国家的忠义之情，推崇得就高了。昭君地下有知的话，不知作何感想！

唐代和番政策的感伤

另外，在唐代也发生过类似的故事。中国西北边疆的回纥、突厥等，在汉唐两代的时候，经常在边界上闹事出问题。而汉唐两代，对边防外族的确是没什么高明的办法，唯一省事的办法，是靠女人来安抚。汉唐两代，是我们声威最盛的时期，可是外交政策上却走女人和番的路线。对大汉天威而言，不能说不是一项污损。如果站在中国妇女的立场来写历史，应该说汉、唐两代外交上的辉煌史迹，大多是靠女性挣来的。因此清人刘献廷有诗感叹说：“敢惜妾身归异国，汉家长策在和番。”

唐大历四年，回纥很强，向中国要求通婚，要一个公主嫁给他。当然，皇帝不愿把自己的女儿嫁到回纥，于是在后宫中挑选了一名宫女，封为崇徽公主，嫁到回纥去。当出嫁行列经过山西汾州即将出关的时候，崇徽公主怀着满腔的怨恨，无奈又绝望地伏靠在关口的石壁上，真是凄凄又恻恻。然而，无奈归无奈，绝望归绝望，最后只得狠下心来，尽力一推，把自己推向那无边的塞外，真是一推成永别。美人含悲而去，石壁上则留下了她手掌的痕迹，后来有人在此立了一座崇徽公主手痕碑，记述这件事情。

诗人李山甫经过这里的时候，就写了这样一首诗：“一掐纤痕更不收，翠微苍藓几经秋？谁陈帝子和番策？我是男儿为国羞。寒雨洗来香已尽，澹烟笼着恨长留。可怜汾水知人意，旁与吞声未忍休。”留有崇徽公主手痕的石壁，长满了苔藓，经历了无数的春秋。究竟是谁想出这种以女子和番的办法？我们这些保国有责的男子汉，看到这种事情，不禁要为国家的声威而感到羞耻。这名女子为国牺牲的事迹，虽然像山上的花香一样，随着寒雨而逝，被人们淡忘了。可是那满含着幽怨隐恨的手痕，却仍然笼罩在烟云中。这汾河里的水，似乎也通晓人意，仍然伴着这石上的痕迹，呜咽地流着。

前面说到李山甫悲南朝那些风流皇帝的诗，有多少兴望慨叹！同在唐代，名诗人韦庄的七律咏南国英雄，也是令人吟后荡气回肠、唏嘘不已的。他的诗说："南朝三十六英雄，角逐兴亡自此中。有国有家皆是梦，为龙为虎亦成空。残花旧宅悲江令，落日青山吊谢公。毕竟霸图何物在，石麒麟没卧秋风。"他感叹南朝各国的几十个帝王英雄，互相争夺，此起彼落，不但国与国争，姓与姓斗，甚至骨肉相残。虽然强者一时得势，不久又可能被人踩到脚底。到头来，国也好，家也好，权也好，势也好，都不过是一场幻梦。所谓"南朝金粉"，由这句话，我们可以想见当时繁华的盛况。但也只是"想见"而已，不但是现在无从目睹，就是距离那个时代很近的韦庄，也只见到残花旧苑、落日青山而已。表志功业的石麒麟，早已湮没在秋风荒野之中，徒然使人悲吊那江令、谢公。试问当年的霸业又留下了什么呢？这是人生的感慨，乱世的悲叹，也是站在另一角度的政治哲理吧！这似乎是对只追求现实权力者的一种告诫。其实看历史文化，也不必如此的悲叹。宋代谢涛一首《梦中咏史》吟得好："百年奇特几张纸，千古英雄一窖尘。唯有炳然周孔教，至今仁义洽生民。"现实的权势过后必然落空，而一种正确的文化思想，如周公孔子的仁义之道，则是千古不变的。

从这些正面反面的诗史，我们可以看出中国文化的政治哲学。我常常告诉这一辈的青年人，如果不深入中国的诗词，就无法了解中国文化的哲学思想。因为中国文化与西方文化的形态与结构不一样，中国文化的文学与哲学是分不开的，中国文化的诗词里往往都含有哲学思想，而高深的哲学思想也往往以优美的文字来表达，尤其喜欢透过有节奏、有旋律、有音韵美的诗词来陈述。

这些有关"好色"的正反两面的文哲思想，颇为有趣。同时也看到在历史上和女人有关的政治资料以及各种不同的见解。

杨贵妃的翻案语

顺便，我们再看看有名的杨贵妃。历史上说，由于唐明皇的好色，引起了安禄山之乱，因此部队发生了兵变，把唐明皇所喜欢的杨贵妃，活活吊死在马嵬坡。后世有许多诗文骂杨贵妃，也有许多诗文为杨贵妃叫冤。在唐明皇之后，那位喜欢吃喝玩乐、说他自己打球的技巧可以考状元的僖宗皇帝，为了避黄巢之乱，逃到四川，经过了当年唐明皇避安禄山之乱、吊死杨贵妃的马嵬坡。于是就有人在马嵬坡的驿馆题了一首诗道："马嵬烟柳正依依，重见銮舆幸蜀归。泉下阿蛮应有语，这回休更怨杨妃。"也有人传说这首诗是罗隐作的。他咏叹说，马嵬坡的杨柳树，和以前一样，正是诗情画意的时候。唐朝的末代皇帝僖宗，又是为了逃难远离宫城，路过此地。玄宗地下有知的话，应该会说，你们这一次出的乱子，再也不会推到我那位杨贵妃身上来了吧（唐玄宗小名阿蛮）？这是为贵妃所作翻案文章中最精彩、最有趣的一首诗。

再说寡人好色的公案

我从前读《史记》读到《越世家》的时候，有所感触，曾写下这样的一首七言绝句："玉颜不意自成名，当日哪知事重轻。存越亡吴论功罪，妾身恩怨未分明。"历史上的美人不少，而被议论得最多的，乃至在文学、艺术作品中出现最多的，恐怕是西施了。她之所以在几千年后，还有这许多人研究她，讨论她，批评她，歌颂她，扮演她，除了归之于"命运"外，恐怕很难有更好的理由了。其实她自己不过是诸暨乡下苧罗村里，一个以卖柴为生的樵夫的女儿。可能是因为常常挨饿，罹患了胃病，就常常扪住胸口，皱起眉头，那样子也怪惹人怜爱的。乡下人嘛，在村里村外走动的，看到她那娇弱的样子，和一般粗野的村姑大不相同。男孩子都认为她很美，别的女孩子也跟她学起来，于是名声就传出去了。这时越国被吴国打败了，带了仅仅五千人，困在会稽这个小地方。为了找美女献到吴国去求和，地方小，人口少，西施就被负责选美的范蠡选上了，把她送到吴国去。在当时，她只知道去侍奉一个外国人，可以多得一些赏钱，孝养她的父亲，哪里知道这许多国家大事的重要性。后来越王勾践灭了吴王夫差，报了仇。站在勾践一边的说她好，而为吴国说话的则骂她是罪人。直到现在，她在历史上的恩怨是非，还没有定论。

其实不论是功是过，都是后世的人，借用了她这一个出身山村的美人的遭遇，来发挥自己对历史的政治哲学观点，或者抒发自己的一些感触而已。对于西施没有多大的关系。当我写出上面这首诗时，我的儿子说，好像曾经看过古人有同样的句子，但是出自哪里，一时找不出来。所以在此特别声明，"书有未曾经我读"，有些与古偶合，事非得已。不然，被别人发现了，还以为我犯了偷诗的窃盗罪呢。

像上面这类的诗文很多，虽然大家会喜欢这一类文学作品，但这里到底是研究《孟子》这本书，如果反宾为主，再继续引出这类诗词来讨论，那就有太过好色之嫌了（一笑）。就此打住。

文采与气质

有些人有天才，本质很好，可惜学识不够，乃至于写一封信也写不好。在前一辈的朋友当中，我发现很多人了不起。民国建立以后，在政治上、经济上、社会上各方面有许多人都了不起。讲才具也很大，对社会国家蛮有贡献，文字虽然差点，可是也没有关系，他有气魄，有修养。

另些人文章作得好，书读得好，诸如文人、学者之流。我朋友中学者、文人也很多，但我不大敢和他们多讨论，有时候觉得他们不通人情世故，令人啼笑皆非。反不如有些人，学问并不高，文学也不懂，但是非常了不起，他们很聪明，一点就透，这是"质"。

再说学问好的文人，不一定本质是好的。举个前辈刻薄的例子，像舒位骂陈眉公的一首诗，一看就知道了，这首诗说："装点山林大架子，附庸风雅小名家。功名捷径无心走，处士虚声尽力夸。獭祭诗书称著作，蝇营钟鼎润烟霞。翩然一只云中鹤，飞去飞来宰相衙。"陈眉公是明末清初的一个名士，也就是所谓才子、文人。文章写得好，社会上下，乃至朝廷宰相，各阶层对他印象都很好。可是有人写诗专门骂他："装点山林大架子"，所谓装点山林是装成不想出来做官，政府大员请他出来做官，他不干。真正的原因是嫌官太小了不愿做，摆大架子，口头上是悠游山林，对功名富贵没有兴趣。"附庸风雅小名家"，会写字，会吟诗，文学方面样样会，附庸风雅的事，还有点小名气。"功名捷径无心走"，朝廷请他出来做官都不要做，真的不要吗？想得很！"处士虚声尽力夸"，处士就是隐士，他自己在那里拼命吹牛，要做隐士。"獭祭诗书称著作"，獭是一种专门吃鱼的水陆两栖动物，有点像猫的样子。它抓到鱼不会马上吃，先放在地上玩弄，而且一条一条摆得很整齐，它在鱼旁边走来走去玩弄，看起来好像是在对鱼祭拜，所以称作"獭祭"，它玩弄够了再把鱼吃下去。这里的借喻，是说一个人写诗做文章，由这里抄几句，那里抄几句，然后组合一下，整齐地编排在一起，就说是自己的著作了。骂他抄袭别人的文章据为己有。"蝇营钟鼎润烟霞"，这是说他爱好古董，希望人家送他，想办法去搜罗。"蝇营"，是像苍蝇逐臭一样去钻营，人家家里唐伯虎的画、赵松雪的字等等，想办法弄来，收藏搜有。"翩然一只云中鹤"，这是形容他的生活方式，看看多美！"翩然"，自由自在的，功名富贵都不要，很清高，像飞翔在高空中的白鹤一样。"飞去飞来宰相衙"，这完了！当时的宰相很喜欢他，既然是那么清高的云中鹤，又在宰相家飞来飞去，所为何事？可见所谓当处士，不想功名富贵等等都是假的。所谓文章学问都是为了功名富贵，如此而已！

这一首诗，就表明了一个人对于文与质修养的重要。人不能没有学问，不能没有知识，仅为了学问而钻到牛角尖里去，又有什么用？像这样的学问，我们不大赞成。文才好是好，知识是了不起，但是请他出来做事没有不乱的，这就是文好质不好的弊病。一定要文质彬彬，然后君子。就是这个道理。

22

千古腐儒骑瘦马

自秦汉以后，历代的帝王，在基本素质上，他们不但并非尧舜的根株，而且都是以征服起家的。正如杜甫《过昭陵》诗说："草昧英雄起，讴歌历数归。风尘三尺剑，社稷一戎衣。"

这一首五言绝句，短短的二十个字，对于历史哲学的感慨，既含蓄又坦率，直言无隐，和司马迁写《史记》的哲学观点，完全一样，只要懂得古诗写作原则，了解所谓温柔敦厚的含蓄艺术，便可透过他每一句的字面，明了他所说的深邃含义。

第一句"草昧英雄起"，一开头就说明生当乱世时期，英雄都起于草泽之中，成王败寇，很难论断。到了成功以后，便四海讴歌赞颂，认为是天命有归，历数更代，成为不可置疑的真命天子。事实上，他们无非都起于风尘之中，犹如汉高祖，手提三尺剑，斩白蛇而起家。到了以戎衣而平定群雄之后，江山社稷便成为一家一姓的天下了。他由唐太宗的开基创业，而联想到汉高祖等历代帝王，几乎都是一个模式出来的。

便"乃翁天下"虽在马上得之，当然不能在马上治之。于是乎才轮到了后世标榜儒家的读书人们，来坐而论道，大谈其治平之学与孔孟之道了。事实上，那些天子的禀赋，既非尧舜的本质，要想"致君尧舜"，岂非痴人说梦。历史上虽然也出过极少数几个比较好的皇帝，到底距离孔孟所标榜的先王之道，相差太远。可怜的后世儒生们，在文章上拼命讲述"致君尧舜"，而事实上每况愈下，都只是希望自己考取功名以后，"致身富贵"而已。

像孟子一样，竭尽所能诱导齐宣王走上王道的路子，结果还是徒劳无功。何况既非孔孟之才，又非孔孟之圣，哪有可能？此所以我们过去的文化历史，始终在帝王专制政体中，"内用黄老，外示儒术"的一个模式之下，度过了两千多年。也使孔孟的道统精神，依草附木式地攀附在帝王政体之下，绵延存续了两千多年。

以前我在读《孟子》的时候，也曾为古圣先贤们发出同情的一叹，写了一首不成才的诗，"千秋礼乐论兴亡，儒墨家家争辩忙。尧舜不来周孔远，古今人事莽苍苍。"我说是不成才的诗，那是老实话，绝不是自谦。

在文艺与哲学相凝结的唐诗里，前有杜甫《过昭陵》的五言绝句，后有唐彦谦《过长陵》的一首七言绝句，都是很好的历史哲学写照，而且很典型地具有温柔敦厚的诗人风格。唐彦谦的诗说：

> 耳闻明主提三尺，眼见愚民盗一抔。
>
> 千古腐儒骑瘦马，灞陵斜日重回头。

第一句"耳闻明主提三尺"，是说由历史得知，凡是开国的君主帝王，大都以武功而得天下。这一句和杜甫诗的含义一样。第二句"眼见愚民盗一抔"，其典故出在汉文帝时，张释之为廷尉，说"愚民有盗长陵一抔土即斩首"的法令，此处影射历史上成王（夺得天下即为天子）败寇（侵犯帝陵即便杀头）的人生悲剧。下面两句，也便是我们常有的感慨，自孔孟以来，后世的读书人——儒家们，虽然满腹诗书，究竟有何用？比较有成就的，也只是引经据典，成为第一流的帮闲而已。等而下之，差一点的，一辈子死于头巾之下，谈今论古，满腹酸腐味道，也就是汉高祖刘邦口头常常爱骂的"竖儒"或"鲰生""腐儒"之类，等于近代常用的"酸秀才""书呆子"，是同样的意思。所以唐彦谦在他后两句诗里便感慨地说，最可怜的是像我们这些念书的，生逢乱世，"千古腐儒骑瘦马"，只有一副穷酸落魄的样子，在那夕阳古道，经过汉王帝寝的灞陵之下，回头望望，发思古之幽情，作一副无可奈何的穷酸样，所谓"灞陵斜日重回头"而已。

在宋人笔记上记载着一则故事更有趣。有一次，宋太祖赵匡胤经过一道城门，抬头一看，城门上写着"某某之门"四个字，他便问旁边的侍从秘书说，城门上写着某某门便好了，为什么要加一个"之"字呢？那个秘书说"之"字是语助词。赵匡胤听了就说，这些"之乎也者"又助得了什么事啊！

讲到这里，同时要注意中国文化的诗和哲学等等，都有我们民族传统的特性，必须具有温柔敦厚的内涵，才算是忠厚之德，不然，就都流于轻薄。中国人喜欢作诗，无论是古诗或今诗——白话诗，反正大家先天秉性就有诗人的才情，这也是我们民族的特殊气质之一。但是有才华，还必需要经过力学的锻炼才好。比如诗圣杜甫，或者较有名的历代诗人们的好诗，都有这种风格。刚才所举杜甫和唐彦谦两首和历史哲学有关的诗，的确是涵养深厚，使人读了虽然有感于怀，却不致愤世嫉俗。

吃 饭 大 如 天

古时候，国家政府的支用，都靠老百姓纳税而来。古代的赋税有个名称叫"彻"，大概是收十分之一的田赋（详细的数字，要另外考证，这里不去管它），所取的很合理。后来到了春秋战国时，因为社会的不安，政治的动荡，政府的财用不足，税收就加了很多。

以中国历史来说，几乎每一次到了变乱的时代，都发生这种问题。外国也一样，现在美国福特上台，恐怕最困难的也是这个问题。每一个国家，财经都很重要，所以大家想对国家有所贡献，财政经济的书要多看看。任何大小事情，财经的知识是不能缺少的。乃至自己创个事业，开个公司，会计把账拿来都不会看，就糟糕，被蒙蔽了都不知道。何况每一变乱时代，都发生这类问题。明朝末年最严重，当时这个税，那个税，历史记载着弄到"民怨沸腾"。我们读历史的时候，这四个字马马虎虎过去了，但仔细研究一下，老百姓对政府没有感情了，怨恨的程度，像开水一样翻翻滚滚，到了这种程度，实在难以收拾，明末就到了这个地步。

宋代一位文学家范石湖的诗："种禾辛苦费犁锄，血指流丹鬼质枯。无力买田聊种水，近来湖面亦收租。"范石湖和陆放翁、苏东坡这些人都是宋代著名的文学家，在政治上也是了不起。范石湖出使过金国，办过政治上的大交涉，在政治上贡献很大。他的诗词文章，被誉为宋朝四大家之一，堪称为文质彬彬。他这首诗讲乱世的税捐状况，政治上的根本问题。他描写种田的人，辛辛苦苦用犁锄来垦地，耗尽了心血。垦到无地可垦了，"鬼质枯"，连坟场都挖掉改垦为田地，尽量从事生产。可是收入还不够缴纳繁重的赋税，这从下面两句话可以看出来。他说农民没有钱去买田来耕作，只好弄只船，种种荷花，打点鱼，在水上谋生活。可是下面一句"近来湖面亦收租"，连种水也要缴税了。这是范石湖，是文学家也是政治家，对那个时代的感叹！这就成为有名的诗句，代表了那个时代的心声。几乎每个朝代末期，都出现这种代表老百姓的心声的作品。

财经税收，离不开政治哲学的大原则。百姓富足，每个人生活安定，社会安定，政府自然富足。如果老百姓贫穷了，则这个国家社会就难以维持了。

洗玉埋香总一人

　　唐明皇这个皇帝的确是不错，少年时代非常好，晚年时因嬖好杨贵妃，致使国家发生了变乱，成为知名的历史故事。在过去的历史，很多人都把这个罪过推到杨贵妃身上去，这也是很难说的，说一个女子对于政治会有如此大的影响，也有可能。就是西方也有这种情形，所谓英雄征服了天下，女人征服了英雄。不过要看哪种女人，真能征服英雄的女人并不容易。

　　我们看到蜀亡国以后，蜀王妃子花蕊夫人被俘。宋太祖赵匡胤就问她：你们国家有十几万大军，为什么今天你会到我身边来？这位妃子作了一首诗答复他，大意是说我本在深宫中，养尊处优的女子，对国家大事不了解，但这首诗的结论却骂尽了男人。她说："君王城上竖降旗，妾在深宫哪得知。十四万人齐解甲，宁无一个是男儿。"这也是历史上，女人关系历史命运的一个故事。

　　再其次，大家都说唐明皇是误在杨贵妃手里，尤其是诗人们都如此说——中国的诗人多半对于历史大事有严厉的批评，但也有另一面的看法，如袁枚的诗说："空忆长生殿上盟，江山情重美人轻。华清池水马嵬土，洗玉埋香总一人。"当安禄山造反，控逼长安，唐明皇出走到长安南面马嵬坡的时候，发生兵变，部队不肯走了。大家提出了一个条件，要求把杨贵妃杀死。唐明皇没有办法，只好让杨贵妃自缢死。所以后人评论历史，认为唐明皇不一定是为了杨贵妃而误国的，这首诗就是这个意思。建温泉池给杨贵妃洗澡的，让杨贵妃自杀的，都是唐明皇做的，不要把历史的罪过，推到一个女人身上去。

　　同样，清代的龚定庵也提了一个反调，他的一首诗说："少年已自薄汤武，不薄秦皇与汉王。设想英雄迟暮日，温柔不住住何乡？"他说一个英雄到了晚年没事情做了，不让他住在温柔乡里，又要他干什么？龚定庵这个理论，和现代的心理学、弗洛伊德的性心理学有点类似。我们要特别注意，性心理学的理论，严重地影响了近一百年思想。今日除了马克思的影响以外，弗洛伊德的性心理学对近百年来历史文化转变的影响更大。不过这一方面不像政治理论受重视——如果依据性心理学的看法，有过分的精力，就有杰出的事业。因此英雄、豪杰、才子，几乎各个行为不检，都是孔子所讲的"未见好德如好色者也"。

然而孔子所要求的真正圣人的境界，这是非常难的事，一般心理状况，凡是了不起的人，多半精力充沛，所以难免要走上女色这条路子。这是我们就这一点，对历史的看法。扩而充之，"好色"不但是指男女之间的事，凡是物质方面的贪欲，都可以用"色"字来代表。尤其是以佛学的立场看，那就更明显了。照儒家的思想，一个领导人，简直任何嗜好都不应该有。但是人很难做到完全没嗜好。譬如有些人什么嗜好都没有，就是好读书，这也变成一个嗜好，于是左右的人都是读书人。南朝梁元帝读书读呆了，敌兵临境，还要文武诸臣戎服听他讲书，最后终于亡了国。他在投降时，放一把火，把收藏的十四万卷图书烧了，他说："文武之道，今夜尽矣。"有人问他为什么烧了书，他说："读书万卷，犹有今日，故焚之。"可见读书也很害人，真成呆子。

从此我们了解，上面有一点偏好，下面就偏向了，这就是"物必聚于所好"的道理。我们要看古董，就必须到好古董的人家才看得到。有些人好石头，有些人好怪木，有一些人就是好钞票。某公说，有一个老朋友，每天入睡以前，要一张张点过他铁柜里的钞票以后才能睡着。凡是作一个领导人，不但是好色，任何一种嗜好，都会给人乘虚而入的机会，因而影响到事业的失败。

金丹一粒误先生

我也很相信幼年课外读物有关人道的升华，可以达到神仙的境界。这些当年幼少时期的读物，便有"王子去求仙，丹成上九天。洞中方七日，世上已千年"以及"三十三天天重天，白云里面出神仙。神仙本是凡人做，只怕凡人心不坚"。

后来，渐渐长大，又读过许多更深入的丹经道书，甚至全部《道藏》，真有如入"山阴道上，目不暇接"的气势。只是相反的，历观许多修道学仙人们的结果，以及一般通人达士的著作，那又不免会心一笑，"黄粱梦醒"，仍然回到人的本位里来。例如司马迁，曾经亲访修道学仙的人们，而有"山泽列仙之俦，其形清癯"的记载。可见并不是都像元朝以后画家们想象的八仙中的汉钟离，活像一个鱼翅燕窝吃多了的大腹贾的样子。

此外，历代文人"反游仙"之类的诗词作品也很多。例如辛稼轩调寄"卜算子"的《饮酒》词，便是从人道的本位立言，不敢妄想成仙学佛："一个去学仙，一个去学佛。仙饮千杯醉似泥，皮骨如金石？不饮便康强，佛寿须千百，八十余年入涅槃，且进杯中物。"读了辛稼轩这首词，真可使人仰天狂笑，浮一大白。不过，我们同时要知道，这是他的牢骚，借题发挥、借酒浇愁而已。同样的，他另有一首苦读圣贤书，不能发挥忠诚爱国抱负，而借酒抒怀的名词："盗跖傥名丘，孔子如名跖，跖圣丘愚直到今，美恶无真实。简册写虚名，蝼蚁侵枯骨，千古光阴一霎时，且进杯中物。"其余如清人的反游仙诗也很多，如借用吕纯阳做题目的"十年橐笔走神京，一遇钟离盖便倾。不是无心唐社稷，金丹一粒误先生"，"妾夫真薄命，不幸做神仙"等，到处可见。

一言兴邦，一言丧邦

一言可以兴邦的史实很多。一个例子是唐太宗时代的名论："创业难，守成也不易。"这个道理，不但国家天下事如此，个人也是如此。一个人由贫穷而变成富有，是创业难，至于子孙的守成，又是一个大问题。究竟哪一个难？在中国古代政治思想上，素来认为两者皆不易。另一个例子，宋高宗曾说过，吾年五十方知四十九之非。其实这句话，春秋战国时，卫国的蘧伯玉也这样讲过，人由于年龄的增加，经验的累积，回过头一看，才发现过去的错误。

"一言丧邦"，一句话而亡国的，又可以举很多例子了。历史上楚汉之争，刘邦的长处，是听从别人的话，他之所以成功，是别人的好意见能马上接受。我们研究历史上一些成功和失败人物的性格，会发现很有趣的对比。有些人的性格，喜欢接受别人更好的意见；不过，能立刻改变，马上收回自己的意见，改用别人更好意见的人太少。刘邦是这少数人中的一个。而项羽，自己的主意绝对不会改变，绝对不接受别人的意见。这一点，在个人修养上要注意，尤其作为一个单位主管，往往容易犯一种心理上的毛病，明明知道别人的意见更对，更高明，可是为了"面子"，为了怕"下不了台"而不接受。这种心理，大而言之是修养不够，小而言之是个性问题，自己转不过弯来。我们看看项羽在历史上一个重要的决定：当项羽打到咸阳的时候，有人（据《楚汉春秋》的记载是蔡生，而《汉书》的记载是韩生）对他说："关中险阻，山河四塞，地肥饶，可都以霸。"劝他定都咸阳，天下就可大定。

国都应该定在哪里？历代都有讨论。宋元以前，首都多半在陕西的长安，宋代因为国势非常弱，定都汴梁。当时也曾有人认为洛阳是四战之地，不宜为首都。往下元、明、清八百多年来，首都则在北京。

民国成立以后，关于定都，当时也有许多主张。一派主张定都北京；一派主张定都南京；还有人主张定都咸阳；又有人主张北京或南京都可以，但是应该在长安、武汉等地设四个陪都。这一派人看到了将来国家的大势，要与国际的局势相配合的。一个国家究竟定都在哪里，政治、军事、经济、外交各方面的配合都很重要，这是一个大问题。

我们再回来讲，项羽对这个定都的建议不采用。他有一句答话很有趣，也是他的名言："富贵不归故乡，如衣锦夜行，谁知之者？"就凭了这句话，他和汉高祖两人之间器度的差别，就完全表现出来了。项羽的胸襟，只在富贵以后，给江东故乡的人们看看他的威风，否则等于穿了漂亮的衣服，在晚上走路，给谁看？他这样的思想，岂不完蛋！所以项羽注定了要失败的。而同样的事发生在刘邦的身上又是怎样呢？

刘邦大定天下以后，他自己的意思要定都在洛阳。但齐人娄敬去看他，问他定都洛阳是不是想和周朝媲美。汉高祖说是呀！娄敬说，洛阳是天下的中心，有德者，在这里定都易为王；无德则易被攻击。周朝自后稷到文王、武王，中间经过了十几世积德累善，所以可在这里定都。现在你的天下是用武力打出来的，战后余灾，疮痍满目，情形完全两样，怎么可与周朝相比？不如定都关中。当然有一番理由，张良也同意，刘邦立即收回自己的意见，采纳娄敬的建议，并赏给五百斤黄金，封他的官。

以这一件强烈对比的史实，清代嘉道年间，有个与龚定庵齐名的文人王昙，写了四首悼项羽的名诗，其中有一首说道："秦人天下楚人弓，枉把头颅赠马童。天意何曾袒刘季，大王失计恋江东。早摧函谷称西帝，何必鸿门杀沛公？徒纵咸阳三月火，让他娄敬说关中。""秦人天下楚人弓"，典故出在春秋战国时，楚王的一张宝弓遗失了的时候，人家向他报告，这位皇帝说："楚人失之，楚人得之。"意思是说皇家保存与百姓拿到，都是一样，不要太追究。王昙引用这个典故，说秦始皇死了以后，中国人的天下，凡是中国人都可以出来统治。"枉把头颅赠马童"，指项羽在垓下最后一仗，被汉军将领四面围困的时候，他回头看见追杀他的，正是一个投降了刘邦的他的老部下，名叫马童。马童见他回头，侧过脸去。项羽说，你不要怕，你不是我的故人马童吗？听说刘邦下令，凡得我头颅的可赏千金、封万户侯。你既是我的故人，就把这颗头送给你。于是项羽自刎了，这也就是项羽的气魄。"天意何曾祖刘季？"刘季是刘邦的名字，这是说项羽"非战之罪，天亡项羽"那句话的错误，而项羽的错在哪里呢？"**大王失计恋江东。早摧函谷称西帝，何必鸿门杀沛公？徒纵咸阳三月火，让他娄敬说关中。**"这就是项羽失败的关键。

这里再插一段闲话。说到历史很妙，大家都知道秦始皇烧书，对中国文化来说，是一个大罪行。但是他的罪过，也只能负责一半。因为秦始皇不准民间有书看，把全国的书籍集中起来了，放在咸阳宫，后来项羽放一把火烧咸阳宫，这把火连续不断地烧了三个月，有多少书籍、多少国家的财富，由他这把火烧掉了。所以严格说来，中国文化根基的中断，这位项老兄负有很大的责任。但后世却把这一责任，全往秦始皇的身上推了。至于项羽的责任，由于对失败英雄的同情，就少提了。

为他人作嫁衣裳

在唐代的时候，唐太宗确立了考试制度，于是读书人埋头苦干，十载寒窗，一朝登第，一步一步，钻到功名场中，一直到现在，都在隋唐时代所创立的考试制度的精神下，使得考试成为知识分子求得功名富贵的必经之路。因此在隋唐以后，有很多的文学作品，赞颂由考试所取得的功名科第。社会上，每个家庭，每一个读书人都在祈求，希望由科第而考取功名，来光耀门楣，荣宗耀祖。到了清朝，甚至连作皇帝的乾隆，还想暗地化名来参加考试，偷偷尝试那考取进士的味道呢。所以以前教育儿童的读物，便有"天子重英豪，文章教尔曹。万般皆下品，唯有读书高"的格言。当然，这些话到了现代工商业的社会，完全变成落伍的陈腔滥调了。现在应该可以将它改为："社会重金条，技能须学高。万般皆上品，唯有读书糟。"

其实，在从前，考取了科第功名是一回事，有了功名，能不能在宦途上飞黄腾达，又是另一回事。许多人就是有了功名，没有门第，没有背景，没有人提拔，还是一样的清寒一生，只比那没有考得功名的白丁略胜一筹而已。例如在唐代诗的文学中，大家都读过秦韬玉的《贫女吟》："蓬门未识绮罗香，拟托良媒益自伤。谁爱风流高格调，共怜时世俭梳妆。敢将十指夸针巧，不把双眉斗画长。苦恨年年压金线，为他人作嫁衣裳。"秦韬玉是京兆（今陕西西安）人，年轻时就有诗名，是晚唐诗人中颇有影响的一个，《全唐诗》收入他的诗三十六首，以七律居多，以这首《贫女吟》最为著名，末句"为他人作嫁衣裳"已成为流传千古、广被引用的名句。秦韬玉早年应士不第，后从僖宗避乱到四川，在宦官田令孜府中作幕僚，这首诗可能就是这时作的。他借一个未嫁贫女的独白倾诉，感叹自己宦途不遇而发泄的无奈和悲哀。

同样的情形，借贫女来作寄托，抒发自己怀才不遇的诗，还有唐末诗人李山甫的一首名作："平生不识绮罗裳，闲把簪珥益自伤，镜里只应谙素貌，人间多是重红妆。当年未嫁还忧老，终日求媒即道狂。两意定知无处说，暗垂珠泪滴蚕筐。"第三句和第四句，就是感叹社会人情现实的可怕。第五句第六句，是说自己在年轻时意气飞扬，非常自负，但早已顾虑到青春逝去，年华老大，还是早点找归宿才好，所以一直托人作媒，不过，别人却笑她疯，认为以她的美丽才华，不怕没有对象。最后说，现在呢？什么都没希望了。还是一个贫女终老，每天作作苦工，只有对着蚕筐暗自滴泪了。这是读书人多么有趣的讽喻，但其中又含有多少的悲哀啊！时代虽然不同，人情世态还是一样，即如现代读书人，得到博士、硕士学位以后，同样的，也是"货与帝王家"，出卖给那能付你薪水高的人，三万五万一个月，非向他低头不可，只不过现在是由帝王家的买主，一变而为资本家的老板而已。

赋到沧桑句便工

有关历史名人在富贵贫贱之际，这一类的人生经验典故，多到不胜枚举。现在我们姑且摘取数则就反面发挥的诗文，以发人深省。

仔细体会中国历史上第二个南北朝——宋、辽、金、元时期几首名人的诗，便可了解人生哲学的深意。也许说这些作品未免过于悲观低调，但人生必须要经历悲怆，才能激发建设的勇气，这便是清代史学家、天文学家赵翼先生在《题元遗山诗集》中所谓的："身阅兴亡浩劫空，两朝文献一衰翁。无官未害餐周粟，有史深愁失楚弓。行殿幽兰悲夜火，故都乔木泣秋风。国家不幸诗家幸，赋到沧桑句便工。"

以下便是反映辽、金、元三朝有关"金玉满堂，莫之能守。富贵而骄，自遗其咎"的哲学文艺作品。

伎者歌　辽·佚名

百尺竿头望九州，前人田土后人收。
后人收得休欢喜，更有收人在后头。

人生事，的确如此。无奈人们明知而不能解脱！

秋夜金　元·遗山

九死余生气息存，萧条门巷似荒村。
春雷漫说惊坯户，皎月何曾入覆盆。

济水有情添别泪，吴云无梦寄归魂。

百年世事兼身事，樽酒何人与细论。

"百年世事兼身事"，到头来，谁都难免有此感受。无论清平世界或离乱时代，大概都是如此。只可惜元遗山亲身经历兴衰成败的哲学观点，却是"樽酒何人与细论"的感慨，除非与老子细斟浅酌，对饮一杯，或许可以粲然一笑。

题闲闲公梦归诗　元·刘从益

学道几人知道味，谋生底物是生涯。

庄周枕上非真蝶，乐广杯中亦假蛇。

身后功名半张纸，夜来鼓吹一池蛙。

梦间说梦重重梦，家外忘家处处家。

"学道几人知道味"，可为世人读老子者下一总评。"谋生底物是生涯"，人人到头都是一样。若能了知"梦间说梦重重梦，家外忘家处处家"，又何必入山修道然后才能解脱自在呢？

求仙诗　元·密兰沙

刀笔相从四十年，非非是是万千千。

一家富贵千家怨，半世功名百世愆。

牙笏紫袍今已矣，芒鞋竹杖任悠然。

有人问我蓬莱事，云在青山水在天。

"一家富贵千家怨，半世功名百世愆"，真是看透古今中外的人情世态。正因其如此，要想长保"金玉满堂"的富贵光景，必须深知"富贵而骄，自遗其咎"，自取速亡的可畏。

盖房子与人生

说到盖房子，讲几个故事。

第一个讲到郭子仪。唐明皇时候，安禄山叛乱，唐室将垮的政权，等于是他一个人打回来的。在历史上，唐代将军能富贵寿考的，只有郭子仪一个人。他退休以后，皇帝赐他一个汾阳王府。在兴工建筑的时候，他闲来无事，拄一支手杖，到工地上去监工。他吩咐一个正在砌墙的泥工说，墙基要筑得坚固。这名泥水匠对郭子仪说，请王爷放心，我家祖孙三代在长安，都是作泥水匠的，不知盖了多少府第，可是只见过房屋换主人，还未见过哪栋房屋倒塌了的。郭子仪听了他这番话，拄着杖走了，再也不去监工。这个泥水匠讲的，是祖孙三代的实际经验，而郭子仪听了以后，就想透了人生的一个道理，不是消沉，而是更通达了。

第二个故事，唐末杨玢在尚书任内，快要告老退休的时候，他在故乡的旧屋地产，有些被邻居侵占了。于是他的家人们要去告状打官司，把拟好的起诉书送给他看。杨玢看了，便在后面批说："四邻侵我我从伊，毕竟须思未有时。试上含元殿基望，秋风秋草正离离。"他的家人看了就不去告状了。

第三个故事，和杨玢的类似，据说（待考）出在清代康熙、雍正年间的桐城人张廷玉。他是清代入关后，父子入阁拜相的汉人。据桐城朋友说，桐城有一条巷子名为"六尺巷"。张廷玉当年在家乡盖相府时，邻居与他家争三尺地，官司打到县衙里，张家总管便立刻把这件事写信到京里报告相爷，希望写封信给县令关照一下。张廷玉看后，在原信上批了一首诗寄回来，这首诗说："千里求书为道墙，让他三尺又何妨，长城万里今犹在，谁见当年秦始皇。"张家的总管于是立即吩咐让了三尺地出来，那个邻居看到张家居然退让了三尺，他也让了三尺出来，于是留下了六尺空地，成为人人都能通行的一条巷道。

从这几个故事，我们就可了解孔子之所以讲到一个世家公子的生活，能够修养到"知足常乐"，只求温饱，实在是很难得的。像这样修养的人，如果从政，就不会受外界环境的诱惑了。

刚才提到郭子仪的起建汾阳王府，我们再看看唐人的两首诗：

36

> 门前不改旧山河，破虏曾轻马伏波；
> 今日独经歌舞地，古槐疏冷夕阳多。
>
> ——赵嘏经汾阳旧宅诗
>
> 汾阳旧宅今为寺，犹有当年歌舞楼；
> 四十年来车马散，古槐深巷暮蝉愁。
>
> ——张籍法雄寺东楼诗

上面两首诗的词句都很简单，但包含的意味却发人深省；比起"长城万里今犹在，不见当年秦始皇"如何？

名利浓于酒

孔子说，国家社会上了轨道，像我们这一类的人，就用不着了，我们不必去占住那个职位，可以让别人去做了。如果仍旧恋栈，占住那个位置，光拿俸禄，无所建树，就是可耻的。社会国家没有上轨道，而站在位置上，对于社会国家没有贡献，也是可耻的。结论下来就是说，一个知识分子，为了什么读书？不是为了自己吃饭，是为了对社会对国家能有所贡献，假如没有贡献，无论安定的社会或动乱的社会，都是可耻的。

讲到这里，我们想起一些故事，可作为研究这两句话的参考，这个免于"耻"字的功夫可真难。

如大家所熟知的，汉光武刘秀和严光（子陵）是幼年时的同学好友，后来刘秀当了皇帝，下命令全国找严子陵，而严子陵不愿出来作官躲了起来。后来在浙江桐庐县富春江上，发现一个人反穿了皮袄钓鱼，大家都觉得这是一个怪人，桐庐县的县令把这件事报到京里去。汉光武一看报告，知道这人一定是老同学严光，这一次才把他接到京里，但严光还是不愿作官。汉光武说，你不要以为我当了皇帝，如今见面还是同学，今夜还是像当年同学时一样，睡在一起，好聊聊天，严子陵还是那样坏睡相，腿压在皇帝的肚子上，所以有太史公发现"客星犯帝座"的说法。后世在严光钓鱼的地方，建了一座严子陵的祠堂。因为历代以来的读书人，都很推崇严子陵，认为他是真正的隐士。有一个读书人去考功名，经过严子陵的祠堂，题了首诗在那里："君为名利隐，吾为名利来。羞见先生面，夜半过钓台。"这是推崇严子陵的。相反的，清人却有诗批评严子陵："一袭羊裘便有心，虚名传诵到如今。当时若着簑衣去，烟水茫茫何处寻？"这是说严子陵故意标榜高隐，实际上是沽名钓誉，想在历史上留一个清高的美名。这是反的一面的。

此外，还有一段中国历史上蛮有趣的事情。

清庭入关以后，有许多读书人不投降。但清帝康熙非常高明，他十四岁亲政，就平定了这样一个广土众民的天下，做了六十年的皇帝，把清朝的政治基础奠定下来，可以说他是一个天才皇帝，不是职业皇帝了。他看见汉人反清的太多，为了要先收罗那些不愿投降的读书人，在科举中特别开了一个"博学鸿词科"。对于前明不愿投降的遗老们，特别恩准，马马虎虎，只要报个名，形式上考一下，就给予很好的官位，结果有很多人，在这种诱惑下动摇了，而进了"博学鸿词科"。也还有很多人硬不投降，所以当时闹了很多笑话。其中一些，是非常尖刻讥讽，当时曾留下几首讽刺的名诗："一队夷齐下首阳，几年观望好凄凉。早知薇蕨终难饱，悔煞无端谏武王。"后来又开第二次"博学鸿词科"，再收罗第一次未收罗到的人。因为许多人看见第一批"博学鸿词科"的人，都有很好的官位，自己就更忍不住了（从这里看，中国人讲究的节操，要守住真是难事，自己的中心思想能终身不变，实在是最高的修养）。第二次去的人更多，考场的位置都满了，后去的被推到门外，有人便吟诗挖苦："失节夷齐下首阳，院门推出更凄凉。从今决计还山去，薇蕨那堪已吃光。"中国读书人，非常重视节操，也就是中心思想、见解的坚定问题。

又如明末清初的名诗人吴梅村，他的诗的确好。他本来坚持不肯投降，清政府挟持其老母威胁他，逼得他最后只好去向清政府报到。因此吴梅村一生非常痛苦。同时清政府对这些投降的人，虽然待遇很好，但后来写历史的时候，清帝还是下命令把这些人列入《贰臣传》。这是中国文化精神，尽管再好，终究是投降过来的，骨头不够硬，这是很严重的，被人看不起的。吴梅村后来被列入《贰臣传》，他当时去报到，内心非常痛苦，但是被清政府征召，非去不可。所以他的诗有："浮生所欠唯一死，人世无由识九还。"吴梅村因为名气太大，他在应召启程进京的时候，有好几百人，号称"千人会"，为他饯行。有一个青年，没有参加这次集会，写了一封信，派人送到宴会上给吴梅村。吴梅村坐在首席上打开来一看，脸色都变了。旁边的人觉得奇怪，看了这封信以后，大家的脸色也都变了。原来这封信上写了这么一首诗："千人石上千人坐，一半清朝一半明。寄语娄东吴学士，两朝天子一朝臣。"在座的人全被骂了。

我们看了这些资料，对中国文化中的臣节与忠贞的精神，要特别注意。前天中午和几位同学吃饭，也谈到这个问题。有一位现在法国修哲学博士的同学，回来写论文，因为她是学哲学的，听了这个问题觉得奇怪，她说："这有什么不对？"还问曾国藩算不算贰臣，我告诉她当然不算贰臣，她反而觉得"更怪"。我说，假如有人说你是再嫁夫人，你气不气？她说："我当然气，我根本还没结婚。"我说，对了，所谓贰臣就等于一个女人结了婚，丈夫并没有不对，而她又离开丈夫和另外一个丈夫在一起，当然别人要攻讦。这就是西方文化的看法与中国文化的不同。这个时代的道德、节操的观念也与过去的不同。所以今天的中国文化，在这个问题上，也正处于历史文化观念的矛盾与交替当中。

得意失意难定论

有许多人，担任某一种大位置、大要职，蛮好；但是要他改做实际工作，去执行一个任务，就完了。平常看他，学问好，见解也好，写的文章、建议、办法都对。可是，让他去实际从事行政工作，就不行。有些人，要他从事实际行政工作，执行任务，会办得很好，如果这样认为他很了不起，把他提拔到太高的重要地位，那他又完了。所以作领导的人，对人才的认识很难，对自己的认识也难，要晓得自己能作什么，可真不容易。

我过去在私塾中所受的教育，老师们教的一些散文和诗，都包含有人生的道理。我的一位老师曾经有一首评论历史的诗，讲得非常好："隋炀不幸为天子，安石可怜作相公。若使二人穷到老，一为名士一文雄。"这意思是说，隋炀帝运气不好，当了皇帝；而王安石很可怜，作了宰相。这两个人若是不得志，王安石将成为大文豪，他的文章那么好，恐怕当时和后世对他的敬仰，还要更高，隋炀帝如果当时不作皇帝，就是一个很好的名士，一个才子。

我们再说李后主，真是好的文学家，那么好的文学，真好，过去找不出来，以后恐怕也难找到这么好的文学家，实在太好了，可惜当了皇帝。宋朝徽宗等人也是如此。不过话得说回来，文学又谈何容易？《红楼梦》之后，再也写不出第二部《红楼梦》，没有像曹雪芹那样的家庭，没有像曹雪芹一样，整天和一些女孩子在一起打滚，没有那个经验，换一个人怎么也写不出来。施耐庵的《水浒传》，没有跑过江湖，没有和那些动辄拔刀的江湖朋友混在一起，也写不出来。文学是这样培养出来的。李后主的词好，他花的本钱大，也是当了皇帝，江山又在他手里丢掉，然后才有那种文学的境界出来。可是拿人生的立场看来，这些人都是不幸。因此我们又想起另外一个人的哲学，人生得意的事，有时并不是幸福；而有时候失意的事，并不是倒霉。如在明末清初的时候，有一个人作了一首诗："眼前乔木尽儿孙，曾见吴宫几度春。若使当时成大厦，亦应随例作灰尘。"这首诗是说失意并不见得坏。第一句他感慨眼前的国家栋梁，都是他的后辈。第二句是讲自己，像山上的大木、神木一样，自己年纪大了，看到朝代的更替、兴衰、成败多少次，假使自己当时也成为其中的栋梁，早就被烧光了。所以人生得意的事，虽不一定是坏，也不一定就是好，有时失意也不一定是差。

不 合 时 宜

唐人的诗，很多喜欢用男女相悦，尤其以女孩子的感情作比喻，来表达自己的思想感慨。诸如功名富贵的得意，坎坷落拓的失意，往往都用女孩子的情感来形容。唐代朱庆余的名诗：

洞房昨夜停红烛，待晓堂前拜舅姑。
妆罢低声问夫婿，画眉深浅入时无。

这首诗就是表示功名考取了，非常高兴得意，马上就要去见长官了，见长官之前，自己精心的"化妆"，希望自己能够使长官在"第一印象"中，产生良好的观感。一切都准备好了以后，环境还摸不清楚，只有在师友同事之间，悄悄地打听，是不是合长官的意？我们一辈子做事，每到一个新的环境，究竟要浓妆或淡抹，可还真难恰到好处。"画眉深浅入时无？"能不能合于时代？若不合时宜，就没有用。

古人还有两句名诗说"早知不入时人眼，多买胭脂画牡丹"。表面上看起来是题画的，其实这是牢骚的诗，他说若早知人是势利的，这样喜欢攀着富贵（中国牡丹花是代表富贵的花），对于清高的格调看不惯，那我就率性俗气一点，多用一些胭脂画富贵花好了。我们不懂诗的，只把它当文学作品看，所以有人说，写诗的是无病呻吟。实际上，许多是政治哲学，人生哲学，整个摆在诗里，我们作一辈子人，就是不知道如何能"画眉深浅入时无"，这就是人生哲学。所以中国哲学难研究，因为必须同时通文学。又如秦韬玉咏贫女诗："蓬门未识绮罗香，拟托良媒益自伤。谁爱风流高格调，共怜时世俭梳妆。敢将十指夸针巧，不把双眉斗画长。苦恨年年压金线，为他人作嫁衣裳。"

为什么今日谈这些诗与哲学的关系？我们中国从前一些读书人，到了晚年退休在家，写字、作诗、填词，一天到晚忙得不得了，好像时间不够用。而现在的人，退休下来，或者是老伴不在身边了，儿女长大飞了，感到非常空虚落寞。有一位大学教授，在六十岁后，就有这样的感觉，他又不信仰任何宗教，我劝他作诗。他说不会，我说可以速成，保证一个星期以后就会作，不过是易学难精。后来他果然对作诗有了兴趣。如今已七十多岁，居然出了一本诗集，现在可够他打发余年的了。所以中国这个作诗的修养很有用。而且不会见人就发牢骚，有牢骚也发在诗上面，在白纸上写下了黑字，自己看看，就把牢骚发完了，心中还能有所得。

就像这首咏贫女的诗，表面上是描述穷人家的女儿，但实际是影射一个人学问很好，但不得志，所谓"怀才不遇"的人，就像有的公务员，学问很好，但是特考、高考都考不取，这里碰壁，那里行不通，就只有做个小公务员。而这首诗，描写一个住茅屋的贫家女，那些高贵华丽衣服的香味，闻都没有闻过，本来想托媒人找个婆家，但自己很伤心，不愿意这样折节自荐。比喻一个有学问才具的人，不愿意托朋友为自己吹牛找工作。而在这个时代，一般人都很现实，很低俗，绝不欣赏青松明月一样的格调。虽然时代如此，可是觉得这些人太可怜了，自己还是保持固有的俭朴纯真，并不跟着世俗走。这也就代表了作者自己。大家很现实，要人家介绍、吹嘘，或者上电视、登登报出了名就有办法，社会风气不太对，何必那样呢？这些路都不走，还是保持自己的朴素。这就可见他的修养，他也很自负，如贫家女一样，敢于夸称自己的女工比任何人都精巧，这岂不自负自己的学问本事，比任何人都要高？可是不合时宜，苦恨自己在这样的时代里，永远不能得志，没有机会对国家社会有直接的贡献。这也是牢骚。中国的诗文，微言大义，往往就在一个字，"不把双眉斗画长"的一个"斗"字，就是点睛的。所谓斗就是和人家竞争，你打扮得这样漂亮，我就打扮得比你更漂亮，就这样出风头，找机会。说到画眉，古人描写这一类事的诗很多，也是一些文人吃饱了饭，真的看了女人化妆等等而作的，但那些是所谓"香艳体"。像贫女吟这一类的诗，则不属于香艳体，而有寄托的含意。

出处从来自不齐

在古书上"出处"这个名词，很多地方可看到，现在很少人用了，意思是人生的第一步要如何起步？人生的第一步很重要，如果第一步走错了，就会永远地错下去。在历史上，在个人，这种例子很多，所以人生的出处，对于过去的知识分子，是一件非常重要的事。如宋朝辛弃疾（稼轩），在宋代历史上是一个非常杰出的人物，他比岳飞迟一点，差不多与朱熹同时，山东人，很有学问。当时元朝还没有起来，北方为金人所据，他有豪侠之气，文武全才，不受一般的习俗所规范（以现代名词来形容就是太保，不过本质上并不是现代行为不良的太保）。十九岁的时候立志报国，和许多青年，要反抗金国，光复国土，而能号召到几千人起义，然后占山打游击。他曾经认为某个人有将才，推荐给南宋，不料这人叛变了，他听到消息后，单枪匹马，闯到敌人的阵地里，把这个叛徒抓回来。从这件事看起来，他的武功胆识都不简单。后来他带了一万多人，渡江回到南宋来，可是他和岳飞的志向是一样的，天天想恢复国土，赶走金人，南宋始终没有重用他，而他却成了有名的词人。凡是讲到文学，讲到宋词，没有不提到辛弃疾的。

我们就看他一生的出处，年轻时是"太保"，充满了豪侠之气，文武全才，中间起来打游击，能在敌人的区域中带上万人渡江过来，向南宋上了几次恢复国土的计划，可是南宋的君臣不想北伐，没有采用他的意见，后来成了有名的文学家，也是有名的理学家。在南宋做官时，因为才气太高，受了很多打击，几次免官，人家检举告发他"贪财好色"四个字，但都是"事出有因，查无实据"。他不在乎，下台就下台。可是每次碰到地方上出了问题，兵变了或政治上出毛病了，又起用他调去平乱、整顿，他去了以后，不到几个月就把这些事办好了，他的才具之大，由此可知。我们今天提到他，就是因为他始终抱定了立身出处要正大，不管表面的行为怎样，他的立身出处则始终是正大的。这一点在他晚年的诗词里，就看到很多，其中当然也有牢骚，可是站在文学的立场，看他的成就那么高，修养好，儒、释、道三家无不晓通，虽有牢骚，到底情有可原，就是这样一个怪人。我们现代如果认真研究历史，鼓励青年们效法辛弃疾这一类的人，也是有道理的。

我们讲到出处两个字，来看看他的词，其中有一阕就说：

出处从来自不齐，后车方载太公归；谁知寂寞空山里，却有高人赋采薇。黄菊嫩，晚香枝，一般同是采花时，蜂儿辛苦多官府，蝴蝶花间自在飞。

这是他到南方以后，年纪大了时的作品。我们看这首词的上半阕，他说，人生的出处，第一站出来，不必要求每个人都是一样，各人可以不同。他引用周代的历史，文王找到姜太公，非常礼遇，马上把自己的尊贵座位，让给姜太公坐，自己驾车，把他请回来，致周代的政权八百年的稳固，王业的成功，计划出于太公之手。可是同样的时代，有伯夷叔齐，连皇帝都不愿当，逃隐到最后，硬是饿死在首阳山，也就是我曾提到过的两句名诗："有人辞官归故里，有人漏夜赶科场。"人的志向各有不同，有人要入世，有人要出世，有人面对千万两黄金，看都不看一眼，有人见到区区几百元，眼睛都发亮，各人出处不同。

这是讲出处方面，站在纯文学的角度看，并不是一阕特别好的作品，这是文学境界牵涉到学说思想的词，所以在他的集子里是有名的作品之一，一般人学他的词也很难学。人们提起文学家，每每先提到苏东坡，他是运气好，名气太大了。在时间上说，苏东坡比他早，是他的前辈，不过有人认为辛弃疾的词，因气派不同而超过了苏东坡。而辛弃疾的一生，少年公子、太保、游击队领袖，尝过流亡部队生活，当过将领，当过地方行政首长，什么都干过，声色犬马，好的坏的他都有，所以作品中有多方面的东西，气派完全不同。

有关立身出处的问题，在宋、明以后，又盛行一个新名词（当然，在现在看来，是旧文学的名词）叫"出山"，就是因为有了尊重隐士、处士的风气所形成。杜甫诗所谓"在山泉水清，出山泉水浊"，便已有这种含意。讲到这里，我又想起我的老师袁先生，题灌县灵岩寺的一副对联。灵岩寺靠近都江堰的灌口，先秦时代，西蜀太守李冰父子修建了灌口——都江堰，自有了这个扬子江上游的伟大水利工程之后，一两千年来，才有成都天府之国的农田水利。所以四川人为了感戴李冰父子，在灌口修建一座二王庙，永远留给后人馨香膜拜，威灵显赫，无尽敬重。袁老师的上联是："溉数万顷良田，在山泉水清，出山泉水清，好个比邻秦太守。"下联是："揉千七则藤葛，不说话亦堕，欲说话亦堕，拈与胡僧阿耆多。"下联是禅门公案，不去管它。上联所说"在山泉水清，出山泉水清"，借此为颂扬秦太守李冰父子的千秋功业，实在可作为千古名臣出山从政的最好典范。

志士栖山恨不深

老子所说的这种处世哲学，人生态度，除了我们传统文化中真实笃信道家的神仙们，用之在一般社会的人群，是不可能的。如果要找出这种榜样，当然，在历代道家《神仙传》里却多得很，不过，都像是离经叛道，古里古怪，不足为法。只有近似道家的隐士、高士们，介于出世入世之间的，却可在《高士传》里找出典型。

现在我们只就一般所熟悉的，由乱离时期到治平时代的两位中间人物，作为近似老子所说的修道者的风格。在西汉与东汉转型期中，有严光；在唐末五代末期到赵宋建国之间，有陈抟。

严光，字子陵。他在少年时代，与汉光武刘秀是同学。别的学问不说，单以文学词章的角度来讲，严子陵高到什么程度，已无可靠的资料可寻。但是，看刘秀的少数文章词藻，的确很不错。在刘秀做了皇帝以后，唯独怀念这位同学，到处查访，希望他来一见，就可想见严光的深度，并不简单。也许他也是一个在当时局势中，不作第二人想的人物。但是他也深知刘秀不简单，这个位置已属于刘秀的，他就悠游方外，再也不想钻进圈套了。因此他就反披羊裘，垂钓在浙江桐庐的富春江上。后来，他虽然也和当皇帝的老同学刘秀见了面，而且还在皇宫里如少年时代一样，同榻而眠，过了一夜，还故意装出睡相不好，把脚搁在刘秀的肚子上睡觉，似乎又目无天子。总算刘秀确有大度，没有强迫他作官，终于放他还山，仍然让他过着悠游自在、乐于江上垂钓的生涯。

因此相传后世有一位上京考功名的秀才，路过严子陵的钓台，便题一首诗说："君为名利隐，我为名利来。羞见先生面，夜半过钓台。"这真是"有人辞官归故里，有人漏夜赶科场"的对比写照。

如照这种严格的要求隐士、高士、处士的标准，凡是被历史文献所记载、为人世所知的人物，乃至神仙传记或佛门中的高僧，也都是一无是处的。宋代的大诗人陆放翁便说过："志士栖山恨不深，人知已自负初心。不须更说严光辈，直至巢由错到今。"平庸一生，名不见于乡里，终与草木同腐的，或者庶乎近焉！

陈抟道号希夷。当然，他早已被道家推为神仙的祖师。一般民间通称，都叫他陈抟老祖。他生当唐末五代的末世，一生高卧华山，似乎一点也不关心世事。等到宋太祖赵匡胤在陈桥兵变，黄袍加身，当起皇帝来了，他正好下山，骑驴代步，一听到这个消息，高兴得从驴背跌下来说：从此天下可以太平了！因为他对赵宋的创业立国，有这样的好感，所以赵氏兄弟都很尊重他。当弟弟赵匡义继哥哥之后，当上皇帝——宋太宗，还特别召见过他。在《神仙传》上的记载，宋太宗还特别派人送去几位宫女侍候他。结果他作了一首诗，把宫女全数退回，"冰肌为骨玉为腮，多谢君王送到来。处士不生巫峡梦，空劳云雨下阳台。"这个故事和诗也记在唐末处士诗人——魏野的账上，唐人诗中也收入魏野的著作。也许道家仍然好名，又把他栽在陈抟身上，未免有锦上添花、画蛇添足的嫌疑。

其实，希夷先生，生当离乱的时代，在他的少年和壮年时期，何尝无用世之心。只是看得透彻，观察周到，终于高隐华山，以待其时，以待其人而已。我们且看他的一首名诗，便知究竟了。

　　十年踪迹走红尘，回首青山入梦频。
　　紫绶纵荣争及睡，朱门虽富不如贫。
　　愁看剑戟扶危主，闷听笙歌聒醉人。
　　携取旧书归旧隐，野花啼鸟一般春。

　　从这首七言律诗中，很明显的表露希夷先生当年的感慨和观感，都在"愁看剑戟扶危主，闷听笙歌聒醉人"两句之中。这两句，也是全诗的画龙点睛之处。因为他生在唐末到五代的乱世中。几十年间，这一个称王，那一个称帝，都是乱七八糟，一无是处。但也都是昙花一现，每个都忙忙乱乱，扰乱苍生几年或十多年就完了，都不能成为器局。所以他才有"愁看剑戟扶危主"的看法。同时又感慨一般生存在乱世中的社会人士，不知忧患，不知死活，只管醉生梦死，歌舞升平，过着假象的太平生活，那是非常可悲的一代。因此便有"闷听笙歌聒醉人"的叹息。因此，他必须有自处之道，"携取旧书归旧隐"，高卧华山去了。

　　这也正如唐末另一位道士的诗说："为买丹砂下白云，鹿裘又惹九衢尘。不如将耳入山去，万是千非愁煞人。"他们所遭遇的境况和心情，都是一样的痛苦，为世道而忧悲。但在无可奈何中，只有如老子一样，"我愚人之心也哉！沌沌兮，俗人昭昭，我独昏昏。俗人察察，我独闷闷。澹兮其若海，飓兮若无止，众人皆有以，而我独顽且鄙"。看来虽然高不可攀，其实，正是悲天悯人，在无可奈何中，故作旷达而已吧！

莫到琼楼最上层

　　现代史上众所周知的国民革命成功后，孙中山先生"推位让国"，由袁世凯来当中华民国第一任大总统。结果，袁世凯却走火入魔，硬要作皇帝，改元洪宪。一年还不到，袁大头就身败名裂，寿终正寝，所留下的，只有一笔千秋罪过的笑料而已。袁世凯个人的历史，大家都知道，他的为人处世，原不足道。《红楼梦》上有两句话，大可用作他一生的总评："负父母养育之恩，违师友规训之德。"

袁的两个儿子，大的克定，既拐脚，又要志在做太子，继皇位，怂恿最力。老二克文，却是文采风流，名士气息，当时的人，都比袁世凯是曹操，老二袁克文是曹植。我非常欣赏他反对其父老袁当皇帝的两首诗，诗好，又深明事理，而且充满老庄之学的情操。想不到民国初年，还有像袁克文这样的诗才文笔，颇不容易。袁克文是前辈许地山先生的学生，就因为他反对父亲当皇帝，作了两首诗，据说，惹得老袁大骂许地山一帮人，教坏了儿子，因此，把老二软禁起来。我们现在且来谈谈袁克文的两首诗的好处。

乍著吴棉强自胜，古台荒槛一凭陵。

起首两句便好。吴棉，是指用南方苏杭一带的丝绵所作的秋装。强自胜，是指在秋凉的天气中，穿上南方丝绵做外衣，刚刚觉得身上暖和一点，勉强可说好多了！这是譬喻他父亲袁世凯靠南方革命成功的力量，刚刚有点得意之秋的景况，因此他们住进了北京皇城。但是，由元、明、清三代所经营建筑成功的北京皇宫，景物依稀，人事全非，那些历代的帝王又到哪里去了！所以到此登临揽胜，便有古台荒槛之叹。看了这些历史的陈迹，人，又何必把浮世的虚荣看得那么重要！

波飞太液心无住，云起魔崖梦欲腾。

华池太液，是道家所说的神仙境界中的清凉池水。修炼家们，又别名它为华池神水，服之可以祛病延年，长生不老。袁克文却用它来比一个人的清静心脑中，忽然动了贪心不足的大妄想，犹如华池神水，鼎沸扬波，使平静心田，永不安稳了。

跟着便说一个人如动心不正，歪念头一起，便如云腾雾暗，蒙住了灵智而不自知。一旦着了魔，就会梦想颠倒，心比天高，妄求飞升上界而登仙了。

偶向远林闻怨笛，独临灵室转明灯。

这是指当时时局的实际实景，他的父兄一心只想当皇帝，哪里知道外界的舆论纷纷，众怨沸腾。但诗人的笔法，往往是"属词比事"，寄托深远，显见诗词文学含蓄的妙处，所以只当自己还正在古台荒槛的园中，登监凭吊之际，耳中听到远处的怨笛哀鸣，不胜凄凉难受。因此回到自己的室内，转动一盏明灯，排遣烦恼。灵室、明灯，是道佛两家，有时用来譬喻心室中一点灵明不昧的良知。但他在这句上用字之妙，就妙在一个转字。"转明灯"，是希望他父兄的觉悟，要想平息众怨，不如从自己内心中真正的反省，"闭邪存正"。

剧怜高处多风雨，莫到琼楼最上层。

最后变化引用苏东坡的名句："琼楼玉宇，高处不胜寒"。劝他父亲要知足常乐，切莫想当皇帝。袁世凯看了儿子的诗，赫然震怒，立刻把他软禁起来，也就是这两句使他看了最头痛，最不能忍受的。

另一首：

小院西风向晚晴，嚣嚣恩怨未分明。

这起首两句，全神贯注，在当时民国成立之初，袁世凯虽然当了第一任大总统，但是各方议论纷纷，并没有天下归心。所以便有"嚣嚣恩怨未分明"的直说。所谓向晚晴，是暗示他父亲年纪已经老大，辛苦一生，到晚年才有此成就，应当珍惜，再也不可随便乱来。

南回孤雁掩寒月，东去骄风动九城。

南回孤雁，是譬喻南方的国民党的影响力量，虽然并不当政，但正义所在，奋斗孤飞，也足以遮掩寒月的光明。东去骄风，是指当时日本人的骄横霸道，包藏祸心，应当特别注意。

驹隙去留争一瞬，蛩声吹梦欲三更。

古人说，人生百岁，也不过是白驹过隙，转眼之间而已。隙，是指门缝的孔阙。白驹，是太阳光线投射过门窗空阙处的幻影，好比小马跑的那样快速。这是劝他父亲，年纪大了，人生生命的短暂，与千秋功罪的定论，只争在一念之间，必须要作明智的抉择。蛩声吹梦，是秋虫促织的鸣声。欲三更，是形容人老了，好比夜已深，"好梦由来最易醒"。到底还有多少时间能做清秋好梦呢？

山泉绕屋知深浅，微念沧波感不平。

"在山泉水清，出山泉水浊。"人要有自知之明，必须自知才德能力的深浅才好。但是，他的父兄的心志，却不是如此思想，因此，总使他念念在心，不能平息，不能心安。

袁克文的诗文才调，果然很美，但毕竟是世家出身的公子，民国初年以后，寄居上海，捧捧戏子，玩玩古董，所谓民初四大公子之一。无论学术思想，德业事功，都一无所成，一无可取之处。现在我们因诗论诗，不论其人。我常有这种经验，有的人，只可读其文，不必识其人。有的人，大可识其人，不必论其学。人才到底是难两全的。至于像我这种人，诗文学术，都一无可取之处。人，也未做好。只好以"蓬门陋巷，教几个小小蒙童"，勉强混混而已。

人间随处有乘除

清代的中兴名臣曾国藩，大家都知道，他是近代史中一位大政治家，不必多介绍他的身世功业了。后世的人，说他建功立业，一共有十三套本领，但是其中有十一套大的谋略之学，都未曾流传下来，只留了两套本领给后世的人。其中一套，是著了一部《冰鉴》，把相人之术——这是他老师教给他的，他又传给后世的人。自他以后，有许多政治的、军事的乃至经济等方面的领导人，运用他这部《冰鉴》所述的相人术，选才用人，的确收到了一些效果。

另一套本领，就是他的日记和家书。或者问：曾国藩的日记和家书，不外乎告诉家人，怎样弄好鸡窝，怎样整理菜园，表示很快要回家种田等等，这些琐碎小事，老农老圃也懂，算得什么大本领，值得留传给后人？

这只是一种皮毛的肤浅看法而已。如果进一步去分析曾国藩、曾国荃兄弟当时所建的功业，所处的环境，时代的政治背景，历史的轨迹，就可以了解到曾国藩絮絮于这些琐碎细事，实际上正深厚地运用了老庄之道。

曾国藩兄弟，经过了九年的艰苦战争，终于将曾经占领了半壁江山、摇撼京师、几乎取得政权的太平天国打垮了，所建立的功绩，是清庭入关以来，前所未有，到达了"功高震主"的程度。

"功高震主"的情况，可能有许多人体会不到，试以创办一间公司为比喻。一位公司老板，找到了一位很能干的干部，由于这位干部精明能干，而且很努力，于是因其良好的功劳业绩，由一名小小的业务员，逐步上升，而股长，而主任，而经理，一直升到总经理。到了这个阶段，公司的一切业务，许多事情，他比老板还更了解更熟练，同下面的人缘又好极了，那么，这种情况下，当老板的就会担起心来。这就"功高震主"了，地位就危险了。在政治上，一个功高震主的大臣，危险与荣誉是成正比的，获得的荣耀勋奖愈多，危险也愈大。不但随时有失去权势财富的可能，甚至生命也往往旦夕不保。

清朝以特务手段驾驭大臣和各级官吏，雍正皇帝是用得最著名而收效的，以后清朝的帝王，均未放弃这一手法。慈禧太后，以一女人而专政，就用得更多更厉害，所以曾国藩的日记与家书，写这些个鸡栏、菜圃小事，与其说是给家人子弟看，不如说是给慈禧太后看，期在无形中消除老板的疑心，表示自己不过是一个求田问舍的乡巴佬，以保全首领而已。

再从曾国藩给他弟弟曾国荃的一首诗中，也可很明显地看到他深切的了解老庄思想，灵活运用老庄之道。这首诗说：

> 左列钟铭右谤书，人间随处有乘除；
> 低头一拜屠羊说，万事浮云过太虚。

诗中屠羊说的典故，就出在庄子的《让王篇》。屠羊说，本来是楚昭王时，市井中一个卖羊肉的屠夫，大家都叫他屠羊说，事实上是一位隐士。"说"是古字，古音通"悦"字。当时，因为伍员为了报杀父兄之仇，帮助吴国攻打楚国，楚国败亡，昭王逃难出奔到随国。屠羊说便跟着昭王逃亡，在流浪途中，昭王的许多问题，乃至生活上衣食住行，都是他帮忙解决，功劳很大。后来楚国复国，昭王派大臣去问屠羊说希望做什么官。屠羊说答复道：楚王失去了他的故国，我也跟着失去了卖羊肉的摊位，现在楚王恢复了国土，我也恢复了我的羊肉摊，这样便等于恢复了我固有的爵禄，还要什么赏赐呢？昭王再下命令，一定要他接受，于是屠羊说更进一步说：这次楚国失败，不是我的过错，所以我没有请罪杀了我；现在复国了，也不是我的功劳，所以也不能领赏。

　　他这话是多少带刺的，弦外之音就是说，你当国王失败了，才弄得逃亡。现在你把国家救回来了，亦是你的努力和福气。所以楚昭王从大臣那里听到他这样的话，知道这个摆羊肉摊子的，并不是普通人物，于是叫大臣召他来见面。不料屠羊说更乖巧，他回答说：依照我们楚国的政治体制，一定要有很大的功劳，受过重赏的人，才可以面对面见到国王。现在我屠羊说，在文的方面，没有保存国家的知识学问，在武的方面，也没有和敌人拼死一战的勇气，当吴国的军队打进我们首都来的时候，我只因为怕死，而急急慌慌逃走，并不是为了效忠而跟随国王一路逃的，现在国王要召见我，是一件违背政体的事，我不愿意天下人来讥笑楚国没有法制。

　　楚昭王听了这番理论，更觉得这个羊肉摊子老板非等闲之辈，于是派了一位更高级的大臣，官司马，名子綦——相近于现代的国防部长——吩咐子綦说，这个羊肉摊的老板，虽然没有什么地位，可是他所说的道理非常高明，现在由你去请他来，说我要请他做国家的三公高位。想想看，由一位全国的三军统帅出面来请，这中间有些什么意味。可是屠羊说还是不吃这一套，他说我知道三公的地位，比我一个羊肉摊老板不知要高贵多少倍，这个位置上的薪水，万锺之禄，恐怕我卖一辈子羊肉也赚不了那么多。可是，我怎么可以因为自己贪图高官厚禄，而使我的君主得一个滥行奖赏的恶名呢？我还是不能够这样做，请你把我的羊肉摊子还给我吧！

　　当然事实上，楚昭王的能复国，许多主意并非都是由这位羊肉摊老板提出来的。后来他再三再四的不肯作官，就是"功成，名遂，身退；天之道也"的老庄精神。正是最有学问的人。

曾国藩写这首诗，引用屠羊说的典故，是对他的弟弟曾国荃下警告。他知道，这时的客观环境，对他的危险性非常大。不但上面那位老太太——慈禧太后，非常厉害，难侍候之至，自己不能不居高思危。而外面议论他，批评他，讲他坏话的人也很多。尤其是曾国荃打进南京的时候，太平天国的王宫里面，有许多金银财宝，都被曾国荃搬走了。这件事，连曾国藩的同乡至交好友王湘绮，亦大为不满，在写《湘军志》时，固然有许多赞扬，但是把曾氏兄弟以及湘军的坏处，也写进去了。这时曾国藩兄弟也很难过。曾国荃的修养，到底不如哥哥，还有一些重要干部，对于外来的批评，都受不了，向曾国藩进言，何不推翻清庭，进兵到北京，把天下拿过来，更曾有人把这意见写字条提出。曾国藩看了，对那人说："你太辛苦了，疲累了，先去睡一下。"打发那人走了，将字条吞到肚中，连撕碎丢入字纸篓都不敢，以期保全自己的性命。

同时，曾国藩训练出来的子弟兵，也已经变成"骄兵悍将"。打下太平天国以后，个个都有功劳，都有得意自满的心理，很容易骄横，所以又教他的学生李鸿章，赶快训练淮军，来接他的手，冲淡湘军的自满骄横。

事实上，如果曾国荃与湘军一冲动，半个中国已经是他的，似乎进一步就可以把大好河山拿下来。但真的拿不拿得下来呢？亦自有拿不下来的道理。我们现在来仔细研究当时的情况，的确有拿不下来的理由。到底还是曾国藩了不起，宁可不做这件事，所以写了这样一首诗，要曾国荃"低头一拜屠羊说"。他说：尽管左面挂满了中央政府——朝廷的褒奖状，可是要知道"功高震主"的道理，不必因此自满自傲，右边放了毁谤、诋骂我们的文件，这也同样没有什么了不起，不必生气，"人间随处有乘除"，人世间本来就如天秤一样，这头高了那头低，这头低了那头高，不必想不开。"低头一拜屠羊说"。只要效法屠羊说的精神与做法，学习这位世上第一高人，那么"万事浮云过太虚"。荣誉也好，毁谤也好，都不过是碧天之上的一片浮云，一忽儿就要被风吹散，成为过去的，澄湛的碧天，依然还是澄清湛蓝的。

在近代史上，明朝平宸濠之乱的王阳明，清朝打败太平天国的曾国藩，都是精通老庄之学，擅用老庄之学，但都是"内用黄老，外示儒术"的作风，如果硬把他们打入儒家，认为他们只知道在那里讲讲理学，打打坐而已，这种看法，不是欺人，便是自欺，否则，便真的要"悔读南华庄子文"了！

文章千古事　得失寸心知

对于文章和诗词一类的文学作品，古人已有"雕虫小技、不足道也"的观念。其实，那是文人们自谦的话。相反的，又有"文章华国""文以载道"等推崇的定评。因此，大诗人杜甫，便有"文章千古事，得失寸心知"的名句。但无论人们对诗词文学本身的价值作如何看法，它却实实在在地表达出一个人的性格、人品、思想和情感，丝毫不得隐藏，也无法躲闪。

历史上的人物，才华横溢如曹操父子，在其作品中，处处流露了他们孤寂悲凉的情态，犹如他们毕生事业的器局，始终不能臻于博大悠久。

相传为黄巢出家当和尚的伪诗，一点也没有得道高僧的气息，只是充满了杀气。

近人王国维，谈论诗词文学，以文学的境界为品评标准，似乎言之成理。其实，无论好作品与坏作品，一著文字相，必然有境界，只是境界有美好与鄙俚的差别而已。至于透过文字所表达的器局和气象，毕竟不是文字技巧所能笼罩。

昔人野史记载，黄巢兵败，并未被杀，却逃去当和尚，剃了须发，法名道价。后来在西京龙门寺，自号翠微禅师。最后又住进雪窦寺，所以又称雪窦禅师（雪窦寺，在浙江宁波四明山中，历代时出高僧，都以雪窦为名。黄巢并非禅宗正脉的雪窦重显禅师，不可误认）。又说他死在宋初开宝时期，年龄已过八十。史实不符，都是假造的说法。

《挥尘录》记载他的诗：

> 三十年前草上飞，铁衣抛却著僧衣。
> 天津桥上无人问，独倚危楼看落晖。

读来确有英雄晚年，一派落寞的意味。但"三十年前草上飞"一句，始终不脱绿林气息，非常有趣。可是在《宾退录》上记载，这首诗是好事的后人从元稹（微之）赠智度禅师两首诗中偷改过来的。在元微之的诗集中，便存有原作：

> 四十年前马上飞，功名藏尽拥禅衣。
> 石榴园下擒生处，独自闲行独自归。

> 三陷思明三突围，铁衣抛尽衲禅衣。
> 天津桥上无人识，闲凭栏干望落晖。

这两首原诗，与依此凑改而成，假托是黄巢的那首诗，同样是二十八个字的作品。但器度气象，就完全不同了。由此，我们同时可以体会，无论新旧文学，都需要器识和气魄，才能构成好的作品。

金朝末代的完颜亮，桀骜跋扈，气吞山河，有一手的好书法，也好作诗填词。当他初封为岐王而兼平章政事的时期，诗词中，已经语意倔强，透露着不甘人下的意味。如出使道驿《咏竹》的一首："孤驿萧竹一丛，不同凡卉媚春风。我心正与君相似，只待云梢拂碧空。"

又，《书壁述怀》：

　　蛟龙潜匿隐沧波，且与虾蟆作混和。

　　等得一朝头角就，撼摇霹雳震山河。

又，《过汝阴》：

　　门掩黄昏染绿苔，那回踪迹半尘埃。

　　空亭日暮乌争噪，幽径草深人未来。

　　数仞假山当户牖，一池春水绕楼台。

　　繁华不识兴亡地，犹倚阑干次第开。

又词，《中秋待月不至》(鹊桥仙)：

　　停杯不举，停歌不发，等候银蟾出海，不知何处片云来，做许大通天障碍。　　虬髯捻断，星眸睁裂，惟恨剑锋不快，一挥截断紫云腰，仔细看嫦娥体态。

后来他读到宋朝词人柳永的名作，便使画工绘制杭州临安的都市图，以及西湖景色，此时即已蓄意南侵。题诗一首：

　　万里车书尽混同，江南岂有别疆封。

　　提兵百万西湖上，立马吴山第一峰。

第二年，便起兵南下两淮，填词《喜迁莺》一阕，遍赐部下：

　　旄麾初举，正骎骎力健，嘶风江渚。射虎将军，落雕都尉，绣帽锦袍翘楚。怒磔戟须争夺，卷地一声鼙鼓。笑谈顷，指长江，齐楚六师飞渡。　　此去无自堕，金印如斗，独在功名取。断锁机谋，垂鞭方略，人事本无今古。试展卧龙韬略，果见成功旦暮。问江左，想云霓，望切玄黄迎路。

这些，也都是历史人物的名作，他有境界吗？当然有。但不是"众里寻他千百度，蓦然回首，那人却在灯火阑珊处"一样的情调。所以说，凡是文字的结构，不论好或坏，境界都是有的，但器度和气象的差别，就迥然不同了。完颜亮的诗词，果然充满了侵略者气吞山河的意味；而在他的字里行间，却透出他的事业和文学都未能成功的气息，仍然属于历史上的失败一流人物的作品。

至于词人柳永的名作《望海潮》则真个充满了纯文学的美，恰如杭州西湖的山水一样，有说不尽的妩媚。难怪有人说，就因为柳永的一首词而引起了完颜亮南侵的贪欲了。

东南形胜，三吴都会，钱塘自古繁华。烟柳画桥，风帘翠幕，参差十万人家。云树绕堤沙，怒涛卷霜雪，天堑无涯，市列珠玑，户盈罗绮，竞豪奢。　　重湖叠巘清佳，有三秋桂子，十里荷花。羌管弄晴，菱歌泛夜，嬉嬉钓叟莲娃。千骑拥高牙，乘醉听萧鼓，吟赏烟霞。异日图将好景，归去凤池夸。

和尚吟诗有威灵

吴僧月洲，喜作诗，名士沈石田，想请他题画，便故意骗他说：这里有一位名妓，特地请你来观赏。月洲立即赶来，到了，才知道上当。便在沈石田的《菜边蝴蝶图》上题了一首诗：

桃花结子菜生苔，细雨蛙声出草来。

一段春光都不见，却教蝴蝶误飞来。

唐宋以来的一般僧服，多着黑衣。到了元朝文宗时代，因为特别重视欣笑隐和尚，文宗便御赐黄衣。后来他的徒弟们便都着黄色僧衣了，因此萨天锡便有赠欣笑隐的诗："客过钟鸣饭，僧披御赐衣。"到了明初，制定参禅僧的衣为黑色。讲经僧的衣为红色。应请诵经拜忏的僧衣为葱白色。

明代永乐的南征，都由师僧姚广孝的策划，事成，封为少师。有一次，姚少师领敕命，到四川云台观悬幡，路过苏州，暂时驻杖寒山寺。临时到松林中施食，独自一个人穿了一双便鞋，一边施食，一边慢慢走去。恰好碰到苏州的县宰曹二尹带着官差喝道而来。姚少师一路径行而去，并不回避，因此惹怒了曹二尹，叫官差把他抓来，打了他二十皮鞭，少师默然挨打，也不分辩。旁边有人认识他的，告诉曹二尹说，他便是当今的国师姚少师。曹二尹一听吓坏了，赶紧爬下来叩头请罪。少师当下写了一首诗给他，又默默然回到寒山寺里去了。

出使南来坐画船，袈裟犹带御炉烟。
无端撞着曹二尹，二十皮鞭了宿缘。

明代王阳明偶游僧寺，看到一间僧房封锁得很严密，便动了疑心，要求和尚打开门看个清楚。和尚对他说，房里有一位老僧入定，已经五十年，上代交付，不可随便开关。王阳明却坚持要开门一看，和尚强不过他，只好开关。果然看到一个和尚肉身坐在龛中入定，面色俨然如生，而且活像王阳明自己的相貌。他看了心中如有所悟，觉得这个和尚，就是他的前生。抬头四面一看，墙壁上还留有一首诗：

五十年前王守仁，开门即是闭门人。

精灵剥后还归复，始信禅门不坏身。

王阳明怅然若失，便出钱吩咐寺僧为这坐龛圆寂的和尚肉身建塔。《七修类藁》载元代一僧的两首诗：

百丈岩头挂草鞋，流行住止任安排。
老僧脚底从来阔，未必骷髅就此埋。

残年节礼送纷纷，尽是豪门与富门。
惟有老僧阶下雪，始终不见草鞋痕。

《草木子》载南宋贾似道当国时，一日漫游西湖，有一个西川和尚，看到他并不回避，反而徘徊不去。贾似道问他要作什么？和尚说作诗。贾便指着湖中的渔翁，要他作诗，并以限用天字韵。和尚便应声写了一首诗：

篮里无鱼少酒钱，酒家门外系渔船。
几回欲脱蓑衣当，又恐明朝是雨天。

明代承天寺有僧名岫闲，自刻卖闲诗，请各方唱和。宪副李滋（号如谷）便写了一首呵斥他的诗：

老秃何人敢说闲，八旬行脚古来传。
磨砖碓米僧家事，施鸟添香度日缘。
闲自己偷谁敢买，卖干天遣定追还。
痴呆可卖闲难卖，鬼斧神枪不汝怜。

朱元璋当了皇帝，政纲重严重猛。有一天，要到和尚庙去玩玩，但禁止侍从人员入寺，独自一人进去。看到寺院的墙壁上画了一个布袋和尚，墨迹还没有晾干，旁边还题一首诗偈：

> 大千世界浩茫茫，收拾都将一袋装。
>
> 毕竟有收还有散，放宽些子又何妨。

他看了，立刻命令侍从的人进去搜索，原来是空无一人的古寺而已。

明初禅僧谦牧，常住小有山中，各方都景仰他的道行高风。朱元璋本来就认识他。当了皇帝以后，亲自作诗要召他到南京来：

> 寄语山中老秃牛，何劳辛苦恋东洲。
>
> 南方有片闲田地，鞭打绳牵不转头。

谦牧禅师接到朱皇帝的亲笔诗，仍然不肯出山，只回答他一首诗：

> 老牛力尽已多年，顶破蹄穿只爱眠。
>
> 震旦城中粮草足，主人何用苦加鞭。

朱元璋看了，总算肯放过他，一笑了事。

昔日有人题诗称赞山顶一僧庵云：

> 高山顶上一间屋，老僧半间龙半间。
>
> 半夜龙飞行雨去，归来翻笑老僧闲。

明桃源陈朗溪，有题漳江寺诗，用意恰恰相反，他的诗：

吟遍三千洞，来眠四大床。

白云钟鼓外，翻笑老僧忙。

南宋时，杭州灵隐寺僧元肇，法号淮海。寺有古松大数十围，与月波亭相对。史相弥远忽遣人来砍伐大松，要作建宅材料。淮海不得已，作了一首诗：

大夫去作栋梁材，无复清阴覆绿苔。

惆怅月波亭上望，夜深惟见鹤归来。

同时阎贵妃的父亲阎良臣，要修建香火功德院，也想在灵隐三天竺砍伐松树作建材。淮海不得已，又作了一首诗：

不为栽松种茯苓，只缘山色四时青。

老僧不会移将去，留与西湖作画屏。

淮海的两首诗，当时便受人重视，宋理宗也看到了，便命令停止砍伐。

又灵隐山中旧有久已衰败的寺基，有一权势人家，相信风水，想侵占寺基来做坟墓，淮海又作了一首诗：

一带空山已有年，不须惆怅起颓砖。

道旁多少麒麟冢，转眼无人送纸钱。

淮海的这首诗，使权势豪门看了都不敢再起贪心，显见文字的威灵，有时也不可轻视。

第二章

文化与文学

古代的音乐

据说，孔子删诗书订礼乐，一共整理了《诗经》《书经》《易经》《礼记》《乐经》及《春秋》六部书。但自秦始皇烧书，再加项羽咸阳的一把火，《乐经》遂告失传。所以流传下来只剩了"五经"。到现在，中国文化流传下来和政治哲学有关的乐礼部分，只有《礼记》中的一篇《乐记》，但不足以概括当时孔子所整理的《乐经》。孔子本身对于音乐的造诣颇高。我们从《论语》中的记载，可以看出一个大概："子谓韶，尽美矣，又尽善也。谓武，尽美矣，未尽善也。"推崇舜作的韶乐，而批评武王作的武乐不及韶乐好。

尽管孔子在春秋时代，认为当时的礼乐已经不如古代，文化在衰退了，可是我们现在从历史的资料上来看，则春秋时代的礼与乐，还是很可观的。例如孔子曾经从学过的音乐大师师襄，以及为了音感的灵敏，希望学好音乐，而把眼睛刺瞎的师旷，这两人都有很高的音乐造诣。

究竟中国的音乐好到什么程度？据孔子的话，以及古书上的资料，有许多神奇的故事，如弹琴、吹箫，演奏到美妙处，能够使百鸟来朝。不但天空中所有的飞鸟会来，而且百兽率舞，各种野兽听到音乐，也都会跑来，满山遍谷，远远近近的，在那里随着乐声起舞。真不知道这种音乐有什么力量，能够引起这种共鸣，产生这种反应。至于现代音乐，除非是缅甸人驱蛇，笛子一吹，洞穴里的蛇都出来了。

诸如上述的神话很多，透过这些神话的流传，其含义，一言以蔽之，不外乎推崇中国古代音乐的造诣成就。

《乐经》虽然流失，但也不能说中国的古乐就完全消失，例如古代的琴、瑟、筝、箫、鼓等等，都流传下来，乃至后世杰出的音乐家，也有很好的作品。可是现代的我们，不但找不到秦汉以前的音乐，就是唐宋时的音乐也找不到了。听说这些在韩国、日本还保留了一些。当然，很多也走了样。

唐太宗统一天下以后，在贞观元年，春，正月，大宴群臣的时候，曾经演奏了一首《秦王破阵乐》。是唐太宗当秦王时，破刘武周的战役中，利用闲暇时所作的一阕大乐章，配合了一百二十八个舞蹈乐工，穿上银色的甲胄，拿着戟为武器，随乐声起舞，后来这个音乐又改名为《神功破阵乐》。到贞观七年的时候，又改名为《七德舞》，这显然是场面很壮观的集体演奏的音乐，但现在也失传了。最近听说，韩国还保存了一部分，而日本则保留了全套的音乐和舞蹈。

谈到中国上古的乐器，使我们联想到一个颇为有趣的问题，如钟、鼓、琴、瑟、筝、箫，这些上古的乐器，除了钟以外，多偏重于丝竹之声，其次为土、革，或木质等质料，很少用金属制乐器。现代的金属乐器，则多来自西方，这又是东西文化基本精神在乐器上所表现的不同之处（甚至可能"锣"都是由西域传过来的）。中国古代作战的时候，是以击鼓为号，以鼓声来传达进退攻守的命令，后来才有鸣金收兵，以敲锣声来辅助传达作战时的号令。而胡琴、琵琶等，这些都是外来的乐器。所以我们乐器的历史，愈到后来，发出的声音愈大，也就是可以让多些人来共同欣赏，而这些乐器多半来自胡地。

在音乐本身而言，以我们自己几十年来的生活体验，礼乐在整个文化中，的确是占了重要的位置，是一个大问题。音乐往往能代表一个时代的精神，过去的音乐就代表了过去的时代；现代的音乐，则代表了现在的时代。在文化深厚的时代，所产生的音乐的确也更丰硕、更深厚。

文 与 质

世界各国的历史发展都有一个通例：凡有高度文化的国家，在文与质两方面是并重的。如果偏向于文，这个国家一定要发生问题。我们知道，过去世界各民族搞哲学思想，最有兴趣，最有成就的，要算是印度和希腊。

印度人自上古以来哲学思想就很发达，因此形成了佛教思想。印度的气候不比中国，在南印度到中印度一带，天气很热，生活简单，一年四季都只穿一件衣服就够了。我们过去讲"天衣无缝"，这个"天"原来的意思就是"天竺"。汉代翻译的音与现在不同，唐以后翻成"印度"。当时印度衣服的大概式样，现在到泰国边境还看得见，就是一块布，身上一围，就是"天衣"。不需要像我们的一样用针线缝起来，当然无缝。更热的地方甚至可以不穿。肚子饿了，香蕉等野生水果，什么都可以吃。吃饱了以后躺下睡觉，醒来以后坐在那里静静地寻思，想些神秘难解的问题。所以印度哲学的发展，受地理因素的影响很大。

希腊的哲学思想，也很发达。我们讲到文化史时，心目中对希腊这个地方，充满景仰之心。如果到了那里一看，没有什么了不起，只是一个比较苦寒的地方。这种苦寒的地方，人生的问题也多，譬如一个人遭遇了困难，会想到自己为什么这样命苦？再想命苦是什么原因？这样慢慢想下去，哲学问题就出来了。

这两个地方，哲学思想那么高，他们为什么不能建立一个富强的大国？那就是文质不相称的必然现象。

我们再看西方的文化，像罗马，无论雕刻、建筑等等都很高明，但是它的文化在文学、艺术到达了最高峰的时候，就开始衰落了。这差不多是世界文化发展史上，一个必然的道理。只有我们中华民族的国家、民族、文化、政治、历史是一体的、整体的，全世界只有我们中国是如此。这就要注意，文化历史与国家民族的关系有如此深厚，只有中国不受这个影响。

回转来看中国每一个朝代文与质的问题。我曾讲过夏尚质，殷尚忠，周尚文，这三代各有不同。夏禹时代开始建立一个大的农业国家，一切都是质直的、朴素的。到了殷朝的时候，人还是很老实，但是宗教色彩比较浓厚。我们文化整体的建立、完成在周代，因为周尚文。但是周朝的文化，仍是根据夏商文化损益而成，是文化传统的总汇。

后来历史的演变，一代一代看得很清楚。

秦纪太短，等于是战国时代的余波，不去谈它。到了汉朝的建立，四百年刘家政权，早期也非常质朴，慢慢国家社会安定了，文风就开始兴盛了。到东汉时文风特别盛，历史的趋势也走下坡路了。

汉以后是魏晋南北朝，我们知道魏晋以曹操、司马懿为宗祖。如果说到文学的境界与质作比较，魏晋的文风，包括了哲学思想，实在是了不起。第一个了不起的人就是曹操，他们父子三人在文学发展史上贡献非常大，的确是第一流的文人，所以影响整个魏晋时代的文风都很盛，但缺乏尚忠的质朴。一直到了南北朝，这几百年都很乱，不是没有文，而是没有质朴的气息。

后来唐代统一了天下，他们李家的血统中，有西北边陲民族的血液，所以唐代开国之初，文风也好，政治风气也好，社会风气也好，非常朴实。我们今天讲中国文化的诗，都推崇唐诗为代表；别代的诗虽然都很好，为什么不足以代表，而推崇到唐诗？说起来好像唐诗没有什么了不起，不外歌颂月亮好，花开得好，风吹得舒服，风花雪月而已。可是唐代的诗，咏颂风花雪月，就是有那股质朴的美。到了中唐和晚唐时期，文风越来越盛，而民族的质朴、粗野与宏伟的气魄衰落了，没有了。

经历了五代，到了宋赵匡胤统一中国，一开始文风非常发达。讲文学、讲学问，谁提倡的？就是赵匡胤他两兄弟。在马上二十年，手不释卷，一边打仗，还爱读书。乃至于带部队去前方打仗的时候，后面几十匹马跟着驮的也是书。我们读历史读到这里，问题就来了。我们看到赵宋立国的天子，是军事家而兼文人，以致宋代的统一，只统一了一半，北方幽燕十六州根本就没有统一过。因为赵匡胤是军人，上过战场，打过仗，晓得战争的可怕。同时他又是爱好读书的学者，不愿意打仗。再者，也觉得没有把握。所以宋代一开国，等于是半个中国。而宋代的文风非常盛，开国的气魄则始终不像汉、唐那样壮观。

再下来，元朝不必谈了，八十年匆匆而过。到了明朝三百多年来继承宋朝的文学，学术的气势、格局就不大。我们要注意，在元朝以前的西方人，哪里知道有今天，那时他们根本还落后得很。所以当时在中国做过官的意大利人马可·波罗，回去写了一篇游记，报道中国的文化。欧洲人看了根本还不相信，认为世界上哪里有这样美丽的天堂。到了明朝中叶以后，西方文化才抬头，所谓西方文艺复兴，就是这个阶段。

至于清朝，我们推开民族问题不谈，在前一百五十年中，的确是文与质都很可观的。从这些历史上看，我们了解了一个国家民族的建立，文质两方面万万不能有所偏废。

再回到现代，今日整个世界，危机很重。而且还不是政治、军事这些因素，乃是没有文化了。尤其我们目前所面对的整个世界，经济失调，又导致文化衰乱，这是很严重的。目前世界各国，经济上都有赤字，只有德国例外。研究结果，二十多年来，世界各国，受了凯恩斯经济学理论——"消费刺激生产"的影响，大家吃亏很大，像英国人连糖都吃不起了。一种思想，一种学说，对世界人类社会的影响，就有这样严重。美国这几年来之所以通货如此膨胀，就是一直运用凯恩斯经济思想的结果。现在晓得后果不佳，已经没有办法了，短时间之内无法纠正。德国之所以能立于不败，就是经济恐慌后没有死守凯恩斯的经济理论，而用古典的经济思想，也就是中国人的"省吃俭用，量入为出"的思想。很简单，"生之者众，用之者寡"，经济自然稳固。证明用古老的思想对了，这就是时代的考验。这都是学说文化，我们不要把它分割，认为这是经济学，与孔孟之学有什么相干？总之，文化是整体的。

无情何必生斯世

　　常人言及有情与无情，多情与绝情的问题，大多含糊其词，难下定论。尤其与人谈禅，进而与和尚谈禅，自然情不自禁煞住话头，不敢高谈下去。不然，恐为和尚所笑，视为红尘中的俗物。或者，认为和尚根本不懂得情是何物，不值一谈。

　　事实不然，无论是洋和尚或土和尚，高僧或俗僧，高士或下士，总是一个人。凡是人，总有人的气息，始终未免有情。真能修到太上忘情，也还是没有跳出情的圈子，只是各正性命，忘其所不敢不忘，忘其所不能不忘而已。

　　上下亿万年，纵横大宇宙，凡有生命的存在，各种文字所记载的文献，无论是文学的，政治的，军事的，经济的，是经书，是正史，是笔记小说，一言以概之，统是一部人类五花八门、千奇百怪的情史记录而已。

　　推而崇之，上自宗教教主的仙、佛、神、主，下到蠢动微生，无非有情。"无情何必生斯世，有好终须累此身。"恰是万古不易的名言。仙佛神主，有仙佛神主的情；蠢动微生，有蠢动微生的情。所谓忠臣、孝子、节妇、义士、文学家或艺术家，诗人或学者，田妇或村夫，都是情有独钟，情有所寄，因而构成一幅修身、齐家、治国、平天下的织锦图了。佛说"一切有情众生"一句，便是一卷无上密语，无上慧学。有情而能解脱，即为仙佛。永为情累，便是凡夫。

　　由此可知释迦牟尼舍王位而出家当和尚，其志在普渡众生，纵使穷尽未来时空的边际，还要"虚空有尽，我愿无穷"。岂非是多情之至，为大情种性。孔子一生"栖栖遑遑，如丧家之犬"。明知不能挽回劫运，但还要知其不可为而为之，岂非是情多而不惜负累？柳下惠的"直道以事人，何须去父母之邦"，也无非是情之所钟。耶稣钉上了十字架，流下点点殷红的鲜血，仍无丝毫怨天尤人的愤懑，还说是为世人赎罪，也无非是至性至情的升华。穆罕默德的一手拿剑，一手拿《古兰经》，来教化他的子民，当然是情存故国，心在天下。只有老子故作无情姿态，装着一副无可奈何的样子，骑了一头青牛，西出函谷关，苍凉独步，向流沙而去，寄迹天涯，不知所终，恐也难免是"明朝匹马相思处，知隔千山与万山"的情怀吧！

忘情人之所难，时隔数十年后，地为海山间阻。每当秋风凉夜，月下灯前，偶忆灵严红叶，离堆波涛，便不禁怀念方外之友传西上人。上人现出家僧相，受业于欧阳竟无先生门下，精通唯识法相之学，驻锡青城，交游多天下名士学者，区区亦是其山中常客，平常往返忘形，早已不存其是僧是俗的分别。当时华西大学曾邀上人讲授禅学，终不首肯，后来经我辈力促，却坚持要开"情与爱的哲学"一课。以和尚而讲情与爱的哲学，实足耸人听闻，因此听众既无虚座，和尚也不空讲，大为叫座云云。惜我正行役重庆，并未及时临场，后来上人与我言及大要，相与抵掌大笑。

古今文词传习，有关于情的大作，多至不可胜数。例如众所周知的古诗十九首，诸葛亮的前后《出师表》与《梁父吟》，曹子建父子兄弟三人，与建安七子的诗文。又自唐代李世民以次的名作，与李白、杜甫、王维、刘禹锡、李商隐等一大群才情并茂的诗卷。乃至宋代岳飞的《满江红》与文天祥的《正气歌》《过零丁洋》的名诗，与明代史可法与多尔衮往来的信札，无不是真情流露的佳作，真是数说不尽，列举不完。甚至可说一部廿六史的兴衰成败，是非邪正的记录，也只是人类社会的一部情史而已。

大情不说，且归人生境界情我的小境而言。人人都说宋代诗人陆放翁的爱国情操。有如：

王师北定中原日，家祭无忘告乃翁。

次如：

> 梦断香销四十年，沈园柳老不飞棉。
>
> 此身行作稽山土，犹吊遗踪一泫然！

以及辛稼轩的：

> 饱饭闲游绕小溪，却将往事细寻思。
>
> 有时思到难思处，拍碎阑干人不知。

都是用情深密，临老不渝的情话真言。舍此以外，就手边方便，略检僧俗中有关情爱哲学的小品诗词，聊供把玩。

鹧鸪天　宋·辛弃疾

晚日寒鸦一片愁，柳塘新绿却温柔，若叫眼底无离恨，
不信人间有白头。肠已断，泪难收，相思重上小红楼，
情知已被云遮断，频倚阑干不自由。

困不成眠奈夜何？情知归来转愁多。暗将往事思量遍，
谁把多情恼乱他！些底事？误人哪！不成真个不思家？
娇痴却妒香香睡，唤起醒松说梦些！

趁得西风汗漫游，见他歌后怎生愁。事如芳草春长在，
人似浮云影不留。眉黛敛，眼波流，十年薄幸说扬州。
明朝短棹轻衫梦，只在溪南罨画楼。

木落山高一夜霜，北风驱雁又离行，无言每觉情怀好，不饮能令兴味长。频聚散，试思量，为谁春草梦池塘，中年长作东山恨，莫遣离歌苦断肠。

忆江南　　清·纳兰性德

心灰尽，有发未全僧，风雨消磨生死别，似曾相识只孤檠，情在不能醒。摇落后，清吹那堪听，淅沥暗飘金井叶，乍闻风定又钟声，薄福荐倾城。

摊破浣纱溪

风絮飘残已化萍，泥莲刚倩藕丝萦，珍重别拈香一瓣，记前生。人到情多情转薄，而今真个悔多情，又到断肠回道处，泪偷零。　　一霎灯前醉不醒，恨如春梦畏分明，淡月淡云窗外雨，一声声。人到情多情转薄，而今真个不多情，又听鹧鸪啼遍了，短长亭。

采桑子

谁翻乐府凄凉曲，风也萧萧，雨也萧萧，瘦尽灯花又一宵。不知何事萦怀抱，醒也无聊，醉也无聊，梦也何曾到谢桥。

浪淘沙

闷自剔残灯，暗雨空庭，潇潇已是不堪听，那更西风偏著意，做尽秋声。　　城柝已三更，欲睡还醒，薄寒中夜掩银屏。曾染戒香消俗念，怎又多情？

荷叶杯

知己一人谁是？已矣！赢得误他生。多情终古似无情，莫问醉耶醒！未是，看来如雾。朝暮，将息好花天。为伊指点再来缘，疏雨洗遗钿。

强 欢 清·王次回

悲来填臆强为欢，不觉花间有泪弹。
阅世已知寒暖变，逢人真觉笑啼难。

归途自叹

画屏人去锦鳞稀，愁见啼红染客衣。
纵使到家仍是客，迢迢乡路为谁归？

文学史上三个梦

中国文学里，有三个很有名的美梦，是指点人生哲学的妙文。一个是庄子的蝴蝶梦，一个是邯郸梦，还有一个便是唐人李公佐著的南柯梦。纵然南柯梦醒，但人欲无穷，仍不肯罢休。死了还想升天堂，到他方佛国，也许在那里，可以满足了在这个世界上所不能满足的欲望吧！

庄子思想，在道家里是最重要的。一部《庄子》，很难讲，在里面，有修道、功夫，比儒家讲得明白；同时，有专门用故事、笑话来讽刺现实。实际上，历史上的一些大政治家、英雄人物，都懂得庄子，比如曹操、唐太宗都懂，只是嘴上不说，"厚黑教主"李宗吾也是。《庄子》的前七篇叫内篇，后面的一些篇叫外篇、杂篇，都是谋略政治的运用。日本人研究《孙子兵法》《三国演义》，拿来做生意很成功，其实他们不知道，讲谋略，讲管理学，最厉害的是《庄子》。

蝴蝶梦出在《庄子》第二篇《齐物论》最后的结论。齐物就是平等，万物都是平等。佛在《金刚经》里讲，一切诸法皆是平等，所以平等这个口号是释迦牟尼先讲出来的。事实上世界万物不能平等。庄子生当战国时代，佛法还没有传到中国，为什么庄子同佛有相同的思想，可见，得道的人思想是一样的。万物不齐，怎么平等？《庄子·齐物论》这一篇就讲这个东西，内容包括很多，修道，做人，应用。这一篇的最后，原文是："昔者庄周梦为蝴蝶，栩栩然蝴蝶也，自喻适志与？不知周也。俄然觉，则蘧蘧然周也，不知周之梦为蝴蝶，与蝴蝶之梦为周与？周与蝴蝶，则必有分矣，此之谓物化。"

庄子名庄周，他说：我有一天梦见自己变成蝴蝶，正在飞啊飞，真是自由自在。这个时候，我只晓得我是蝴蝶，不晓得我是庄周。等到我突然梦醒，我变成庄周，不是蝴蝶。这就有一个问题，究竟当我做梦的时候是蝴蝶不是庄周，还是现在我是庄周不是蝴蝶？生命的真谛究竟蝴蝶是我、还是我是蝴蝶？哪一个是真正的我？这就叫物化。

这个叫庄子的蝴蝶梦，等于佛学所讲，晚上闭起眼睛叫做梦，白天是张开眼睛做梦，可是人忘记了，把白天当成真的，把晚上做梦当成假的。究竟梦是人生，还是人生是梦，佛在《金刚经》里讲"一切有为法，如梦幻泡影"。佛讲整个人生就是一个梦，死也是梦，活也是梦，痛苦也是梦，快乐也是梦，都是靠不住的。真正的人生是什么？庄子不作结论，悟了这个就得道了。

后来民间把庄子的蝴蝶梦误解了，变成唱戏的了。有一出戏叫《大劈棺》，还是讲的庄子，其实庄子很冤枉。《大劈棺》意思是，庄子有一天问太太："我死了你怎么办？"太太说："你死了我也活不了，一定跟你死。"这是讲爱情的。庄子有一天死了，他有功夫，会假死。他的太太哭得很伤心，把庄子放进棺材里钉上钉子。太太绕着棺材又是哭，又是在地上打滚，一下子她的头发被棺材钉子勾住了，她被吓住了，以为庄子拖她一起去死，大喊："我不能去啊！你先走啊！"然后，庄子在棺材里站起来："哈哈，你都是骗我！"这是民间编的，不过编得很好。

另一个梦是邯郸梦，出在《唐人笔记小说》。说的是唐代一个卢姓书生，进京去考功名，走到邯郸道上，疲倦了想休息。旁边一个老头子正把黄粱米洗好，要下锅做饭，就把枕头借给这位卢生去睡。这个书生靠在他的枕头上睡熟了，睡中他作了一个梦，梦见自己考上功名中了进士，娶妻生子，很快又当了宰相，出将入相，四十年的富贵功名，煊赫一时。结果犯了罪，要被杀头，像秦二世的宰相李斯一样，被拉出东门去砍头。当刀子落下来的时候，他一吓醒了。回头一看，旁边这个老头儿的黄粱饭还没煮熟。老头子看他醒了，对他笑一笑说：四十年的功名富贵，很过瘾吧！他一想，唉呀！我在做梦，他怎么知道？他一定是神仙来度化我的。于是，不去考功名，跟着老头去修道了。

有的说，这个邯郸梦的主角，就是历史上有名的神仙吕纯阳，那个老者，便是他的老师汉钟离。吕纯阳有一首很有名的诗：

> 帆力劈开千级浪，马蹄踏破岭头春。
> 浮名浮利浓如酒，醉得人间死不醒。

吕纯阳活得很长，在道家的地位相当于禅宗六祖。神仙分五级：鬼仙、人仙、地仙、天仙、神仙。吕纯阳修道修到地仙和天仙之间，他剑术很高明。在湖南省有名的洞庭湖岳阳楼，吕纯阳写了一首诗：

> 朝游北海暮苍梧，袖里青蛇胆气粗。
> 三醉岳阳人不识，朗吟飞过洞庭湖。

"苍梧"就是现在的广西，"青蛇"是他的宝剑。他是个神仙，在洞庭湖飞来飞去，没有人认出他。到了宋朝，范仲淹写了一篇《岳阳楼记》，其中最重要的两句话，也是千古名句："先天下之忧而忧，后天下之乐而乐。"范仲淹是儒家，孔孟的思想，等到世界太平，我们再来享受。在岳阳楼题词题诗的当然很多，一个湖南人针对吕纯阳和范仲淹的诗文，也在岳阳楼题了一副对子：

吕道人太无聊　八百里洞庭　飞过来飞过去　一个神仙谁在眼
范秀才煞多事　数十年光景　什么先什么后　万家忧乐总关心

讲到邯郸梦，顺便讲到吕纯阳。邯郸梦这个故事，是教化性的，宗教哲学性的，要人看破人生。所以在后世的文学中、诗词里，经常提到黄粱米熟或黄粱梦觉。但是后来有一个读书人，却持相反的意见。他也落魄到了邯郸，想起这个故事，作了一首诗说：

四十年来公与侯，纵然是梦也风流。

我今落魄邯郸道，要向先生借枕头。

即使是梦中事，也可以过过富贵瘾。这首诗对人欲的描写，真可以说是淋漓尽致。

还有一个梦叫南柯梦，也叫槐安梦，也出在《唐人笔记小说》里。说的是一个读书人，在书房读书。他的书房向南开窗，窗外有一棵老槐树，树上有一个树杈，上面分别有两个蚂蚁窝。蚂蚁是有组织的，有蚂蚁王，两窝蚂蚁是分界线的。这个读书人经常看书看累了，就看蚂蚁爬来爬去。有一天，这个读书人读书读得疲劳了，就睡着了。在睡梦中，他自己去考功名，考取了状元，然后去见皇帝。皇帝看到这位年轻状元，心里喜欢，就把自己的女儿嫁给他。以后，夫妻恩爱，生了孩子，对国家功劳很大，出将入相。这样过了几十年，一天外国军队打过来，他担任指挥同敌人打仗。这一仗打下来，被打败了，国家也亡了，自己也被杀。一刀砍下来把他砍醒了，一看树上的蚂蚁正在打仗，一队蚂蚁都被打死。原来，自己做梦变成蚂蚁。梦醒后大概也去修道了。南柯梦实际上是一个寓言，套邯郸梦。

蝴蝶梦、邯郸梦和南柯梦，在中国文学中很有名。还有一个梦在

《列子》上，叫蕉鹿梦，《列子》上说：有一个人，头脑昏昏的。有一天，他去外面碰到一头鹿，是被猎人射死的，大概猎人没有找到。当时，偶尔得到一头鹿，等于现在发了一笔意外的财。他怕别人发现，把鹿拖到路边，用芭蕉叶子盖起来，准备晚上再背回家去。结果，在外面做事把这件事忘了。第二天早上醒来，碰到一个老朋友，就对他说：真怪，昨天我做了一个梦，梦见在某某地方发现一头鹿，埋在那个地方，我用芭蕉叶把它盖上。这个朋友一听，信以为真，跑到他说的那个地方，真的有芭蕉叶，真的有鹿，就把鹿背回去了。明明是真的，他当成梦；有人听了人家说梦，他当真的，结果成功了。人生就是这样有趣。

武侠小说的来龙去脉

中国"武侠"，正式见于传记的，是从司马迁所著的《史记·游侠列传》开始。司马迁在《游侠列传》中，首先引用韩非子的话："儒以文乱法，侠以武犯禁。"从法家的观点看来，"二者皆讥"。也就是说，韩非子对于儒与侠两种人，都有讥评而极不同意。但是单以侠义的精神和侠义道的史实来看，所谓侠义的作风，实渊源于儒墨两家思想的互相结合，尤其偏重于墨家的精神。而侠义道发展的事实，却上承战国时代的六国养士，下接隋、唐的选举制度，与明、清以后的特殊社会的形式。但司马迁最初所称的"游侠"，并非纯粹以个人的尚武见长。以个人的武技与侠义合并而成为后世的"武侠"，应当说是《史记》中《刺客列传》的作风与"游侠"精神互相结合的事迹。唐、宋以后，由于禅与道的影响，中国文化的发展，处处进入艺术的境界，而不再是秦、汉时代的情形。所以对于文学的造诣境界，便称之谓"文艺"。对于武功技击造诣的境界，便称之谓"武艺"。明、清以后，文有文状元，武也有武状元、武进士、武举人、武秀才等。而且民间迷信科举，甚至有认为文状元是天上的文曲星下凡；武艺超群的武状元，或古代武功高强的大将，也就是武曲星下凡。于是，宋明以来的"历史演义"小说，充满了这种观念，而普遍灌输，影响到社会各阶层。

武侠小说的兴起

纯粹以个人为主角，描写他的武技出神入化，而且有"技而进乎道矣"的造诣。而他们的行为，在个人方面，类似隐士。对国家、社会或帮助正人君子的事业，却满怀侠义。或为锄奸惩恶，或为济弱扶危、劫富济贫。这是从唐人的"传奇"小说开始，例如"昆仑奴""空空儿""聂隐娘"等故事，便是后世武侠小说的先声。到了清朝中叶以后，侠义小说糅合了忠君爱国的忠义之气，把锄奸惩恶、除暴安良和劫富济贫混合为一，于是便有文康的《儿女英雄传》、石玉昆的《三侠五义》、俞樾的《七侠五义》，以及《小五义》《续小五义》《正续小五义全传》。同时又有《施公案》《彭公案》《七剑十三侠》等等，相继勃然兴起。但书中描述人物的邪和正以及人情世故的是和非，个人品行的善和恶，都是泾渭分明，一目了然。就如我们儿时看戏，看到红脸出场，就知道是关公一样的好人；看到白脸，就会想到和曹操一样的坏人。总之，它的结局，不外是注意正邪善恶的果报，一面借此而宣泄人人胸中所有的不平之气，一面也以此而敦正人心，并宣扬传统的"善恶到头终有报，只争来早与来迟"的信念。

至于描写武功方面，由《儿女英雄传》的真刀真枪和拳来脚往，到了《七剑十三侠》，便变为白光一道，飞剑取人首级于百里之外的境界，显见小说家笔底的"武艺"，随着时代的发展，逐渐进入玄妙而神奇的想象意境。从另一角度来看，则正好反映出十九世纪中叶以后，东方"止戈为武"，与西方的"尚武好斗"的风气，都从原始技击和刀兵的运用，而进入神奇的要求。西方文化以物质文明为本，所以便发展为枪炮机械。中国文化是以人文本位和个人的精神为基础，所以便把技击进入以气驭剑，或心剑合一的幻想境界。

抗日期间的武侠小说

精良的艺术是太平盛世以及安定社会中的产品。而宗教、哲学、小说，大体说来，都是历史变乱、社会不安定中的结晶。自民国初年到抗日期间，武侠小说随着印刷的发达，风起云涌。阅读武侠小说的风气，也正如西方人阅读侦探小说和科学幻想小说一样的普遍。初期影响最大的，便是向恺然（笔名平江不肖生）所著的《江湖奇侠传》。书中的"武侠"宗师金罗汉和柳迟，以及主要事件的"火烧红莲寺"的故事，不但脍炙人口，而且几乎成为家喻户晓的事迹。因此拍成电影，而大受观众的欢迎。甚至，有许多小学生阅读了《江湖奇侠传》就离家出走，入山学道，寻访名师，闹出许多令人啼笑皆非的笑话。跟着而来的，便有李寿民（笔名还珠楼主）所著的长篇《蜀山剑侠传》（又名《峨眉剑侠传》）、《青城十九侠》、《兵书峡》等剑侠小说，都畅销全国而充斥书摊。出租武侠小说的行业，也因此应运而兴，赚得大好生意。还珠楼主的小说，又长又玄，几乎没有一部完工的著作，但却永远吸引着读者的心理。他以曾经学过道家方术的知识，和他游历过许多名山大川的见闻，以及多识虫鱼鸟兽人物等的经验，并脱胎于《神仙传》与《山海经》的幻想，配合他文白相间的笔调，实在使当时的青年人读之，即醉心于心灵幻想的雄奇之境，而逃避了现实的苦闷。他如许多学者大师们，也乐此不疲而借资消遣。就连大家所谓当时的哲学家胡适之先生，据说也是还珠楼主的忠实读者之一（是否属实已无法考证）。但著者以后的下落不明，据说他客居上海写小说时，堕落到终日躺在鸦片烟铺上吞云吐雾，挖空心思构想情节，而口授助手来笔录。后来我碰到有些传授道家方术的人，居然说出自得名师真传"离合神光"的道法，实在令人哑然失笑而瞠目不知所对。因为这些法术的名称，实出于还珠楼主小说中的杜撰臆造，结果竟公然有人信以为真，岂非不可思议。其次，比较不太过于以神奇相号召，而以中国少林、武当的武术技击加以渲染的，则有曾经学过国术的郑证因所著的《鹰爪王》等，属于较为合理的武侠小说。郑证因也是多产的武侠小说作家，大受国术界的欣赏。其他还有些后起之秀的武侠小说作家，记忆不全，姑不详说。受到这些武侠小说的影响，抗日战争期间，川康一带，公然有人号称结合剑仙侠客的地方团队，愿意参加抗战。这种爱国热情的忠义之气，实在值得敬佩，但是他们的见解和常识，却仍停留在"义和拳"时代，却令人啼笑皆非。

近年武侠小说的演变

抗战胜利以后，武侠小说逐渐开始转变方向，其时平江不肖生的《江湖奇侠传》已成过去，还珠楼主的《蜀山剑侠传》、郑证因的《鹰爪王》的风靡，也渐见减色。介于剑仙侠客之间的故事，和完全不适合中国技击的功夫，而只凭臆测构想的作品，渐渐抬头。因此在台湾，出租武侠小说的书摊行业，就凭这些小说，使得在风雨飘摇、流离颠沛中的人们，得以宣泄胸中的满腔块垒。当此之时，有一位多年从事文化事业、出版经验丰富的书侠，他从出版事业的立场而言，认为这些武侠小说都将成为过去，于是出资请人写作武侠小说，如《南明侠隐》《年羹尧新传》等，陆续出版发行。自此以后，写作武侠小说的作家，和从事武侠小说的出版商，以及出租武侠小说的大小书店，便如雨后春笋，应运而兴。由此解决了许多人的全家生活问题，同时也因此使一股醉心武侠小说的迷风，吹遍了各阶层社会，乃至家庭主妇、大中小学等学生的脑子里。看武侠小说的风气，如此之盛，主要的原因，由于时代与社会心理愈加苦闷的时候，"怪、力、乱、神"的小说，也愈受人欢迎。何况一般爱情小说、社会小说，千篇一律，更无杰出的作品出现，早已使人厌于阅读。

阅读武侠小说风靡一时

但这一二十年来，台湾与海外（包括香港方面）武侠小说的写作与出版，随便一本便算一卷，精粗好坏，据我所知道和我所看过的，也不下几千本乃至万卷之多。因此我常说笑话："如果说读书破万卷的话，单以武侠小说而言，我早已超过此限。"此中并无学问，而且乱说乱编的多如牛毛，但在精研正式书本与深思学问之余，借此换换头脑，休息心灵，遮遮老眼，的确还很有趣。后来发现与我有此同好者，还有许多学者教授、出国留学的学生，和若干自命"才高于顶，眼大如箕"的文人名士。至于一般青年学生，以及劳工朋友们，不但人手一本，而且装满两个裤袋，都是全般武侠。有一天，我经过台北城中公园，看到前任警官学校的校长赵龙文先生，独自一人坐在树下看书。我心想，他真用功勤读，大概又在研究四书、五经吧！为了不忍心打断他的读书境界，所以不好招呼，只轻轻地从背后绕过一看，原来也在聚精会神地看武侠小说。这一时代，中国人之所以喜欢看武侠小说，就相当于美国政坛的重要人物，借着阅读侦探小说或科学幻想小说以调剂心神。东西双方的这种情况，也可以说都是时代的心理病态。然而侠风所至，还不止此，多少年来，任何大小报纸刊物，如果去掉武侠小说与描写黑社会的小说，则几乎可以使报纸刊物的发行数字直线下降。这股十里刀风，实在有使人不寒而栗之感。

武侠小说写作的泛滥

但是武侠小说的写作题材，经过二十年来的挖掘，的确都成陈腔滥调，而无上品出现。偷袭《蜀山剑侠传》《江湖奇侠传》《鹰爪王》的内容，写光了。继而外搭色情，配合西洋侦探小说与科学观念的用毒和解毒，以及易容化装、利用物理作用等幻想也写完了。于是跟着而来的，便是好勇斗狠、帮派复仇，一言不合就拔剑而起，流血五步，在所不惜，或睚眦必报，毫无情理。这种满怀个人恩怨，或将心理变态的病态武侠，写成主角，无形中给予青年以极坏的影响，关系极大。至于其中不通地理、不明地方风俗、不知历史时代的生活方式的例子，实在不胜枚举。于是华山的绝顶险处，可以骑马；把崇山峻岭的地方，描写成为大湖深泽。这些不经之谈，自然都不在话下了。除此以外，还有乱讲佛、道两家的修气炼脉之术，同时又把日本武士道的抽刀拔剑的手法，和日本式的打斗拳脚，变成国术的招式；真正中国武功的技击，反而毫无所知。甚至把瑜珈术引用到武功里去，虽然别有精彩之处，但认为这些便是中国的正宗技击武术，那就更为可笑了。目前武侠电影流行，所有舞弄刀枪剑棒的武术技击，一半以上都是东洋的武士道手法，在行家眼中，真有啼笑皆非之感慨！可是这一流的电影不但大受男女老幼的欢迎，而且多少学者教授们，也都醉心欣赏，还大为击节赞扬。这不仅是中国文化中"武艺"的悲哀，还应该说是中国文化真正衰落的一劫。这些现象，也正表示出人心的沉闷，时代的哀愁，大家在无可奈何之中，只好借此一消胸中块垒，并不在乎中国"武艺"文化的真假和是非了。

武侠与社会教育

武侠小说在今日台湾的风气，概如上述。而我们负责文化者不但完全外行，甚至也无法领导。几年以前，一位有关人士曾和我说，应想出一个对此稍加限制的良策才好，因为这种风气，在无形中给予社会青年一种极坏的教育。我说：天下事往往存在着许多矛盾。教堂的对面开设了"红灯户"，最高学府的门前，有人大兜看黄色小电影的生意。一面防范管制"太保""阿飞"的好勇斗狠，一面大量开放粗著滥作的小说，以及电视上极力播演杀人不眨眼的西方牛仔，以及笨拙万分的摔角镜头，谁又愿意正本清源从事社会教育。何况"智勇辩力"四者，绝非限制所能生效。只有疏导，才是办法。譬如人"因地而倒，因地而起"。

如果认为武侠小说影响了青少年的行为，何以不培植写作武侠小说的名家们，多为后一代着想，而灌输一些真正的中国文化，如人伦道德、侠义忠勇等精神和事实。同时再好好研究一下中国文化的"武德"以及真正中国的南北派和其他名家的技击的"武术"呢？禁止之弊，甚于防范。疏导之功，利于无形。小说之功，过于教育。人谋之臧，可以造成良好的风气。好的武侠小说，对于培养国家民族正气的效果，也同样有不可思议的力量。虽说未必尽然，却未必不是当前文化的急务。

翻 译 的 学 问

智慧，我们要注意，"智"在东方文化里并不是知识。书读得好，知识渊博，这是知识。智慧不是知识，也不是聪明。研究佛学，就看出来了。照梵文的音译，"般若"这两个字，中文来解释，相当于智慧。当时我们翻译佛学经典中的《金刚般若波罗蜜多经》，其中的"波罗蜜多""般若"都是梵文译音。"般若"的解释是智慧，为什么不译成《金刚智慧波罗蜜多经》呢？因为中国过去翻译有"五不翻"，外文有此意义而中文无此意义的不翻，为"五不翻"中的一种。现在对外国学生上课，就常有这种情形。

譬如"境界"一词，外文里就没有这个字，勉强翻成"现象"，但并不完全是境界的意义。"现象"是科学上的名词，"境界"是文学上的名词。譬如说有人常引宋代辛稼轩有名的词句："蓦然回首，那人却在灯火阑珊处。"那就是境界，若隐若现。再说诗的境界，如"月落乌啼霜满天，江枫渔火对愁眠。姑苏城外寒山寺，夜半钟声到客船"，好境界！如改作"飞机轰轰对愁眠"，那是噪音不是诗了。李后主词的名句"无言独上西楼，月如钩，寂寞梧桐深院锁清秋"，若是"月如团，红烧鸭子一大盘"，那就没有境界了。这是讲文学的境界。如把境界翻成现象，就只有"月如团，红烧鸭子一大盘"，才是现象。

又如中国文字的"气"如何翻译？西方文字不同，氧气、氢气、瓦斯气，究竟用哪一种气来代表？中国字就不同了，一个"电"字，就有许多的妙用。在外文就不得了，现在外文有十几万字，真正常用的几千字而已。外文系的学生可不得了，新字一年年增加，我看照这种情形下去，七八十年以后，谁知道要增加到多少字，将来非毁弃不可。而中国只要一个"电"字就够了，发亮的是电灯，播音的是电唱机，可以烧饭的是电锅、电炉，还有电影、电视、电熨斗，只要两个一拼就成了，谁都懂。外文可不行，电灯是电灯的单字，电话是电话的单字，所以他们的物质越进步，文字越增加，增加到最后，人的脑子要爆炸的。所以现在中文翻外文，就是采音译的方法，然后加注解。

我们过去的翻译，不像现在，尤其南北朝佛学进来的时候，政府组织几千个第一流的学者，在一起讨论，一个句子原文念过以后，然后负责中文的人，翻译出来，经过几千人讨论，往往为了一个字，几个月还不能解决。古人对翻译就是那么慎重，所以佛法能变成中国文化的一部分。现在的人学了三年英文，就中翻英、英翻中，谁知道他翻的什么东西？所以翻来覆去，我们的文化，就是这样给他们搞翻了。当时"般若"为什么不翻成"智"？因为中国人解释"智"往往与"聪明"混在一起，所谓"聪明"是头脑好，耳聪目明，反应得快就是聪明，是后天的；而智慧是先天的，不靠后天的反应，天分中本自具有的灵明，这就叫智慧。他们考虑梵文中这个字有五种意义，智慧不能完全代表出来，所以干脆不翻，音译过来成"般若"。

生 活 的 艺 术

音乐和诗歌，用现代话来说，即是艺术与文学的糅合。过去的知识分子，对艺术与文学这方面的修养非常重视。自汉唐以后，路线渐狭，由乐府而变成了诗词。

人生如果没有一点文学修养的境界，是很痛苦的。尤其是从事社会工作、政治工作的人，精神上相当寂寞。后世的人，没有这种修养，多半走上宗教的路子。但纯粹的宗教，那种拘束也令人不好受的。所以只有文学、艺术与音乐的境界比较适合。但音乐的领域，对于到了晚年的人，声乐和吹奏的乐器就不合用了，只有用手来演奏的乐器，像弹琴、鼓瑟才适合。因此，后来在中国演变而成的诗词，它有音乐的意境，而又不需要引吭高歌，可以低吟漫哦，浸沉于音乐的意境，陶醉于文学的天地。

最近发现许多年纪大的朋友退休了，儿子也长大飞出去了，自己没事做，一天到晚无所适从，打牌又凑不齐人。所以我常劝人还是走中国文化的旧路子，从事于文学与艺术的修养，会有安顿处。

几千年来，垂暮的读书人，一天到晚忙不完，因为学养是永无止境的。像写毛笔字，这个毛笔字写下来，一辈子都毕不了业，一定要说谁写好了很难评断。而且有些人写好了，不一定能成为书法家，只能说他会写字，写得好，但对书法——写字的方法不一定懂。有些人的字写得并不好，可是拿起他的字一看，就知道学过书法的。诗词也是这个道理。所以几千年来的老人，写写毛笔字、作作诗、填填词，好像一辈子都忙不完。而且在他们的心理上，还有一个希望在支持他们这样做，他们还希望自己写的字，作的诗词永远流传下来。一个人尽管活到八十、九十岁，但年龄终归有极限的，他们觉得自己写的字，作的诗词能流传下来，因而使自己的名声流传后世，是没有时间限制的，是永久性的。因此他们的人生，活得非常快乐，始终满怀着希望进取之心。以我自己来说，也差不多进到晚年的境界，可是我发现中年以上，四五十岁的朋友们，有许多心情都很落寞，原因就是精神修养上有所缺乏。

旧八股与新八股

自孔子"删诗书，定礼乐"以后，我们从他所修订的"六经"和他的遗著中，仰窥三代，俯瞰现在，综罗上下三千年来教育之目的和精神，一言以蔽之，纯粹为注重人格养成的教育。《礼记》遗篇中的《大学》《中庸》《儒行》等，虽然敷陈衍义，但自东周以来，仍然不外如《大学》所言："自天子以至于庶人，壹是皆以修身为本。"所谓"修身"，用现代语来说，便是人格教育。而人格教育，势必先从心理和思想的基本修正着手，因此《大学》便有"格物、致知、诚意、正心"等一系列程序的述说了。

我们从这个观念反观"六经"，归纳它的主旨便可强调地说：《书经》的精神，是后世政治哲学和政治人格教育的典范。由此再配合孔子所著《春秋》的精神，便成为政治思想和政治行为的是非、得失、进退、举措等有关历史哲学，与政治人格和政治行为的成败事例。

《易经》的精神，从科学（中国古代的科学观念）的观察而进入哲学的精微，纯粹是洁净心理、升华思想的文化教育。由此再配合孔子手编的《诗经》与《乐记》(因《乐经》已失，故只以《乐记》来说)，便成为适用于一般人陶冶性情、调剂身心的教育。

《礼记》所包括"三礼"——"礼记、周礼、仪礼"的精神，则是汇集中国上古传统文化的大成，包含教育、政治、经济、军事、社会、文学、艺术、人生等思想的体系。强调地说，它是后世奉为个人人格教育、政治人格教育等的典范。

但是这些观念，是从两汉以迄近代的儒家传统思想而立论。在历史的事实上，自春秋、战国迄于秦、汉之际，五百年间"六经"并未受到重视。尤其在春秋、战国时代，"智、力、勇、辩"之士，竞相以

"纵横捭阖"、兵谋、杂说、阴阳等学术，取悦人主而自求爵禄功名荣显于当世，并即以此为天经地义的要务。少数宗奉孔子汇集的经书思想者，只有鲁、卫之间的儒生们，如曾子、子思、孟子等人。但是他们仍然需要依附于人君的喜悦而得其苟安的生活，否则，依然不能荣显当世而畅怀于当时。因此，凄凉寂寞一生，自所难免。

秦汉以后读书与教育之目的

历史上记载汉高祖平定天下后一句最有趣的名言："乃翁天下，在马上得之。"后世都把他引为笑谈，认为汉高祖没有受过教育，因此而轻视知识分子，骂儒生们为"竖儒"。事实上，早在秦并六国以后，秦始皇、李斯与儒生们（当时的儒生是各种知识分子的统称）彼此不能合作，即造成学术思想的真空现象，因此我们大可不必如此耻笑汉高祖的不学无术。同时，自汉初接受叔孙通等的"制礼"（定制度）开始，当时所谓的儒生如叔孙通等人，虽然依附汉高祖而攀龙附凤，等待引用，但对于中国上古传统文化的经义，并无高深的造诣。大家只要研究《史记》《汉书》中有关叔孙通的传记，便可明白他们的思想和目的，也止于取悦人主、谋一身爵禄的荣显，并无什么传道授业的大志。他与中国自古以来的传统教育精神以及孔子的学术思想，早已大相径庭了。

汉初重视儒术，尊崇孔子，事实上是从汉武帝欣赏司马相如的文章词赋、重视董仲舒的儒学思想（董学并非纯粹的承接孔孟之学）、信任公孙弘的形似儒家之学开始，于是才有西汉的重儒尊孔，由此再演绎渐变，就形成东汉儒家"经学"思想的大战。

汉儒之学，上面顶着孔子的帽子，内在借题发挥，糅集道、墨、阴阳诸家之所长，外饰儒家为标榜，从此曲学阿世，大得其势。后世历经魏、晋、南北朝、唐、宋、元、明、清，中间屡有变质，虽然或有以"词章、义理、记闻"等为儒林学者的内涵，以"君道、师道、臣道"为儒家学问的本质，但不管如何说法，总之，必须要以功名爵禄、入仕用世为目的。孟子说过"不孝有三，无后为大"，其余两种不孝之一，据汉儒赵岐的注解，便是"家贫亲老，不为禄仕"。换言之，读书除了做官以外，就不能谋生。既不能谋生养亲，当然就罪莫大焉。这与现在"教育即生活"、生活以赚大钱为最有出息的新观念，本质上究竟有什么两样？

汉唐的"选举""考试"制度与教育思想

自周、秦以后，读书受教育之目的，概略已如上述。而朝廷量才任用的方法，除了上古时代，因为教育尚未发达，以学问德行为选士入仕的成规以外，到了战国时期，因为学术思想的勃兴，而诸侯各国、称王称霸，又须要起用有学术思想的人才，因此便造成战国末期六国"养士"储备人才的风气。

自汉初统一天下以后，国家安定，政治上了轨道，"养士"的风气没有了。但是，有思想、有学识的人并不因为政治社会的安定便没有了，因此才开创出以品行德学为标准的"选举"制度，推荐地方上"贤良方正"之士，进为国家用人取士的体制。

汉初的"选举"制度的确是法良意美，但是世界上一切良法美政，实行久了，流弊就出来了，所谓"法久弊深"与"法严弊深"，都是中外千古不易的名言。所以到了汉代末期，便有世家门第把持"选举"，徇私荐贤，于是这就成为知识分子掀起社会乱源的重要原因。由此在中国的历史上，相继紊乱了三百年左右，历魏、晋、南北朝之间，读书有学问的知识分子又需靠类似"养士"荐贤等方式而显扬功名于当世。一直到了隋、唐之际，唐太宗承袭隋朝取士方式创立了考试制度以后，才得意地说出"天下英雄，尽入吾彀中"的豪语。从此，考试取士的方法，便演变而成为宋、元、明、清的科举考试制度。于是，"三更灯火五更鸡，正是男儿立志时""十年窗下无人问，一旦成名天下知"等功成名遂的颠倒梦想，便深植人心，永为世法了。

88

到了清代末期，以八股制义的"考试"取士制度，流弊丛生，而教育思想也陈腐朽败，因此才引起清末有学问、有思想的知识分子的不满，配合民族革命的主张，就结束了三百年的清王朝，也由此而推翻了两千多年来旧传统的教育方式。

亟待修正的八股学风

大致了解了上下三千年来教育的概况和"考试"取士的情形，无论我们的先圣先贤、诸子百家的名言，关于教育与学问的教诫作过如何庄严神圣的定论，但教育的理想与一般社会对教育的"暗盘"思想，毕竟存在一段很大的距离。如果我们真肯深切地反省检讨，那么，就可以明白地说，我们的一般教育思想历经两千多年来，始终还陷落在一个一贯错误的"暗盘"里打转。这个"暗盘"思想错误观念的由来，首先便是自古以来中外一例的"重男轻女"思想。为什么要"重男轻女"呢？因为男主外，女主内。男儿志在四方，"有子克家"，便可以"光耀门楣""光宗耀祖"。而光耀门楣和光宗耀祖的方法，就只有读书是最好的出路。尤其在古代轻视工商业的观念之下，当然就会产生"万般皆下品，唯有读书高"的看法了。读书为什么有这些好处呢？因为读了书，可以考取功名，登科及第而做官。因此，"读书做官"自然而然就成为一般社会天经地义的思想。做官又有什么好呢？因为做了官，就能得到坐食国家俸禄的利益。由此"升官发财"便顺理成章地被民间视为当然的道理。由于这一系列错误观念的养成，读书读到后来，所有经、史、子、集，也成剩余的物质，只有"八股"的制义文章，才是生活的宝典，这都是很自然而形成的思想，不足为怪。

到了十九世纪末和二十世纪初，西方的文化思想东来，"家塾""寒窗""书院"和"国子监"等中国传统教育的方式变成了西方式的学府制度。由"洋学堂"的称呼开始，一直到了现在三级制的学校制度而至于研究院，教育是真的普及了，一般国民的知识水准是真的提高了。

但是知识的普及，使得一切学问的真正精神垮了，尤其是中国文化和东西文化的精义所在，几乎陷入不堪救药的境地。不但如此，我们的教育思想和教育制度，虽然接受西方文化的熏陶而换旧更新，可是我们教育的"暗盘"思想，依然落在两千多年来的一贯观念之中，只不过把以往"读书做官""光耀门楣"的思想，稍微变了一点方向，转向于求学就可以赚钱发财的观念而已；然后引用一句门面话来自我遮盖这个观念，而以"教育即生活"作为正面堂皇的文章。有几家父母潜意识中对子女的升学大事不受这个观念的作祟？又有几家子弟选读学校、选修科系的心理不为这个观念所左右？于是，新的"科学八股"的考试方法，死记硬背的作风，依然犹如历史的陈迹；只是过去但须记诵八股文章，作为考试的本钱；现在但须记诵问答和猜题，便能赢得好学校以及联考的光荣。过去的读书为考功名、为做官；现在的读书和考试，为求出路、求职业、赚大钱。过去读书的，"志在圣贤"；做官的，一心以天下国家为己任，如此立志，也大有人在。否则，就抱着"君子乘时则驾，不得其时，则蓬蘽以行"，归到农村社会，以耕读终生的也不少。现在受了教育以后，不能谋得一个出洋、赚大钱的机会，至少也要做个公教人员，才算是不负平生一片读书求学的苦心。尤其是工商业时代都市生活的诱惑，小市民思想的深入人心，如果不能如此，只好优游等待机会，或者自己封个"马路巡阅使"来怠荡怠荡也可以。至于其他的事，只有付之于命运的安排了。

我们只要息心反省教育的现状，就可明白现代青少年陷落在一片迷惘境地的前因和后果。因此，我们为了后一代，对于家庭教育思想、社会教育思想，以及学校教育的思想制度，必须要多作检讨，以建立一番复兴文化的新气象。虽然说问题并不简单，但问题终须寻求出答案和调整的方法。这不但是我们老一辈的责任，也正是落在现代青年身上的重要责任，极须渊博通达的学问，才能挽救亟待复兴图强的中国文化。

禅宗与中国文学

中国文化，从魏、晋以后，随着时代的衰乱而渐至颓唐之际，却在此时从西域传入佛教文化，使中国的学术思想突然加入新的血液，因此而开始南北朝到隋唐以后佛学的勃然兴起，而形成儒、释、道三家为主流的中国文运。尤其在中国生根兴盛的禅宗，自初唐开始，犹如黄河之水天上来的洪流，奔腾澎湃，普遍深入中国文化的每一部分，在有形无形之间，或正或反，随时随处，都曾受到它的滋润灌溉，确有"到江送客棹，出岳润民田"的功用。我们就其显而易见，举例说明，供研究禅宗与中国文化演变关系的参考。

隋唐以后文学意境的转变与禅宗

自汉末、魏、晋、南北朝到隋、唐之间，所有文章、辞、赋、诗、歌的传统内容与意境，大抵不外渊源于五经，出入孔、孟的义理，涵蕴诸子的芬华，形成辞章的中心意境，间有飘逸出群的作品，都是兼取老、庄及道家神仙闲适的意境，如求简而易见的，只须试读《昭明文选》，便可窥见当时的风尚。南北朝到隋、唐之间，唯一的特点，也是历来讲中国文学史者所忽略的，便是佛教的输入，引起翻译经典的盛行，名僧慧远、道安、鸠摩罗什、僧肇等人的译作，构成别具一格的中国佛教文学，其影响历经千余年而不衰，诚为难得稀有之事。只因后世一般文人，不熟悉佛学的义理与典故，遂强不知以为知，就其所不知的为不合格，诸般挑剔，列之于文学的门墙以外，遂使中国文学的这一朵巨葩，被淹埋于落落无闻之乡，正如禅师们所说："我眼本明，因师故瞎"，甚为可惜。

（1）诗。现在只就唐代代表性的作品，如唐诗风格的转变来说：由初唐开始，从上官体（上官仪）到王（勃）杨（炯）卢（照邻）骆（宾王）四杰，经武后时代的沈佺期、杜审言、宋之问等，所谓"景龙文学"，还有隋文学的余波荡漾，与初唐新开的质朴风气。后来一变为开元、天宝的文学，如李（白）、杜（甫）、王（维）、孟（浩然）、高（适）、岑（参），到韦应物、刘长卿，与大历十才子等人，便很明显的加入佛与禅道的成分。再变为元和、长庆间的诗体，足为代表一代风格，领导风尚的，如浅近的白居易、风流靡艳的元稹，以及孟郊、贾岛、张籍、姚合，乃至晚唐文学如杜牧、温庭筠、李商隐等等，无一不出入于佛、道之间，而且都沾上禅味，才能开创出唐诗文学特有芬芳的气息与隽永无穷的韵味。至于方外高僧的作品，在唐诗的文学传统中，虽然算是例外，大体不被正统诗家所追认，但的确自有它独立价值的存在。现在略举少数偏于禅宗性质的诗律，作为说明唐代文学与禅学思想影响的体例，诗人如王维（摩诘）的作品，有通篇禅语，如《梵体诗》：

> 一兴微尘念，横有朝露身，如是睹阴界，何方置我人。
> 碍有固为主，趣空宁舍宾，洗心诘悬解，悟道正迷津。
> 因爱果生病，从贪始觉贫，色声非彼妄，浮幻即吾真。
> 四达竟何遣，方殊安可尘，胡生但高枕，寂寞谁与怜。
> 战胜不谋食，理齐甘负薪，子若未始异，诘论疏与亲。
> 浮空徒漫漫，泛有定悠悠，无乘及乘者，所谓智人舟。
> 诘舍贪病域，不疲生死流，无烦君喻马，任以我为牛。
> 植福祠迦叶，求仁笑孔丘，何津不鼓棹，何路不摧辀。
> 念此闻思者，胡为多阻修，空虚花聚散，烦恼树稀稠。
> 灭想成无记，生心坐有求，降吴复归蜀，不到莫相尤。

又如白居易的《读禅经》：

92

须知诸相皆非相，若住无余却有余。

言下忘言一时了，梦中说梦两重虚。

空花岂得兼求果，阳焰如何更觅鱼。

摄动是禅禅是动，不禅不动即如如。

唐代方外高僧如寒山子的诗，他的意境的高处，进入不可思议的禅境，但平易近人的优点，比之香山居士白居易，更有甚者，他完全含有于平民化的趣味。其他如唐代诗僧们的诗，确有许多很好的作品，如诗僧灵一：

《雨后欲寻天目山，问元骆二公溪路》：

昨夜云生天井东，春山一雨一回风。

林花解逐溪流下，欲上龙池通不通。

《题僧院》：

虎溪闲月引相过，带雪松枝挂薜萝。

无限青山行欲尽，白云深处老僧多。

《归岑山过惟审上个别业》：

禅客无心忆薜萝，自然行径向山多。

知君欲问人间事，始与浮云共一过。

又，诗僧灵澈：

《东林寺酬韦丹刺史》：

年老心闲无外事，麻衣草履亦容身。

相逢尽道休官好，林下何曾见一人。

此外如唐代的诗僧贯休、皎然等人的作品，都有很多不朽的名作，恕不繁举。

受禅宗意境影响的诗文学，到了宋代，更为明显。宋初著名的诗僧九人（世称九僧）的风格（如剑南希昼、金华保暹、南越文兆、天台行肇、汝州简长、青城惟凤、江江宇昭、峨嵋怀古、淮南惠崇）影响所及，便使醉心禅学的诗人，如杨大年（亿）等人，形成有名的西昆体。名士如苏东坡、王荆公、黄山谷等人，无一不受禅宗思想的熏陶，乃有清华绝俗的作品。南渡以后，陆（放翁）、范（成大）、杨（万里）、尤（袤）四大家，都与佛禅思想结有不解之缘，可是这都偏于文学方面的性质较多，不能太过超出本题来特别讨论它，所以暂不多讲。现在只选择在宋、明之间禅宗高僧的诗，比较为通俗所接触到的，略作介绍。如道济（俗称济颠和尚）的诗：

几度西湖独上船，篙师识我不论钱。

一声啼鸟破幽寂，正是山横落照边。

湖上春光已破悭，湖边杨柳拂雕栏。

算来不用一文买，输与山僧闲往还。

山岸桃花红锦英，夹堤杨柳绿丝轻。

遥看白鹭窥鱼处，冲破平湖一点青。

五月西湖凉似秋，新荷吐蕊暗香浮。

明年花落人何在，把酒问花花点头。

他的绝笔之作："六十年来狼藉，东壁打倒西壁，如今收拾归来，依旧水连天碧。"若以诗境而论诗格，与宋代四大家的范成大、陆放翁相较，并无逊色。如以禅学的境界论诗，几乎无一句、无一字非禅境，假使对于禅宗的见地与功夫没有深刻的造诣，实在不容易分别出它的所指。

再举几首唐、宋之间禅师们的佳作，借此以见唐、宋诗词文学风格转变的关键。

唐代禅师寒山大士：

> 吾心似秋月，碧潭清皎洁。
> 无物堪比伦，教我如何说。

慧文禅师：

> 五十五年梦幻身，东西南北孰为亲。
> 白云散尽千山外，万里秋空片月新。

慧忠禅师：

> 多年尘土自腾腾，虽著伽黎未是僧。
> 今日归来酬本志，不妨留发候燃灯。

雪窦重显禅师（与时寡合）：

> 居士门高谒未期，且隈岩石最相宜。
> 太湖三万六千顷，月在波心说向谁。

此外，明代禅宗诗僧的作品，诗律最精、而禅境与诗境最佳的，无如郁堂禅师的《山居诗》：

> 千丈岩前倚杖藜，有为须极到无为。
>
> 言如悖出青天滓，行不中修白璧疵。
>
> 马喻岂能穷万物，羊亡徒自泣多歧。
>
> 霞西道者眉如雪，月下敲门送紫芝。

至于明代诗僧如苍雪，不但在当时的僧俗词坛上执其牛耳，而且还是道地的民族诗人，也可称为出家爱国的诗人。他又是明末遗老逃禅避世、暗中活动复国工作的庇护者。他的名诗很多，举不胜举，现在简择他诗境禅境最高的几首作品为代表，如：

> 松下无人一局残，空山松子落棋盘。
>
> 神仙更有神仙著，千古输赢下不完。

> 几回立雪与披云，费尽勤劳学懒人。
>
> 拽断鼻绳犹不起，水烟深处一闲身。

> 举头天外看无云，谁似人间吾辈人。
>
> 荆棘丛中行放脚，月明帘下暗藏身。

（2）词曲。中国文学时代的特性，从唐诗的风格的形成与蜕变，到了晚唐、五代之间，便有词的文学产生。在晚唐开始，历五代而宋、元、明、清之间，禅宗宗师们，以词来说禅，而且词境与禅境都很好，也到处可见，只是被人忽略而已。我们现在简单的举出历来被人所推崇公认的词人作品，以供参考，如辛稼轩的词《睡起即事》：

水荇参差动绿波，一池蛇影照群蛙。因风野鹤饥犹舞，
积雨山楂病不花。名利处，战争多，门前蛮触日干戈。
不知更有槐安国，梦觉南柯日本斜。

又《有感》：

出处从来自不齐，后车方载太公归。谁知寂寞空山里，
却有高人赋采薇。黄菊嫩，晚香枝，一般同是采花时，
蜂儿辛苦多官府，蝴蝶花间自在飞。

又：

胶胶扰扰几时休，一出山来不自由。秋水观中秋月夜，
停云堂下菊花秋。随缘道理应须会，过分功名莫强求。
先自一身愁不了，那堪愁上更添愁。

元曲如刘秉忠的《干荷叶》：

干荷叶，色苍苍，老柄风摇荡。减清香，越添黄，都因昨夜
一场霜，寂寞在秋江上。

又如鲜于去矜的《寨儿令》：

汉子陵，晋渊明，二人到今香汗青。钓叟谁称，农父谁名，
去就一般轻。五柳庄月朗风清，七里滩浪稳潮平，折腰时心已愧，
伸脚处梦先惊，听，千万古圣贤评。

清初有名的少年词人、清朝贵族才子纳兰性德的词《浣溪沙》：

> 败叶填溪水已冰，夕阳犹照短长亭，行来废寺失题名；
> 驻马客临碑上字，闻鸡人拂佛前灯，劳劳尘世几时醒。

又：

> 抛却无端恨转长，慈云稽首返生香，妙莲花说试推详；
> 但是有情皆满愿，更从何处著思量，篆烟残烛并回肠。

（3）小说。讲到中国文学中的小说，它与唐代的戏剧与词曲，也是不可分离的连体，而且它犹如中国的戏剧一样有趣，将近一两千年来，始终与佛、道两家的思想与情感没有脱离关系，所以后世民间对于戏剧的编导，流传着两句俗话："戏不够，仙佛凑"。

为了贴切本题来讲，我们姑且把中国小说写作的演变，分为两大阶段：第一阶段，便是由上古传说中的神话，到周、秦之际，诸子书中的寓言与譬喻，以及汉、魏以后道家神仙的传记等，如《穆天子传》《汉武帝外纪》《西王母传》等等，大多是属于传统文化思想，掺加道家情感、神仙幻想成分的作品。第二阶段，是由唐人笔记小说与佛经变文开始，到了宋、元之间的戏曲，以及明、清时代的说部与散记等等，大多是含有佛、道思想的感情，而且融化其中的往往是佛家思想的感情多于道家。值得特别注意的，无论是小说与戏剧，它的终场结尾，或为喜剧，或为悲剧，或是轻松散漫的滑稽剧，甚至，是现代所谓黄色的作品，都必然循着一个作家固有的道德规律去布局与收煞，那便是佛家与道家思想综合的观念、人生世事的因果报应的定律。旧式言情的小说与戏剧，我们用讽刺式的口吻来说，大都是"小姐赠金后花园，落难公子中状元"的结局，然而，这也就说明一个人生因果历然不爽的道理。唐人笔记小说中，因为时代思想受到禅宗与佛学的影响，固然已经开其先河，而真正汇成这种一仍不变的规律，嵌进每一部小说的内容中去，当然是到了元、明之间，才成为不成文的小说写作的规范。

元、明之间，历史小说的作者如罗贯中，在《三国演义》的开端，便用一首《西江月》的词，作为他对历史因果循环的观念，与历史哲学的总评语，如："滚滚长江东逝水，浪花淘尽英雄。是非成败转头空，青山依旧在，几度夕阳红。　白发渔樵江渚上，惯看秋月春风。一壶浊酒喜相逢，古今多少事，都付笑谈中。"如果依哲学的立场而讲历史哲学的观点，罗贯中的这一首词，便是《金刚般若经》上所说："一切有为法，如梦幻泡影，如露亦如电，应作如是观。"是为文学境界的最好注释。也正如一位禅师的《颂法身向上事》说："昨夜雨滂亨，打倒葡萄棚。知事普请，行者人力。撑的撑，拄的拄，撑撑拄拄到天明，依旧可怜生。"岂不是一鼻孔出气的作品吗？后人根据这种思想，作了一本小说中的小说——《三国因》，来说明三国时期的局面，是楚、汉分争因果循环的报应律的结果。施耐庵的名著《水浒传》，表面看来，好像仅是一部描写宋、明时代社会的不平状态，官府骗上瞒下，欺压老百姓，而引起不平则鸣共同心理的反应与共鸣；如要再深入、仔细研究，它在另一面，仍然没有离开善恶因果的中心思想，隐约显现强梁者不得其好死的观念。后来又有人怕人误解，才有《荡寇志》一书的出现，虽然用心良苦，而不免有画蛇添足的遗憾。至于《西游记》《封神榜》等书，全盘都是佛、道思想，更不在话下。此外，如历史小说的《东周列国志》《隋唐演义》《说岳全传》等等，无一不含有佛学禅宗不昧因果的中心思想。也正如天目礼禅师颂《楞严经》的"不汝还者，非汝是谁"，云："不汝还兮复是谁，残红落满钓鱼矶，日斜风动无人扫，燕子衔将水际飞。"

到了清代。以笔记文学著名的蒲松龄所著《聊斋志异》，几乎全盘用狐鬼神人之间的故事，衬托善恶果报的关系。曾被认作是他著作的《醒世姻缘传》一书，更是佛家三世因果观念的杰作，说明人生男女夫妇间的烦恼与痛苦，这种观念，后世已经普及民间社会，所以杭州城隍庙门口，在清末民初还挂着一副韵联："夫妇是前缘，善缘恶缘，无缘不合。儿女原宿债，讨债还债，有债方来。"便是这个观念的引申。至于闻名世界、反应老式文化中贵族大家庭生活的《红楼梦》一书，也是现代许多人以一种无法加以解说的情感与心理，醉心于号称"红学"的一部名小说。它的开端，便以一僧一道出场，各自歌唱一段警醒尘世的警语与禅机，然后又以仙凡之间的一块顽石，与一株"小草剧怜唯独活，人间离恨不留行"的故事，说明许许多多、形形色色、缠绵反侧的痴情恩怨，都记在一本似真如幻的太虚幻境的账簿上，隔着茫茫苦海，放在彼岸的那边，极力衬托出梦幻空花、回头是岸的禅境。作者在开始的自白中，便说："满纸荒唐言，一把辛酸泪，都云作者痴，谁解其中味。"以及"假作真时真亦假，无为有处有还无"的警句，这岂不是《楞严经》上，"纯想即飞，纯情即堕"，以及"生因识有，灭从色除"的最好说明吗？所以有人读《红楼梦》，是把它看成一部帮助悟道的好书；有人读《红楼梦》，便会误入风月宝鉴、红粉迷人的那一面。其中得失是非、好坏美丑的问题，都只在当事人的一念之间而已，吾师盐亭老人曾有一诗颂云："色穷穷尽尽穷穷，穷到源头穷亦空，寄语迷魂痴儿女，寥天有客正屠龙。"应是最好的结语。

禅与文学的重要性

以上举出有关唐诗、宋词、元曲等的例子，有些并非完全以佛学或禅语混入辞章的作品，但都从禅的意境中变化出来，如果只从表面看来，也许不太容易看出佛学禅宗与中国文化演变的深切关系，事实上，我也只是随便提出这些清华淡雅、有关禅的意境的作品，作为此时此世，劳劳尘境中，扰攘人生的一副清凉解渴剂而已。禅宗本来是不立文字，更不用借重文学以鸣高，但禅宗与唐、宋以后的禅师们，与文学都结有不解之缘，在此提出两个附带的说明，便可了解禅与文学关系的重要了。

（1）禅师与诗。孔子晚年删诗书、定礼乐，裁成缀集中国传统文化学术思想的体系，他为什么每每论诗，随时随处举出诗来作为论断的证明？秦、汉以后的儒家，为什么一变再变，提到五经，便以《诗经》作为《书》《易》《礼》《春秋》的前奏呢？因为中华民族传统文化的精神，自古至今，完全以人文文化为中心，虽然也有宗教思想的成分，但并非如西洋上古原始的文化完全渊源于神的宗教思想而来。人文文化的基础，当然离不开人的思想与感情、身心内外的作用。宗教可以安顿人的思想与感情，使它寄托在永久的遥途与不可思议的境界里去，得到一个自我安心的功效；纯粹以人文文化为本位，对于宗教思想的信仰，有时也只属情感的作用而已。所以要安排人的喜、怒、哀、乐的情绪，必须要有一种超越现实，而介乎情感之间的文学艺术的意境，才能使人的情感与思想，升华到类同宗教的意境，可以超脱现实环境，情绪和思想另有寄托，养成独立而不倚，可以安排自我的天地。在中华民族的文化中，始终强调建立诗教价值的原因，这个特点与特性，确是耀古腾今了，古人标榜"诗礼传家"与"诗书世泽"，大多但知其然而不知其所以然的关系，就是没有深刻研究诗词境界的价值与妙用。

过去中国读书的知识分子，对于文学上基本修养的诗、词、歌、赋，以及必要深入博古通今的史学，与人生基本修养的哲学，乃至琴、棋、书、画等艺术，都是不可分离的全科知识。所以在五六十年以前，差不多成为一个文人，自然也多会作诗填词，只有程度好坏深浅的不同，并无一窍不通的情形。因此过去中国的诗人，与学者、哲学家，或政治家、军事家，很难严格区分，并不像西洋文化中的诗人，完全以诗为生，而不一定要涉及其他学识。

禅宗不但不立文字，而且以无相、无门为门，换言之，禅宗也是以无境界为境界，摆脱宗教形式主义，而着重禅法修证的真正精神，升华人生的意境，而进入纯清绝点、空灵无相而无不是相的境界。我们为了言说解释上的方便，只好以本无东西而强说东西的方法，列举世间的学问，可以譬喻禅宗的境界的，便有绝妙诗词的意境，与上乘艺术作品的境界，以及最高军事艺术的意境，差可与之比拟。所以自唐、宋以后，禅宗的宗师们，随口吟哦唱道的诗、词与文章，都是第一流有高深意境的文学作品，因此流风所及，就自然而然，慢慢形成唐、宋、元、明、清文学的意境，与中国文学过去特有的风格了。

（2）宗教与文学。它们本来就是不可分离的连理枝，任何宗教，它能普及民间社会，形成永久独特的风格，影响历史每一时代与社会各阶层的，全靠它的教义构成文学的最高价值；它从植根平民的俗文学中，升华到文学的最高境界，才能使宗教的生命历史，永远延续下去。佛教教义与禅宗的慧命，能够在中国文化中生根、发芽、开花而壮大的原因，除了它教义本身具有宗教、哲学、科学、艺术与学术思想等，各方面都有丰富的内容与高贵而平实的价值以外，它的最大关键，还是因为佛教输入中国以后，形成独立特有的佛教文学，进而影响到中国文化全部所有中心的缘故。例如西洋文化中的新旧约全书（俗称《圣经》），它在西方每一种不同文字的民族与国度里，无论哪种译本，都具有最高权威的文学价值，所以姑且不管教义的内容如何，就以它本身的文学价值而言，亦可谓"文章意境足千秋"了。我时常对许多不同宗教信仰的朋友们说，要想千秋，便须多多注意你们的教义与文学；因为我认为宗教信仰尽管不同，每一宗教教义的深浅是非，尽管有问题，但是真正够得上称为宗教的基本立足点，都是劝人为善，都是想挽救世道人心的劫难，这个是几大宗教共同具有的善事，用不着因为最后与最高宗教哲学的异同，而争执到势同冰炭，那是人文文化过去的错误，与人类心理思想的弱点与耻辱，更不是中华民族、中国文化的精神，希望大家多多注意与珍重。

第三章

知世与立命

美丑善恶辩

美与善，本来是古今中外人所景仰、崇拜，极力追求的境界。如西洋文化渊源的希腊哲学中，便以真善美为哲学的鹄的。中国的上古文化，也有同样的标榜，尤其对人生哲学的要求，必须达于至善，生活与行为，必须要求到至美的境界。在诸子百家的学术思想中，也都随处可见。

有个真善美的天堂，便有丑陋、罪恶、虚伪的地狱与它对立。天堂固然好，但却有人偏要死也不厌地狱。极乐世界固然使人羡慕，心向往之，但却有人愿意永远沐浴在无边苦海中，以苦为乐。与其舍一而取一，早已背道而驰。不如两两相忘，不执著于真假、善恶、美丑，便可得其道妙而逍遥自在了。

如果从学术思想上的观点来讲，既然美与丑、善与恶，都是形而下人为的相对对立，根本无绝对标准，那么，建立一个善的典型，那个善便会为人利用，成为作恶多端的挡箭牌了。建立一个美的标准，那个美便会闹出"东施效颦"的陋习。有两则历史故事，浓缩成四句名言，就可说明"美之为美，斯恶矣。善之为善，斯不善矣"的道理，那就是："纣为长夜之饮，通国之人皆失日。""楚王好细腰，宫人多饿死。"现在引用它来作为经验哲学的明确写照，说明为人上者，无论在哪一方面，都不可有偏好与偏爱的趋向。即使是偏重于仁义道德、自由民主，也会被人利用而假冒为善，变为造孽作恶的借口了。

同样的，爱美成癖，癖好便是大病。从历史经验的个人故事来说——

明朝初期的一位大名士——大画家倪云林。他非常爱美、好洁。他自己所用的文房四宝——笔、墨、纸、砚，每天都要有两位专人来经管，随时负责擦洗干净，庭院前面栽的梧桐树，每天早晚也要派人挑水揩洗干净，因此硬把梧桐树干净死了。有一次，他留一位好朋友在家里住宿，但又怕那个朋友不干净，一夜之间，亲自起来视察三四次。忽然听到朋友在床上咳嗽了一声，于是担心得通宵不能成眠。等到天亮，便叫佣人寻找这位朋友吐的痰在哪里，要清理干净。佣人们找遍了所有地方，也找不出那位先生吐痰的痕迹，又怕他生气骂人，只好找了一片落叶，稍微有点脏的痕迹，拿给他看说找到了。他便立刻闭上眼睛，蒙住鼻子，叫佣人把这片树叶送到三里外去丢掉。

元末起义的张士诚的兄弟张士信，因为仰慕倪云林的画，特地派人送了绢和黄金去，请他画一张画。谁知倪云林大发脾气说："倪瓒（云林名）不能为王门画师。"当场撕裂了送来的绢。弄得士信大怒，怀恨在心。有一天，张士信和一班文人到太湖上游乐。泛舟中流，另外一只小船上传来一股特别的香味。张士信说："这只船上，必有高人雅士。"立刻靠拢去看个清楚，不料正是倪云林。张士信一见，便叫从人抓他过来，要拔刀杀了他。经大家恳求请免，才大打一顿鞭子了事。倪云林被打得很痛，但却始终一声不吭。后来有人问他："打得痛了，也应该叫一声。"倪云林便说："一出声，便太俗了。"

倪云林因为太爱美好洁了，所以对于女色，平常很少接近。这正如清初名士袁枚所说的："选诗如选色，总觉动心难。"但有一次，他忽然看中了金陵的一位姓赵的歌姬，就把她约到别墅来留宿。但是，又怕她不清洁，先叫她好好洗个澡。洗完了，上了床，用手从头摸到脚，一边摸，一边闻，始终认为她哪里不干净，要她再洗澡，洗好了又摸又闻，还是认为不干净，要再洗。洗来洗去，天也亮了，他也算了。

上面随便举例来说"美之为美，斯恶矣"的故事。现在再列举一则故事来说明"善之为善，斯不善矣"。

宋代的大儒程颐，在哲宗时代，出任讲官。有一天上殿为哲宗皇帝讲完了书，还未辞退。哲宗偶然站起休息一下，靠在栏杆上，看到柳条摇曳生姿，便顺手折了一枝柳条把玩。程颐看到了，立刻对哲宗说："方春发生，不可无故摧折。"弄得哲宗啼笑皆非，很不高兴，随即把柳条掷在地上，回到内宫去了。

由于这些历史故事的启发，便可了解庄子所说的"为善无近名，为恶无近刑"的道理，也正是"善之为善，斯不善矣"的另一面引申了。

再从人类心态的广义来讲，爱美，是享受欲的必然趋向。向善，是要好心理的自然表现。"愿天常生好人，愿人常作好事。"那是理想国中所有真善美的愿望，可不可能在这个人文世界上出现，却是一个天大的问题。我们顺便翻开历史一看，秦始皇的"阿房宫"，隋炀帝的"迷楼"和他所开启的运河两岸的隋堤，李后主的凤阁龙楼，以及他极力求工求美的词句，宋徽宗的"艮岳"与他的画笔和书法，慈禧太后的"颐和园"和她的花鸟。罗马帝国盛极时期的雕刻、建筑。甚至，驰名当世如纽约的摩天大厦，华盛顿的白宫，莫斯科的克里姆林宫，也都是被世人认为是一代的美或权力的标记。但从人类的历史经验来瞻前顾后，谁能保证将来是否还算是至善至美的尤物呢？唐人韩琮有一首柳枝词说：

> 梁苑隋堤事已空，万条犹舞旧春风。
>
> 何须思想千年事，谁见杨花入汉宫。

百 姓 与 官

我们只要粗枝大叶地把历史事实作个了解，那么，便可知道过去一部中国政治制度史上，皇帝的中央政府——朝廷，是高高在上，悬空独立的。各级的官吏，在理论上，应该是沟通上下，为民办事。而事实上，一旦身为地方官，"天高皇帝远，猴子称霸王"，任所欲为的事实也太多了。我们试想，以此图功，何事能办？以此谋国，焉得不亡！然而，我们的民族性，素来以仁义为怀，老百姓始终顺天之则，非常良善，只要你能使他做到如孟子所说的"乐岁终身饱，凶年免于死亡"，也就安居乐业，日子虽然苦一点，还是不埋怨的。除非是你使他们真的受不了，真的走投无路了，否则你做你的皇帝，当你的官，与他毫不相干。这便是中国历史上政治哲学的重点之一。自春秋战国以来，中国的官吏和老百姓的关系一直是如此。

现在是民主时代，也是注重基层政治工作的时代。为民服务的基层工作，实在是一件神圣伟大的使命，很不简单，最上层到中枢各部院政令的推行，一节一节地统统汇集到了基层。其间事务的繁忙，头绪的芜杂，并不亚于上层执政者天天开会，随时开会的痛苦。而最难办的，往往是各部门的政令，缺乏横的整体的协调，致使政令达到基层时，有许多矛盾抵触之处，无法执行，只好一搁拉倒。还有许多政令，可以用在甲地，却不适用于乙地，更不合于丙地的事实，但是也例行公文，训令照办不误。实在难以做到，也只有一搁了事。还有最重要的，什么高官厚禄、实至名归、风光热闹的事，都集中在上层朝市。基层工作者，必须具备有愿入地狱的菩萨心肠，和成功不必在我的圣贤怀抱。照这样情况，我也常常想，假如叫我到穷乡僻壤，长期担任一个小学的教员，是不是真能心甘情愿地尽心尽力去做得好？我对自己的答案是：恐怕未必。己所不欲，何望于人。推己及人，如何可以要求他人呢？

总之，所得的结论便是，从古至今，基层的工作，能干的不肯干，肯干的不能干。因此，真正参与工作的，就是一批不是不能干，就是不肯干的人。往往为政府帮倒忙，作了丧失民心的工作，你看怎么办？至于说贪污不贪污，那还是另一附带的问题，不必去讨论。

有时朋友们与我谈到美国的社会政治，基层工作者是如何如何的好，因此才有今天的成就。我说，不错，美国还年轻，历史还浅，所以历史文化的包袱也轻。甚至可以说还没有背上历史文化的包袱。我倒愿意祝福他们永远如此年轻，不要背上历史文化的包袱才好。一旦老大，历史文化包袱的根基愈深，要想有所改革当然就愈难，那就得慢慢地潜移默化，不可能像现在这样立竿见影了。

己所不欲　勿施于人

子贡问曰：有一言而可以终身行之者乎？子曰：其恕乎！己所不欲，勿施于人。

子贡问孔子，人生修养的道理能不能用一句话来概括？为人处世的道理不要说得那样多，只要有一个重点，终身都可以照此目标去做的，孔子就讲出这个恕道。后世提到孔子教学的精神，每每说儒家忠恕之道。后人研究它所包括的内容，恕道就是推己及人，替自己想也替人家想。拿现在的话来说，就是对任何事情要客观，想到我所要的，他也是要的。有人对于一件事情的处理，常会有对人不痛快、不满意的地方。说老实话，假如是自己去处理，不见得比对方好，问题在于我们人类的心理，有一个自然的要求，都是要求别人能够很圆满；要求朋友、部下或长官，都希望他没有缺点，样样都好。但是不要忘了，对方也是一个人，既然是人就有缺点。再从心理学上研究，这样希望别人好，是绝对的自私，因为所要求对方的圆满无缺点，是以自己的看法和需要为基础。我认为对方的不对处，实际上只是因为违反了我的看法，根据自己的需要或行为产生的观念，才会觉得对方是不对的。社会上都是如此要求别人，尤其是宗教圈子里更严重，政治圈子里也不外此例。一个基督教徒，或天主教徒，或佛教徒，对领导人——牧师、神父或法师们的要求，都很严格。因为宗教徒忘记了领导人也是一个人，而认为牧师、神父、法师就是神。这个心理好不好？好。但是要求别人太高了。从这个例子，就可知恕道之难。后人解释恕道，把这个恕字分开来，解作"如""心"。就是合于我的心，我的心所要的，别人也要；我所想占的利益，别人也想占。我们分一点利益出来给别人，这就是恕；觉得别人不对，原谅他一点，也就是恕。

恕道对子贡来说，尤其重要。因为他才华很高，孔门弟子中，子贡在事功上的表现，不但生意做得好，是工商业的巨子，他在外交、政治方面也都是杰出之才。才高的人，很容易犯不能饶恕别人的毛病，看到别人的错误会难以容忍。所以孔子对子贡讲这个话，更有深切的意义。他答复子贡说，有一句话可以终身行之而有益，但很难做到的，就是"恕"。"己所不欲，勿施于人。"这就是恕道的注解。

站在书呆子的立场，专门研究自己的人生，我认为"己所不欲，勿施于人"这八个字做不到，随时随地我们会犯违背这八个字的错误。尤其在年轻一辈的团体生活中，就可以看到很多事例。前天就有一个正在服兵役的学生回来说，他三支牙刷，六条短裤，都被"摸"跑了。事实上自己根本有这些东西，可是就喜欢把别人的"摸"来，"摸"到了心里觉得很痛快。这种行为说他是"偷"吗？不见得这么严重。前天我们的楼梯口的一副门帘不见了。办事的人说被偷了，我说算了，一定是被年轻人"摸"去了。说他有意偷吗？他没这个意思，说他没有偷吗？年轻人有这种心理，摸来很好玩，很有味道，还在那里称英雄。东西被人"摸"跑了，心里一定会不高兴，可是自己有机会，也会"摸"人家的。过团体生活的时候，有的人洗了手，本来要在自己的毛巾上擦干净，看见旁边挂了一条，顺手擦在别人的毛巾上。为什么会有这样一个思想行为出来呢？这是小事，不能做到"己所不欲，勿施于人"；对于大的事，做到我所不要、所不愿承受的事，也不让别人承受，就太伟大了，这个人不是人，是圣人了。太难了！可是作人的存心，必须要向这个方向修养。能不能做到，另当别论。

这八个字的修养，要做到很难很难，"己所不欲，勿施于人。"同时也就是"己所欲，施于人"。后来佛家思想传到中国，翻译为"布施"。施字上加一个布字，就是普遍的意思。佛家的布施和儒家这个恕道思想一样，所谓慈悲为本，方便为门，就是布施的精神。人生两样最难舍，一是财，一是命。只要有利于人世，把自己的生命财产，都施出来，就是施。这太难了，虽然做不到，也应心向往之。

功成身退数风流

"崇高必致堕落，积聚必有消散。缘会终须别离，有命咸归于死。"这是佛学洞穿世事聚散无常的名言，同时也是出世思想的基本观点。可是以老子所代表的道家哲学可以出世，可以入世，他却有"挫其锐，解其纷"的不死之药，长保"散而未尽"的七字真言："功遂，身退，天之道。"其中去了一个助语词的之字，真正只有六字真言。但在后世许多文学家们，感受意犹未尽，又再插入两字一句，变成九字真言，而为"功成，名遂，身退，天之道"了。七字真言也好，九字真言也好，说尽管说，说来还很潇洒，可是在一般的观念里，总觉得消沉低调意味太浓。其实，大家只是忘记观察自然界的"天之道"，因此便觉低沉。如果仔细观察天道，日月经天，昼出夜没，夜出昼没，寒来暑往，秋去冬来，都是很自然的"功遂，身退"的正常现象。植物世界如草木花果，都是默默无言完成了它的生命任务，便又静悄悄地消逝，了无痕迹。动物世界生生不已，一代交替一代，谁又能不自然地退出生命的行列呢！如果说有，只有人类的心不肯死，不肯甘休，永远想在不可把握中冀求把握，不可能永久占有中妄图占有。妄想违反自然，何其可悲！

至于老子这些名言，究竟是正言天道不易法则的自然哲学？或是对他当时生存的时势，有感而发，用来警觉世人？似乎不须争论。但在我们的上古的历史文化上，原来儒道并不分家的共通观点来看，孔子、孟子，以及其他诸子之学，动称先王，也都极力推崇尧舜的作为。尧舜之道的值得赞扬，那便是"功遂，身退，天之道"的最好范例。至于三代以后，家世天下的推位让国，想要表现一下"功遂身退"，自称为太上皇的戏剧，则几乎没有一个是出于至诚，也没有一个有美好的收场。其次，如北魏文帝的退位出家，以及相传清初顺治入五台山的剃度，都是别有心事，绝非"功遂身退"的情怀。

等而次之，从秦、汉之后，看历史上风云人物的作为风格，取其稍微类同于道家的，如汉代的张良与诸葛亮，原来存心都想"功遂身退"，但很可惜其遭遇仍然不能遂其所愿。张良虽然不肯居功，只自谦退封于"留"地而为"留侯"，但却身不由己，不能再加上三点水而一"溜"了之，以已绝人间烟火食的半仙之分，结果仍免不了受吕后的饮食毒害而殁。与其如此，还不如诸葛武侯的"鞠躬尽瘁，死而后已"，身成绝代之功，更为划算。

也许由此历史经验的教训，致使后来道家人物的作为，如东晋的抱朴子——葛洪，南朝齐梁之际的陶弘景，更加小心谨慎。葛洪便早早抽身，自求出任为"勾漏"令，以宦途当隐遁，暗暗修他所认为的仙道以终。陶弘景则及早挂冠"神武门"，优哉游哉，造成"山中宰相"的局面，作他的"洞天真诰"、自在精神领域了事。

到了隋唐之间，文中子以儒佛道三家通才的学养，讲学河汾，造成唐初开国一班文武兼备的盛世人才，在人文文化上立下莫大功德，但结果姓名隐没不彰，反令后世多方考据，是为退身幕后的旷代奇人，虽无赫赫事功，却真合于身退之道。

至于宋初，隐逸在华山的陈抟，已经完全走入道家的神仙行列，另当别论。南宋的韩世忠，知机早退，骑驴湖上，笑傲山林，可算明智之举，难能可贵。明初的诚意伯刘基，以亦儒亦道的姿态出山，辅助朱元璋而成功帝王事业，但结果仍然难逃被毒而亡。

此外，另如佛家出家的高僧而返还俗世，成功留名于历史的，如元初的刘秉忠，明永乐时期的少师姚广孝，可算切实作到了"功遂身退"。此外如帮助朱元璋、专任办理西番外交政治的高僧宗泐禅师，不论道业学问，或者事功，都是第一流的人物，但照样不能"功遂身退"而圆寂于西番任所。由此可见无论如何高明的人物，毕生能完全合于"功遂身退，天之道"的，确是不易了！难道"名缰利锁"，当真牢不可破吗？

但从唐宋以后儒家思想的观点来看，对于老子的这句名言，虽然并无非议之处，只是把它换了文字的表达，变成"谦让"或"谦光"的美德而已。其实，后世的儒家是心有不甘，不敢完全苟同老子的观念，尤其反对修仙成佛之说，因此而搬弄文字的表相而已。这种思想，最有意趣的代表作品，莫如清人一首借题发挥、咏吕纯阳的诗：

> 十年橐笔走神京，一遇钟离盖便倾。
>
> 不是无心唐社稷，金丹一粒误先生。

介于道家、儒家的风范，能够做到"功遂身退"，入世又似出世的，历史上有没有这一类的典型人物呢？我认为从两晋清谈玄学的影响，在南北朝之间，有着不少风流人物。风格最为标准的，要算梁武帝的名臣韦睿。他善于从政，也善于用兵作战，有诸葛亮纶巾羽扇、指挥若定的丰神，又有"上善若水""功成不居"的意境。如遇老子，或者肯收他为徒，较之函谷关的守吏关尹子，应无逊色。可惜南北朝这一时代，在历史上不大出色，因此南北朝的人物也都被人所遗忘埋没了。

韦睿，字怀文，京兆杜陵人。他是汉丞相韦贤的后裔，系出名门世族。自少即受郡守祖征的赏识，认为是"干国家，成功业"之才。当南齐紊乱之际，他盱衡人物，认为梁武帝——萧衍还可算是命世之才，便决计辅从。历迁太子右卫率，出为辅国将军、豫州刺史，领历阳太守，后迁调合肥，以功晋爵为侯。

梁武帝决心北伐，魏遣中山王——元英为征南将军，率兵南来御敌。韦睿奉命统部北伐，屡建奇功。他素来体弱多病，虽在前线作战，也未尝骑马，只乘坐白木板舆，手执白如意，督历将士，勇气无敌。平常与士卒同甘苦，极力爱护部下，令出必行，战无不胜。魏人军中有谣："不畏萧娘与吕姥，但畏合肥有韦虎。"对他畏惧万分。

当前方军情紧急的时候，梁武帝遣亲信曹景宗与他会师，而且特别对景宗说："韦睿，卿之乡望，宜善敬之。"因此，景宗见韦睿，执礼甚谨。但每当战胜，景宗与其他将领，都争先上报。独韦睿迟迟报告，不愿争功。有一次，在庆祝胜利的庆功宴会上，韦睿与景宗同席，酒酣兴至，大家倡议赌钱来作余兴，约定以二十万为赌注。景宗一掷便输，韦睿赶紧把一张骰子翻转，变成景宗是赢家，韦睿自己还连声说：奇怪！奇怪！

其实，萧梁朝代开创之初，所有的臣僚将佐，莫过韦睿。梁武帝明知他的才能，但始终不委任他作统帅，反而用一个无大才略的宗室临川王——萧宏来当元帅，而且又派曹景宗与他并肩作战，在在处处，都心存顾忌。好在韦睿自知苟全于乱世，隐避林下，并非上策，只有如此行其自处之道，不贪名利，不争功劳，而且还在功成之时，深自谦退，以免猜忌。因此他活到七十九岁而殁，遗嘱但穿常服薄葬便了。总算在他身死的时候，感动得梁武帝亲临恸哭，完结他一生苟全于乱世，"功遂身退，天之道"的名剧。

与韦睿行迹有所不同，便是后梁元帝萧绎的功臣、荆山居士陆法和。他先识侯景的必反，但没有人相信其言。到了侯景派兵攻击湘东，他自请统兵以解湘东之危，受任郢州刺史。后又向元帝建议大举定魏的政策，不为所用，自称："吾尝不希释梵天王生处，岂窥人王位耶！但于空王佛所，与王有因缘，如不能用，则奈业何！"及元帝失败，齐宣帝封他为太尉，赐甲第。他只求将府第作佛寺，终日焚香静坐偏室，预期死日。到时果然坐化，尸缩三尺如婴儿大小。这也是"功遂身退"、异常之道的一例，颇可耐人寻味。

百 年 树 人

一个文化的建立，的确是不容易。不说大事，就拿小事来说，我过去写了一些学术性的东西，后来想把几十年的人生经验，我见我闻，写一部小说，就是写不出来。新体小说、旧体小说都写不出来，写写又撕掉，像现在拥有很多年轻读者的作家，我当面称赞他们，他们真是行，我就无法下笔。所以不要轻看了小说，有许多人都是眼高手低，随便批评别人的作品，自己却写不出来，所以一个文化的建立真难。据我的了解，真是所谓的"十年树木，百年树人"。要培养一个人才，是要很长的时间的。我曾说过溥儒的画好，是清朝入关又出关之间三百年培养出来的。他在宫廷中所看到的那许多名画，这是别人办不到的。其实他的字比画更好，他的诗比字又要好，这都是别人学不来的。李后主的词我也说过，像他的《破阵子》那阕词：

> 四十年来家国，三千里地山河，凤阙龙楼连霄汉，玉树琼枝作烟萝，几曾识干戈。 一旦归为臣虏，沈腰潘鬓销磨，最是仓皇辞庙日，教坊犹奏别离歌，挥泪对宫娥。

这的确是好词，读来令人感叹，但里面每一句话都是他的生活经验，是他的真感情、真思想。由他写来，非常容易。如果不是一个做了皇帝又变成臣虏的人，谁能写出这样的词来。这是在文学方面的情形，由文学的培养，我们可看到文化建立之难。

其次，我们看看管子的高见："衣食足而后知荣辱，仓廪实而后礼义兴"。这句话放之于全世界，无论古今中外，都是站得住的。所以谈中国政治思想，离不开管子。再者，透过这两句话，可知社会国家的富强、教育文化的兴盛，要靠经济做基础的；要衣食富足了才会知荣辱，仓廪充实了才礼义兴。所以有人说，最大的是穷人，连裤子都没得穿了，拼命都不在乎，还怕什么？有地位有钱的时候就怕事了。就是这两句话的道理。可见文化的建立，要靠经济作基础。

学成文武艺　货与帝王家

中国过去有句俗话："学成文武艺，货与帝王家。"古人把文学、武学，叫作文艺、武艺。古人这个"艺"字用得非常好，不管是文学、哲学，或任何学问，修养到了艺术的境界，才算有相当的成就。学武也是一样，学到了相当的程度，才称得上武艺，入于艺术境界，也就是所谓"化境"。不像日本人，有所谓一段、两段，一直到九段。日本武术的分段法，是由中国佛家禅宗的"浮山九带"蜕变而来的。上面引用的这句古话，相当深刻，从这句话来看，人都有不满现实的情绪，尽管学问好，本事大，卖不出去，也是枉然。孟子卖不出去，孔子也是卖不出去，在《论语》中记载着孔子说的："沽之哉！沽之哉！"结果到了流动摊位上，还是卖不出去，永远是受委屈的一副可怜相。孟子也一样，现代和将来的人也是一样，卖不掉的时候，都很可怜。这就是世间相。过去是将学成的文武艺卖给帝王家。现在呢？是卖给工商巨子、大资本家。中国的知识分子，几千年来都是如此。

另一方面，那些大老板的买主们，态度都很令人难堪，不但是讨价还价，苛求得很，有时候对知识分子就像对上门兜售的小贩一样，看也不看一眼，一挥手，一个劲儿地比着："去！去！去！"你把黄金当铁贱卖给他，他也不理，就是那么个味道。

我在小的时候，父亲告诫我两副语体的对联说："富贵如龙，游尽五湖四海。贫穷如虎，惊散九族六亲。"另一副说："打我不痛，骂我不痛，穷措大（现在叫穷小子）肝肠最痛。哭脸好看，笑脸好看，田舍翁（现在叫有钱人）面目难看。"活了几十年后，对人间事阅历多了，回头再想这两副联语，的确是世间的淋漓写照。

在古代，尤其春秋战国间，知识分子第一个兜销的好对象，当然是卖给人主——各国的诸侯，执政的老板们。如果卖出去了，立即就可平步青云，至少可以弄个大夫当当。其次，卖不到人主，就卖给等而下之的世家，如孟尝君、平原君等四大公子，一般所谓卿大夫之流。能够作他们的座上客，也就心满意足了。实际上，名义虽称之谓宾客，也不过是一员养士而已。如弹铗当歌的冯谖，即是如此。到了秦始皇统一天下以后，曾经下了逐客令，当时李斯也在被逐之列，临行之时，上书劝谏，秦始皇觉得有理，于是收回成令，李斯后来因而得以重用。虽然如此，各国诸侯的灭亡，对养士风气不能说不是个打击，这一阶段的读书人，是比较凄凉悲惨的，大多流落江湖，过着游侠的生活，这就是汉初游侠之风盛行的主要原因。

苦命的皇帝

你们读了唐诗三百首："无端嫁得金龟婿，辜负香衾事早朝。"刚刚结婚，嫁给一个新科状元，晚上被窝才暖热，三四点钟就要起床上朝了，所以说"辜负香衾事早朝"。不像现在的官，八九点钟才上班那么好做。

当大臣不易，当皇帝更为可怜。各位想想：一个皇帝天刚亮就爬起来坐在大厅里等着大臣朝谒了，那多辛苦！大家一定疑惑：老师又没当过皇帝，是怎么晓得的？是清朝的一位侍候皇帝的王爷，亲口说的真实经验。他说："老实讲，当年若不是你们把清王朝推翻，我也非要推翻它不可。"他说那真苦，当皇帝的是人，我们也是人，谁不想玩？晚上想玩，又那么多公事，夜里都要看，不是论几件公事，太监拿公文来是上秤称的，每天有多少斤。除了雍正那个精力，昼夜以批公文为乐，其他的皇帝都吃不消啊！当皇帝的每天除了上朝，还要向皇太后请安、听大臣讲经，再加上和宫女们玩玩，晚上还要批奏折，批完了奏折已经深夜了，还没睡多久，三四点钟便又要起床上早朝了。尤其年轻的皇帝贪睡，怎么能醒得了呢？老太监有个叫司礼太监的，每天早上三四点钟，便到皇帝寝宫门外大声高喊，奉皇太后命"请圣上起床……"

中国的伦理，在朝中皇帝最大，回到宫中，见了妈妈要跪下请安的，这是中国的伦理。太监奉皇太后命，因为在宫中妈妈最大，所以皇太后命，皇帝不能违犯。小皇帝睡得正甜的时候，司礼太监喊三声，皇帝还不起床的话，大太监嘴一努，小太监就捧着面盆，盛满热水，热手巾便捂在皇帝的脸上。皇帝一挣扎，后边小太监一推，便把皇帝扶了起来。擦脸的擦脸，梳头的梳头，换龙袍的换龙袍，这样七手八脚，便把皇帝推出来了。可见当皇帝真可怜。皇帝睡觉是一个人睡的，妃子们跟皇帝在一起，到了半夜，太监用被子把妃子一裹，就背走了。不像一般人，可以跟自己的太太长夜温柔。万一皇帝要跟妃子多亲热一下，那太监便喊了："请圣上保重龙体！"你说煞不煞风景！而且要幸哪个妃子，还要先在皇后那里挂号登记，如果哪个妃子被幸的次数多了，皇后还要提出警告。

再说皇帝吃的菜，有一百道之多，事实上只有前面的几样能吃，后面放的都是不能吃的。皇帝要吃盘豆腐，也要向内府报账，比我们在国宾饭店吃的还要贵。皇后吃饭也是一样，要九十多道菜，能吃的就那几样。在宫内皇后是不能跟皇帝同桌吃饭的，倒是妃子还可以，只要皇帝喜欢。但是妃子也不能侍候的次数太多，多了老太监会讲话，皇后也会讲话。如果皇太后要跟皇帝吃一餐饭呢？也很可怜！皇后跟妃子都要站在旁边侍候，不能同桌吃饭。皇太后要皇后坐下来吃，皇后还要叩头谢恩后才能坐下，拿了筷子抿抿嘴，饭也吃不饱。总而言之，天下什么事情都可以做，就是不能当皇帝。

谁肯将身作上皇

大家要知道人的心理，一个资本家不敢把财富交给后代，权位也是这样。我经常跟几位在位的老朋友们讲：你们要注意呀！权位就是魔鬼，没有到手以前，这个人很好，一旦到手了以后，便会着魔的。有一位朋友听了以后，一拍桌子就跳了起来说，你这话真对，一点也不错！他引经据典地指出，有些人权位没有到手以前，还满好，还很可爱，一到了手便像着魔了一样，六亲不认了。这种地方大家要多作检省和修养。

此外，权位很难交下来的另一个原因，就是有权位的人，尤其到了年龄大的时候，总认为年轻人的经验不够、能力不够、思想不成熟，所以不敢放手，不敢把权位交下来。但是不敢交下来的后果也是很惨的，造成了历史上多少的悲剧。

我们看历史上的皇帝，所谓**亢龙有悔**，就是当太上皇的境界。清朝的乾隆皇帝也是一个。乾隆活到八十几岁，最后把皇位交给他儿子嘉庆，结果也很惨。唐明皇用错了人，用李林甫当宰相。乾隆用了一个最得意的人，叫和珅（不是和坤，一般人都把珅弄错了，当成乾坤的坤）。和珅很坏，他贪赃枉法是历史上有名的。乾隆一死，嘉庆先把和珅抄家，抄出他家的财富，比皇帝宫里的财富还要好、还要多，可见他贪污多厉害。乾隆知道不知道呢？绝对知道。有人就对乾隆讲，和珅那么坏，为什么还要用他？乾隆说：你知不知道，你们总要留个人陪我玩玩嘛！这句话讲绝啦！将来各位做了大臣，一定要在皇帝身边弄一个小人。因为皇帝也有些上不了台面的私生活，只有这种人才能去替他办。

他如果找包公，那还了得！如果皇帝听说西门町有部黄色影片在上演，想弄来看看，包公一定跪下谏诤，"臣期期不敢奉诏"，那多没趣！如果告诉和珅，那他会做得比皇帝想象的还要周到，包君满意！你说皇帝怎么会不喜欢他？因为在位的人有时候会很苦，所以乾隆才说，你们总要留个人陪我玩玩嘛！意思是说：你们不要都讲他，我知道他坏，可是你们都太好了，那怎么陪我玩呢？和珅这种人，在历史上叫做弄臣。

唐明皇逃难到四川的路上，骑在马上，在蒙蒙细雨中，听到马铃铛的声音，那种凄凉味道，不是一般人所能想象的。慈禧太后逃难，虚云老和尚跟在后边，看到慈禧太后饿得那个样子，内侍去民间弄些红薯给她吃，慈禧太后见到红薯便口水直流，真是一毛钱也不值，什么皇太后不皇太后！人都是一样。当年唐明皇幸蜀，骑在马上自己在叹气，怎么会弄成这么个样子！当时高力士跟在旁边（高力士是个忠臣，是一个很好的宦官。大家不要被小说家骗了，高力士为李白脱靴，这是小事）听到了，说："皇上，这还不是怨你自己。"唐明皇问怎么说？高力士说："谁叫你用李林甫做宰相呢？"唐明皇在马上一叹说："李林甫这个小子，我晓得他会搞成这个样子的。"高力士说："皇上，你也知道他坏？"唐明皇说："怎么不知道呢！"高力士说："他坏，为什么还要用他？"唐明皇说："哎呀！这你就不懂了。现在再找一个像李林甫那样坏的还找不到呢！"一句话说明了人才难求呀！我们看历史不懂，很多人看历史都不懂，人才最难，天下就是合意的人才难找。等于一个人喝好茶一样，个个都会泡茶，泡得呷着舒服的很少。所以我不是不知道他坏，但是现在再找一个像李林甫那样的人才还没有呢！说到这里，想到清朝有一位名士叫郑板桥，也是一位才子、一位高人。有一首诗写得很好，他说：

南内凄清西内荒，淡云秋树满宫墙。
由来百代明天子，不肯将身作上皇。

　　郑板桥为什么要写这首诗呢？因为他看到乾隆当了太上皇，他有所感慨。第一，感慨乾隆很了不起，能够在自己老的时候，把皇位交下来给儿子。第二，他又为乾隆担心，当了太上皇那种味道。虽然皇帝还是自己的儿子，但是权位交了以后，想喝口台湾的冻顶乌龙，几个月都喝不到。当皇帝的时候，要什么不到二十分钟就来了。为什么？情况不同了。是皇帝儿子不对吗？不是，中间捣乱的都是左右的人！所以说"南内凄清西内荒，淡云秋树满宫墙"。这里可以看到郑板桥的文学境界，"淡云秋树"，淡云是一个人失势后那种冷漠凄凉的情况；秋树是秋天的树，叶子落光了，连一片叶子都没有，唯有淡淡的枝影，那种冷漠、无助……你们没有看过皇宫大内，至少到日本京都可以走走看看。那么大一堵宫墙，一个人坐在那里，那比当和尚还可怜，真的是比和尚还要和尚，一个鬼影子都看不见。"淡云秋树满宫墙"，就是讲权位交了以后那种凄凉。这种境界对修道的人来说倒是很好，因为修道就是享受凄凉。如果是修禅的人，正好打坐闭关，刚好得其所哉！可是普通人做不到。下面一转："由来百代明天子"——自古以来高明的皇帝，"不肯将身作上皇"——宁可死在位子上。历史上有些当皇帝的，不肯把权位交出来，到死了以后，尸体臭了，蛆虫乱爬，尸腐水流，抬不出去的也很多。因为儿子们在争权夺位，抢当皇帝，常常把皇帝的尸体，任由蛆虫啮食。可见权位抢夺的可怕。不但皇帝如此，当董事长、大老板的也是一样。

　　在台湾有一位华侨很有钱，年纪也大了，一个朋友跟他说：先生，你的年龄那么大，钱也那么多了，也应该休息休息了，还那么辛苦做什么？他说：就是因为我年龄大了，所以更要努力赚钱，不然我死了便不能再赚了。我那朋友只有苦笑。这也算是一种哲学。但他死后也是落得老婆儿子争财产、打官司，老人的后事却无人管。这种情形，我们就看到很多。老子死了，儿子不管，兄弟们只顾争财产、打官司。

那些大老板们有很多不能放手的理由，这也是其中最重要的原因。但是等到眼睛一闭，你放不放呢？不放也得放！但也只有到那个时候再说！我眼睛没有闭以前，就是不放。所以"由来百代明天子，不肯将身作上皇"，就是这个道理。

不过中国从前的皇帝，也真有些是全心全意为人民办事，而不顾自己的一切幸福。所以皇帝自称孤家寡人，那真是孤家寡人。我常常说，就有机会我也绝不当皇帝！不要说当皇帝，连平常人年纪大了，也是孤家寡人一个。你想，两个老朋友正在那里说笑话，红色的、黄色的、绿色的……都可以说，但是你的后生晚辈年轻人一过来，你什么也不敢说了，不得不傲岸端庄，装出一副非常道貌的样子。这样年轻人自然也不敢靠拢来了，结果没有人跟你讲话，那真是孤家寡人了。尤其是读儒家书方方正正的老朋友们。奉劝各位以后要常跟年轻人跑跑，说说笑笑。不要将来变成孤家寡人的时候，大家看到了只向你敬礼，大家都敬而远之，永远不跟你亲近。

世上无如人欲险

名与利，本来就是权势的必要工具，名利是因，权势是果。权与势，是人性中占有欲与支配欲的扩展。虽是贤者，亦在所难免。司马迁所谓"君子疾没世而名不称焉""天下熙熙，皆为利来。天下攘攘，皆为利往"是不易的名言。固然也有人厌薄名利，唾责名利，认为不合于道。但"名利本为浮世重，古今能有几人抛"呢？除非真有如佛道两家混合思想的人，所谓"跳出三界外，不在五行中"，也许不在此例。也许，是未能确定之词。因为照一般宗教家们所说的超越人类以外的世界，也仍然脱不了权力支配的偶像；那么，无论在这个世间或是超越于这个世界，照样还是跳不出权势的圈套。这样看来，人欲真是可悲的心理行为。不过，也许有人会说，人欲正是可爱的动力，人类如果没有占有支配的欲望，这个世界岂不沉寂得像死亡一样的没有生气吗？是与非，真难说。

首先，我们要确定欲是什么？很明显的答案，欲有广义和狭义两层涵义。广义的欲，便是生命存在的动力，包括生存和生活的一切需要。狭义的欲，一般来说，都是指向男女两性的关系和饮食的需求。

例如代表儒家的孔子，在《周易》序卦传便说："有天地，然后有万物。有万物，然后有男女。有男女，然后有夫妇。有夫妇，然后有父子。有父子，然后有君臣。有君臣，然后有上下。有上下，然后礼义有所错。夫妇之道，不可以不久也。"他在《礼记》的说明中，又说："男女饮食，人之大欲存焉。"孔子虽然不像后来的告子一样，强调"食色性也"。但很显然的，他把"喜、怒、哀、乐、爱、恶、欲"七情中的欲字，干脆归到男女饮食的范围。人的生命的存在，除了吃饱喝足之外，跟着而来的，便是男女两性的关系了。因此，他删订《诗经》开端的第一篇，便采用了"关雎"。孔子并不讳言男女饮食，只是强调在男女饮食之际，须要建立人伦的伦理秩序，要"发乎情，止乎礼"。

上面的举例，就是把欲的涵义，归纳到狭义的色欲范畴。此外，历来儒道两家的著述，厌薄色欲，畏惧色欲攫人的可怕说法，多到不胜枚举。宋代五大儒中，程明道的"座中有妓，心中无妓"的名言，是一直为后世儒者所赞扬的至高修养境界。乃至朱熹的"十年浮海一身轻，乍睹藜涡倍有情。世上无如人欲险，几人到此误平生"等等，似乎都是切合老子的"不见可欲，使民心不乱"的名言。

到了魏晋以后，随着佛家学说的输入，非常明显的，欲的涵义，扩充到广义的范畴。凡是对一切人世间或物质世界的事物，沾染执著，产生贪爱而留恋不舍的心理作用，都认为是欲。情欲、爱欲、物欲、色欲，以及贪名、贪利，凡有贪图的都算是欲；不过，把欲剖析有善与恶的层次。善的欲行可与信愿并称，恶的欲行就与堕落衔接。对于欲乐的思辨分析，极其精详，在此暂且不论。尤其佛家的小乘戒律，视色欲、物欲如毒蛇猛兽，足以妨碍生命与道业，避之唯恐不及。与老子的"不见可欲，使民心不乱"又似如出一辙。因此，从魏晋以后，由儒释道三家文化的结合，汇成中国文化的主流，轻视物欲的发展，偏重乐天知命而安于自然生活的思想，便普遍生根。有人说，此所以儒道两家思想——老子、孔子的学说，历来都被聪明黠慧的帝王们，用作统治的工具。

反正人类总是一个很矛盾的生物，在道理上，都是要求别人能做到无欲无私，以符合圣人的标准，在行为上，自己总难免在私欲的缠缚中打转。不过，自己都有另一套理由可为自己辩白。

两头看人生

有些人用不着读书，从一些现象，就可以把人生看得很清楚。只要到妇产科去看，每个婴儿都是四指握住大拇指，而且握得很紧的。人一生下来，就想抓取。再到殡仪馆去看结果，看看那些人的手都是张开的，已经松开了。人生下来就想抓的，最后就是抓不住。在大陆西南山中住过的，就看到猴子偷包谷——玉蜀黍，伸左手摘一个，挟在右腋下，又伸右手摘一个，挟在左腋下。这样左右两手不断地摘，腋下包谷也不断地掉，到了最后走出包谷田，最多手中还只拿到一个。如果被人一赶，连一个也丢了。从这里就看到人生，一路上在摘包谷，最后却不是自己的。由这里了解什么是人生，不管富贵贫贱，都是这样抓，抓了再放，最后还是什么也没有。光屁股来，光屁股走，就是这么回事。

这个生死两头的现象我们看通了，中间感觉的痛苦、烦恼，这种心理上的情绪，是从思想这个根源来的。不讲现象，只追求思想的根本，便是形而上学。现在我们坐在这里，试问谁能没有思想？没有思想是不可能的。

西方的哲学家笛卡儿说："我思故我在。"他认为我有思想则有我，我如没有思想则没有我了。西方哲学非常重视"思想"这个东西，人没有思想叫什么人呢？当然有个名称，叫作"死人"，那我就不存在了。

在我们中国哲学，东方哲学，看到西方的这种哲学，能思想的"我"，都是断续的"我"。我们曾经以灯光、以流水来比喻过它。现在坐在这里，都可以体会到，只要是清醒的，一定有思想。但回转来反省、体会一下，没有一个念头、没有一个思想是永恒存在的，一个个很快地过去了。我们脑子里的意识形态，只要一想到"我现在"，便又立即过去了，现在是不存在的。未来的还没有来，我们说一声"未来"，就已经变成现在了，这个"现在"又立即过去了。像流水的浪头一样，一个个过去了，不过连接得非常密切。这是人类本性的功能所引起的现象。

佛学对于本性，比方作大海。我们现在的思想——包括了感觉、知觉，是海面上的浪头。一个浪头、一个浪头过去了，不会永恒存在的。我们从这里看人类的思想、感情，无论如何会变去的。譬如说张三发了脾气，就让他去发，发过了他就不发了，就是这个浪头打过去了。佛学在这一方面就告诉人们，这是"空"的。宇宙间一切现象，包括了人类心理上生命的现象，一切都会过去的，没有一个停留着。这在佛学上有个名词叫"无常"。世界上的事情，永远无常，不会永恒地存在。但不懂宗教哲学的人便不同了，他把"无常"乱变成了"无常鬼"。其实，"无常"是一个术语，意思是世界上的事情没有永恒存在的。因此人的感情也是无常的，不会永恒不变。我喜爱这个东西，三天以后就过去了。这种"无常"的观念是印度文化，也在东方文化的范围。

在中国的文化，见于《易经》中，不叫无常，而叫"变化"。天地间的事情，随时随地，每分每秒都在变，没有不变的道理，一定在变。换句话说，《易经》中变化的道理是讲原则；佛学的无常是讲现象。名称不同，道理是一个。就是讲人的思想，心理的浪头都会过去的，所以认为是空的。这是消极的，看人生是悲观的。就像猴子偷包谷一样，空手来，然后又空手跑了，什么都拿不到。这是"小乘"的佛学观念。

上面仅仅说了一半，还有道理，不但思想是无常，是空的，就是这个身体，这个生命，都是无我的。试问哪一样是我？佛学认为"我"是假的，没有真正的"我"。西方笛卡儿的哲学认为思想是真我，这个理论我们前面已经说过，是不对的，还是有问题的。

知 人 于 微

才、德、学三者都周全具备的人并不多。孔子说："如有周公之才之美，使骄且吝，其余不足观也已。"以前政治上有个大秘密，历史上聪明的帝王，喜欢用贪而能者。即使明知其品德不大好而才高的，派出来做官，有时还睁只眼闭只眼，上面不大管，但这种人真能替国家社会做好事。有的人非常廉洁，品格非常好，学问也好，可是笨得要死，不能做事，那就派到翰林院去，地位高高的，可是搞了半天，在那里喝西北风。举一个例子：宋太祖赵匡胤平定天下，当了皇帝以后，有一个年轻时的同学赵普，他自己说没有读过多少书，后来当了宰相，自称以半部《论语》治天下。他抽屉里放的也是《论语》，有政治问题解决不了，就翻翻《论语》，好像现在信宗教的人查经一样。

宋太祖喜欢晚上穿了便衣到大臣的家中走走，因为以前与赵普的家人都认识，所以尤其喜欢到他家中。有一个冬天下大雪的晚上，赵普夫妻俩以为这样冷的天气，大概皇帝不会来，不料后来有人敲门，皇帝还是来了。这一下可把赵普夫妇吓坏了，因为当时南方还没有平定，当天下午进贡送来一批东西，他还没有向上报，赶快跪下来接驾，奏明原因。宋太祖安慰他说没有关系，公事明天早上再说。他仍在客厅转来转去。突然看见贡品中有一个大瓶子，上面写好送赵普的，宋太祖大感稀奇，打开来看看，连赵普在内谁也没料到里面都是瓜子金。赵普夫妇吓死了，立刻又跪下来奏明实在还没有仔细看过，并不知道是黄金。宋太祖说："你身为一个宰相，别人不知道，以为天下事决定在你书生之手。外邦既要送你这么一点东西，算得了什么？你收了，照收不误！"不论宋太祖的动机是什么，都是了不起的。但另外一个人曹彬，原来与赵匡胤是同僚，也是好朋友，他是五代时周朝的外戚。赵匡胤常常约他去喝酒，他却坚持不肯，始终中立不倚，守住岗位。后来赵匡胤当了皇帝，认为他人品好，和赵普一样重用，有人在赵匡胤面前打这人的小报告都打不进去，这就是赵匡胤识人于微的地方。

这些故事，就是说才德具全的人，就是国家的大臣，是社会上了不起的人物。孔子也说到才与德不能相配合的问题。中国文化经过周公整理集中起来，孔子不过继承他的道统。周公从事政治，做国家的首相，有名的"一沐三握发，一饭三吐哺"，就是他的典故。洗一次头，三次握起头发来；吃一餐饭，三次把饭吐出来，去接见客人，处理公事。一国的首相，内政、外交都要他办，所有来见他的人，又从不拒绝，是如此的忙。不只是忙，他对于下面的人，所有的事务，如此尽心，如此好的态度，这就是周公的才能与美德。如果真具有周公的才能与美德，但骄傲看不起人，悭吝得连同情包容都不肯付出，又舍不得花钱，舍不得帮忙别人，勉励别人，舍不得给人家一纸奖状的话，那也免谈了，他做出来的成绩，一定没有什么可看的了。这也就是说，一个人有了才能而且很努力，还要修养弘毅的胸襟，浓厚的美德，要不骄不吝。不骄傲就是谦虚，不悭吝就是同情、包容和气魄。

人 才 难 得

我们研究历史，可以发现无论古今中外，任何一代，真正平定天下的，不过是几个人而已。汉高祖靠手里的三杰，张良、萧何、陈平而已。韩信还只是战将，不算在内。当然汉高祖也能干，很懂得采纳意见。汉光武中兴所谓云台二十八将，还不是中心人物，真正中心人物也不过几个人。外国历史，意大利复兴三杰，也只三个人。每一个时代的治乱，最高思想的决策，几个人而已。

岂止是国家大事，据我个人的经验所见，所体会的，不说大的，说小的，大公司的老板，我认识的也蛮多，曾看到他穷的时候，也看到他现在的发达，如旧小说上所说的"眼看他起高楼"的，也不过两三个人替他动脑筋，鬼搞鬼搞就搞起来了，不到十几年，拥有千万财产的都有；个人事业也是如此。所以人生难得是知己。

个人事业也好，国家大事也好，连一两个知己好友都没有，就免谈了。如果两夫妇意见还不和的更困难了。《易经》上说："二人同心，其利断金。"两个人志同道合，心性完全一致，真正的同志，这股精神力量可以无坚不摧。周武王也说，他起来革命，打垮了纣王，平定天下，当时真正的好干部只有十个人，而这十个人当中，一个是好太太，男的只有九人。

孔子说"才难"，真是人才难得。孔子对学生说，你们注意啊！人才是这样难得，从历史上舜与武王的事例看，可不就是吗？"唐虞之际"，尧舜禹三代以下一直到周朝，这千把年的历史，"于斯为盛"，到周朝开国的时候，是人才鼎盛的时期，也只有八九个人而已。周朝连续八百年的治权，文化优秀，一切文化建设鼎盛。但是也只有十个人把这个文化的根基打下来，而这十个人当中，还有一个女人，男人只有九人。但在周武王的前期，整个的天下，三分有其二，占了一半以上，还不轻易谈革命，仍然执诸侯之礼，这是真正的政治道德。

我们知道清代乾隆以后，嘉庆年间有个怪人龚定庵。今天我们讲中国思想，近一百多年来，受他的影响很大，康有为、梁启超等等，都受了他的影响。他才气非常高，文章也非常好，而且那个时候他留意了国防。蒙古、满洲边疆，他都去了，而且他认为中国问题的发生，都是边疆问题。事实上边疆有漏洞，西北陆上有俄国，东面隔海有日本，将来一定出大问题。他也狂得很，作了一篇文章，也讲"才难"。当时他说天下将要大乱，因为没有人才，他在文章中骂得很厉害，他说"朝无才相、巷无才偷、泽无才盗。"连有才的小人都没有了，所以他感叹这个时代人才完了，过不了多少年，天下要大乱了。果然不出半个世纪，内忧外患接连而来，被他说中了。这就是说兴衰治乱之机，社会安宁的重心在人才。

不过龚定庵是怪人，不足以提倡。他怪，出个儿子更怪，他儿子后来别号叫龚半伦，在五伦里不认父亲。他更狂，读父亲的文章时，把他父亲龚定庵的神主牌放在一边，手里拿一支棒子，读到他认为不对的地方，就敲打一下神主牌，斥道："你又错了！"这就是龚半伦，人伦逆子中的怪物。

绝不让穷愁同时光临

我们在中国文学里，对于人生常有"贫病交加"的悲叹。世界上贫病交迫的人太多了，这是我们应该用心致力的地方。所谓行仁道，就是要从社会整体的环境来均富。拿现在的政治术语来说，就是要达到全民的富强康乐。

有一个朋友，过去地位很高，也是部长级的，现在有七八十岁了。前两个月碰面，看他气色很好，相逢便问年龄，他很风趣地说："我是王（望）八之年。"他来个谐音答话，自我幽默一番。这位朋友，现在蛮穷的，他常说人世上的两个字，自己只准有一个字，绝不许同时拥有两字。什么字呢？"穷""愁"两字。凡"穷"一定会"愁"，穷加上愁就构成穷愁潦倒。他虽然已到望八之年，因为只许自己穷，绝不再许自己愁，所以能"乐天知命而不忧"。他真的做到了，遇见知己朋友，仍然谈笑风生。另外一个人还告诉我关于他的故事说：某老还是当年的风趣。他虽然穷，家里还有一个跟了他几十年当差的老佣人，不拿薪水，在伺候他。有一天，他写了一张条子，叫老佣人送到一个朋友那里，这个朋友知道他的情况，又是几十年的老交情，他有条子要钱，当然照给。这一天他拿了一千块钱，然后到一家饭馆，吩咐配了几样最喜欢的菜；身上的香烟不大好，又吩咐拿来一听最喜欢抽的英国加立克牌的高级香烟。一个人慢慢享受，享受完了，口袋里掏出这一千元，全部给了茶房。茶房说要不了这许多，要找钱给他，他说不必回找了，多余的给小费。其实连那听外国香烟在内，他所费一共也不过三四百元。茶房说小费太多了，他仍说算了不必找了。他以前本来手面就这么大，赏下人的小费特别多，现在虽穷，还是当年的派头。习惯了，自己忘了有没有钱。所以朋友们当面说他仍不减当年的风趣，他听了笑笑说，我就要做到这一点，两个字只能有一个。穷归穷，绝不愁，如果又穷又愁，这就划不来，变成穷愁潦倒就冤得很。社会上贫病交迫的人很多，要想心理上不再添愁，这个修养就相当高了。

子曰："贤哉回也！一箪食，一瓢饮，在陋巷。人不堪其忧，回也不改其乐。贤哉回也！"

这几句话看起来非常简单，但是要自己身体力行，历练起来，就不简单了。孔子第一句话就赞叹颜回，然后说他的生活——"一箪食"，只有一个"便当"。古代的"便当"就是煮好的饭，放在竹子编的器皿里。"一瓢饮"，当时没有自来水，古代是挑水卖，他也买不起，只有一点点冷水。物质生活是如此艰苦，住在贫民窟里一条陋巷中，破了的违章建筑里。任何人处于这种环境，心里的忧愁、烦恼都吃不消的，可是颜回仍然不改其乐，心里一样快乐。这实在很难，物质环境苦到这个程度，心境竟然恬淡依旧。我们看文章很容易，个人的修养要到达那个境界可真不简单。乃至于几天没饭吃，还是保持那种顶天立地的气概，不要说真的做到，假的做到，也还真不容易。颜回则做到了不受物质环境的影响，难怪孔子这么赞叹欣赏这个学生。三千弟子只有他做得到这个修养，而他不幸三十二岁就短命死了。近代人研究孔孟思想的，认为颜回是死在营养不良。虽然是一句笑话，但是大家对营养还是要注意到才对。

小 议 宿 命 论

我们常常看到有人写文章，说"四海之内皆兄弟也""死生有命，富贵在天"是孔子说的，这又弄错了。

在《论语·颜渊第十二》中有："司马牛忧曰：'人皆有兄弟，我独亡。'子夏曰：'商闻之矣：死生有命，富贵在天。君子敬而无失，与人恭而有礼，四海之内，皆兄弟也。君子何患乎无兄弟也？'"

这里的答话是子夏说的，不是孔子说的。

近几十年来，大家攻击中国文化几千年来受这两句话的影响太大，说中国人喜欢讲宿命论，受了这种思想的阻碍，所以没有进步。实际上这是中国文化、东方文化中人生哲学的最高哲学。

"命"是什么？"天"又是什么？在中国哲学中是大问题。后世的观念，对于所谓"命"，以为就是算八字的那个"命"、看相的那个"命"、宿命论的那个"命"，这就弄错了。这不是儒家观念的"命"。而儒家观念中的"命"是宇宙之间那个主宰的东西，宗教家称之为上帝、为神或为佛，哲学家称之为"第一因"，而我们中国儒家称为"命"。这样说来，不就简单了吗？所以这"命"与"天"两个东西，可以讨论一生的，也许一生还找不到它们的结论。

在宇宙间生命有一个功能——用现在科学的观念称它为功能。人的生命的功能很怪，因此发展出"宿命论"。

我的医生朋友很多，中医也有，西医也有。我常对他们讲，天下医生都没医好过病，如医药真能医好病，人就死不了。药只是帮助人恢复生命的功能。有一位医生朋友，在德国学西医，中医也很懂。我介绍一位贫血的同学去就医，这个医生朋友说什么药都不要用，要这病人多吃点肉，多吃点饭。他说世界上哪里有药会补血的？除非直接注射血液进去，一百 CC 注射进去，吸收几十 CC 就够了，其余变成渣滓浪费了。西医说打补血针是补血的，中医说吃当归是补血的。补血的药只不过是刺激本身造血的功能，使它恢复作用。与其打补血针，还不如多吃两块肉，吸收以后，就变成血了。所以中国人有句老话："药医不死病，佛度有缘人。"所以用药医好的病，能够不死是命不该死。有一个病始终医不好的，这个病就是死病，这是什么药都没有办法的。所以我和医生朋友们说，小病请你看，生了大病不要来，你们真的医不好。这就是说生命真是有一个莫名其妙的功能，作战时在战场上就可以看到，有的人被子弹贯穿了胸腹，已经流血，但在他并不知道自己已受伤时，还可以冲锋奔跑，等他一发觉了，就会立刻倒下去。等于我们做事时，如果在紧张繁忙之中手被割破，并不会感觉到痛，但一发觉了，立即就感到痛，这种精神的、心理的作用很大。胸腹贯穿了，在发觉以前，中间这段时间，还可维持一下，向前奔跑，这个维持住生命的东西，也是"命"，而命的安排就非常妙。

宠辱谁能不动心

宠，是得意的总表相。辱，是失意的总代号。当一个人在成名、成功的时候，如非平素具有淡泊名利的真修养，一旦得意，便会欣喜若狂，喜极而泣，自然会有震惊心态，甚至，有所谓得意忘形者。

例如在前清的考试时代，民间相传一则笑话，便是很好的说明。有一个老童生，每次考试不中，但年纪已经步入中年了。这一次正好与儿子同科应考。到了放榜的一天，儿子看榜回来，知道已经录取，赶快回家报喜。他的父亲正好关在房里洗澡。儿子敲门大叫说：爸爸，我已考取第几名了！老子在房里一听，便大声呵斥说：考取一个秀才，算得了什么，这样沉不住气，大声小叫！儿子一听，吓得不敢大叫，便轻轻地说：爸爸，你也是第几名考取了！老子一听，便打开房门，一冲而出，大声呵斥说：你为什么不先说。他忘了自己光着身子，连衣裤都还没穿上呢！这便是"宠为下，得之若惊，失之若惊"的一个写照。

　　"受宠若惊"，大家都有很多的经验，只是大小事经历太多了，好像便成为自然的现象。相反的一面，便是失意若惊。在若干年前，我住的一条街巷里，隔邻有一家，便是一个主管官员，逢年过节，大有门庭若市之状。有一年秋天，听说这家的主人因事免职了，刚好接他位子的后任，便住在斜对门。到了中秋的时候，进出这条巷子送礼的人，照旧很多。有一天，前任主官的最小的孩子站在门口玩耍，正好看到那些平时送礼来家的熟人，手提着东西，走向斜对门那边去了。孩子天真无邪地好心，大声叫着说：某伯伯，我们住在这里，你走错了！弄得客人好尴尬，只有冲着孩子苦笑，招招手而已。有人看了很寒心，特来向我们说故事，感叹"人情冷暖，世态炎凉"。我说：这是古今中外一律的世间相，何足为奇。我们幼年的课外读物《昔时贤文》，便有"**有酒有肉皆兄弟，患难何曾见一人？**""**贫居闹市无人问，富在深山有远亲**"。不正是成年以后，勘破世俗常态的经验吗？在一般人来说，那是势利。其实，人与人的交往，人际事物的交流，势利是其常态。纯粹只讲道义，不顾势利，是非常的变态。物以稀为贵，此所以道义的绝对可贵了。

　　势利之交，古人有一特称，叫作"市道"之交。市道，等于商场上的生意买卖，只看是否有利可图而已。在战国的时候，赵国的名将廉颇，便有过"一贵一贱，交情乃见"的历史经验。如《史记》所载："廉颇之免长平归也，失势之时，故客尽去。及复用为将，客又复至。廉颇曰：'客退矣！'客曰：'吁！君何见之晚也。夫天下以市道交。君有势，我则从君；君无势，则去。此固其理也，有何怨乎！'"

廉颇平常所豢养的宾客们的对话，一点都没有错。天下人与你廉大将军的交往，本来就都为利害关系而来的。你有权势，而且也养得起我们，我们就都来追随你。你一失势，当然就望望然而他去了。这是世态的当然道理，"君何见之晚也"，你怎么到现在才知道，那未免太迟了一点吧！

有关人生的得意与失意，荣宠与羞辱之间的感受，古今中外，在官场、在商场、在情场，都如剧场一样，是看得最明显的地方。以男女的情场而言，如所周知唐明皇最先宠爱的梅妃，后来冷落在长门永巷之中，要想再见一面都不可能。世间多少的痴男怨女，因此一结而不能解脱，于是构成了无数哀艳恋情的文学作品！因此宋代诗人便有"羡他村落无盐女，不宠无惊过一生"的故作解脱语！无盐是指齐宣王的丑妃无盐君，历史上都把她用作丑陋妇女的代名词。其实，无盐也好，西施也好，不经绚烂，哪里知道平淡的可贵。不经过荣耀，又哪里知道平凡的可爱。这两句名诗，当然是出在久历风波、遍尝荣华而归于平淡以后的感言。从文字的艺术看来，的确很美。但从人生的实际经验来讲，谁又肯"知足常乐"而甘于淡泊呢！除非生而知之的圣哲如老子等辈。其次，在人际关系上，不因荣辱而保持道义的，诸葛亮曾有一则名言，可为人们学习修养的最好座右铭，如云：

"势利之交，难以经远。士之相知，温不增华，寒不改弃，贯四时而不衰，历坦险而益固。"

欲除烦恼须无我

昨天一个朋友来看我，说他看到我的《孟子·尽心章》那篇文章，连着看了三遍，感慨很多。他说："你的看法我很赞成，这样来讲对极啦！从前有些人讲不动心，好像是可把心压着不让它动，那是不对的。不动心是要能做到临事不动心，才是真不动心。"事实上，到了利害关头，这个事业可做不可做？很难下决心。真正的实力，是要在这个时候能不动心，如果能够做到，那么打坐那个不动心，在佛学上讲已是小乘之道，不算什么了。要知道处世之间，危险与安乐，不动心非常难，难得很。另外一个现象，一般而言，大家看活人的文章，不如看死人的文章来得有兴趣。这也是《易经》的道理，"人情重死而轻生，重远而轻近"，远来的和尚好念经，那是必然的。曹丕在他的文章里，就提到"常人贵远而贱近，向声而背实"这两句话。譬如最近美国一个学禅的来台北，他原本在美国名气就很大，但经我们把他一捧，"美国的禅宗大师来弘道啦"，中山堂便有千把人来躬逢其盛。如果要我去讲，不会有两百人来听的。要是我到外国去，那就又不同啦！所以要做事业，人情的道理大家要懂，如果这个道理不懂，就不要谈事业。

前面说过，人情多半是"重远而轻近，重古而轻今"。古人总归是好的，现在我不行，死了以后我就吃香了。像拿破仑啊、楚霸王啊，死了以后就有人崇拜。所以大家要了解人情及群众的心理。人情是什么呢？除了饮食男女之外，权力欲也是很大的，不仅是想当领袖的人才有，权力欲人人都有。男的想领导女的，女的想领导男的，外边不能领导，回家关起门来当皇帝。先生回家了对太太说："倒杯茶来！"太太呢？"鞋子太乱了，老公请你摆一摆……"这就是权力欲，人都喜欢指挥人，要想人没有权力欲，那就要学佛家啦！到了佛家无我的境界就差不多了。

一个人只要有"我"，便都想指挥人，都想控制人，只要"我"在，就要希望你听我的。这个里边自己就要称量称量你的"我"有多大？盖不盖得住？如果你的"我"像小蛋糕一样大，那趁早算啦！盖不住的！这个道理就很妙了。所以权力欲要控制，不仅当领袖的人要控制自己的权力欲，人人都要控制自己的权力欲。因为人有"我"的观念，"我"的喜恶，所以有这个潜意识的权力欲。权力欲的倾向，就是喜欢大家"听我的意见"，"我的衣服漂亮不漂亮？""哎哟！你的衣服真好、真合身。"这就是权力欲，希望你恭维我一下。要想没有这一种心理，非到达佛家无我的境界不行。

佛家说的"欲除烦恼须无我"，就是要到无我的境界，才没有烦恼；"各有前因莫羡人"，那是一种出世的思想。真正想做一番治世、入世的事业，没有出世的修养，便不能产生入世的功业。我看历史上很少有真正成功的人，多数是失败的。做事业的人要真想成功，千万要有出世的精神。所以说，"欲除烦恼须无我，各有前因莫羡人"。人到了这个境界，或者可以说权力欲比较淡。

谁人肯向死前休

孔子曰："君子有三戒。少之时，血气未定，戒之在色；及其壮也，血气方刚，戒之在斗；及其老也，血气既衰，戒之在得。"

这是孔子将人生分三个阶段、对人慎戒的名言。我们加上年龄、经验、心理、生理的体验，就愈知这三句话意义之深刻。少年戒之在色，就是性的问题，男女之间如果过分的贪欲，很多人只到三四十岁，身体就毁坏了。有许多中年、老年人的病，就因为少年时没有"戒之在色"而种下病因。中国人对"性"这方面的学问研究得很周密，这是在医学方面而言，但是很可怜的，在道德上对这方面遮挡得太厉害，反而使这门学问不能发展，以致国民健康受到妨碍。据我所了解，过去中小学几乎没有一个青少年不犯手淫的，当父母的要当心！当年德国在纳粹时代，青少年都穿短裤，晚上睡觉的时候将手绑起来放在被子外面，这是讲究卫生学，为了日耳曼民族的优越。这样做法，虽然过分了，但教育方面大有益处。现在年轻一代的思想，女孩子愿意嫁

135

给有钱的老年人，丈夫死了，反正有钱再嫁人；男孩子受某些外国电影的影响，喜欢爱恋中年妇女。这是一个严重问题。所以知道了青少年的思想后，发现我们的教育问题很多。至于外国，如美国的男女青年，很不愿意结婚，怕结婚以后负责任，只是玩玩而已，以致社会一片混乱。这是人类文化一个大问题，所以孔子说："血气未定，戒之在色。"这句话真的发挥起来，问题很多，性心理的教育，要特别注意。

壮年戒之在斗，这个斗的问题也很大，不止是指打架，一切闹意气的竞争都是斗。这里说戒之在斗，处处想打击人家，自己能站起来，这种心理是中年人的毛病。

老年人戒之在得，这个问题蛮严重，不到这个年龄不知道。譬如说一个人的个性相当慷慨，自己就要常常警惕，不要老了反而不能做到。曾经看到许多人，年轻时仗义疏财，到了老年一毛钱都舍不得花，事业更舍不得放手。早年慷慨好义，到晚年一变，对钱看得像天一样大。不止钱这一点要"戒之在得"，别的方面事情还多。小说《官场现形记》里描写一个做官的人做上了瘾，临死时躺在床上，已经进入弥留状态，这时他的心里只有一个意念：还在做官，还要过官瘾。于是两个副官站在房门口，拿出旧名片来，一个副官念道："某某大员驾到！"另一个副官念道："老爷欠安，挡驾！"他听了过瘾。以前觉得这部小说写得太挖苦人，等到年龄大了，就知道写得并不挖苦人，的确有许多这一类的人。有人在做事情的时候，生龙活虎，退休下来以后，在家就闲得发愁、发烦。还有一个人，听人说某一著名大建筑是他盖的，已经很有钱了，一位将军问他，既然这样富有，年纪又这样大了，还拼命去赚钱干什么？这位老先生答说，正因为年纪大了才拼命赚钱，如再不去赚钱，没有多少机会了。这又是什么人生哲学呢？有个朋友说某老先生，也很有钱，专门存美钞，每天临睡以前，一定要打开保险箱，拿出美钞来数一遍，才睡得着。看这类故事，越发觉得"戒得"的修养太重要了，岂止是为名为利而已。人生能把这些道理看得开，自己能够体会得到，就蛮舒服，否则到了晚年，自己精神没有安排，是很痛苦的，所以孔子这个人生三戒很值得警惕。

宿将还山不论兵

中国人说"天下兴亡，匹夫有责"，人人都应该关心。但是，有个原则，如孔子所说："不在其位，不谋其政。"他不在那个位置，不轻易谈那个位置上的事。

一个知识分子，如果不是身居官职，最好不要随便谈论批评政事。真当隐士的更须要有如此的胸襟。这几句话，我们要常注意。现在顺便告诉大家一些有趣的经验。我不是学者文人，但常与学者文人接触。学者文人最喜欢谈政治，而且他们对现实的政治，几乎没有满意过的，尤其学自然科学的学者，更喜欢谈政治。如果将来由科学家专政，人类可能更要糟糕。因为政治要通才，而科学家的头脑是"专"的，容易犯以偏概全的错误。我的结论是越外行的越喜欢谈内行话，不知大家的经验如何？

所以孔子这两句话，"不在其位，不谋其政"，是为政的基本修养，表面上看来，好像帝王可以利用这两句话实行专制，要人少管闲事。事实上有道理在其中，因为自己不处在那个位置上，对那个位置上的事情，就没有体验，而且所知的资料也不够，不可能洞悉内情。因此，我们发现历史上许多大臣下来以后，不问政治。像南宋有名的大将韩世忠，因秦桧当权，把他的兵权取消以后，每天骑一匹驴子，在西湖喝酒游赏风景，绝口不谈国家大事，真如后人有两句名诗说："*英雄到老皆皈佛，宿将还山不论兵*。"这也就是"不在其位，不谋其政"道理的写照，孔子并不是说把政治交给当权者去做，我们大家根本不要管。

据我所知，文人更喜欢谈战争，开口就是应该打。他们可不知道打仗的难处，自己又没有打过仗，也不知道怎么打。等于有人在街上看到别人打架，自己在旁边吆喝着大声喊打，可是叫他自己来，只要一扬拳头，他就先跑了。这就是历代文人的谈战争。知识分子喜欢谈军事、谈政治，大多数绝对外行。所以我常引用孔子这句话对他们说："不在其位，不谋其政。"他们答道："这有什么难？"我说："你我知不知道基辛格此时此刻看的什么公文？说的什么话？你我所知道的情报、资料，都是从报上看来的，并不是第一手资料，可靠性大有问题。就算是可靠的，在报纸上发表出来的，还是有限，不知道还有多少不能发表的，而且和此刻的现况，又相隔很遥远了。像这样如何可以去谈政治？而且政治绝对要靠经验，不是光凭理论的。你说某某不行，你自己来试试看，毫无经验的话，不到三个月就完了。"所以孔子说的这句话非常有道理——"不在其位，不谋其政。"不在那个位置上，不能真知道它的内容。以很具体的事实来说，荣民总医院某手术室，此时在为某一病人的某一病开刀，你我能知道吗？即使自己亲人进手术室接受治疗，而我们被关在门外，他在里面危险到什么程度，我们不知道，只隔薄薄的一扇门就不知道。所以"谋其政"不是想象中的简单，要在那个位置上才能执其政、谋其政。

很不幸的，孔子的这句话常常被人用来做滑头话，作推托词。甚至，有些人看见别人用这句话作挡箭牌，都误认为是跟孔子学滑头。所以打倒孔家店的人，也把这句话列为"罪状"之一，把罪过弄到孔子身上了。事实上这句话是告诉我们，学以致用，真正的学问，要和作人做事配合。他也是告诫学生们，对一件事，有一点还不了解，还无法判断时，不要随便下断语，不要随便批评，因为真正了解内情，太不容易了。

当然，一个人，尤其关于现实的思想，不要太不守本分。不守本分就是幻想、妄想，徒劳而无益的。这个话我们可以站在社会文化的立场反对。而研究科学，不怕人有幻想。强调一点来说，历史也是幻想创造出来的，科学的发明，开始也由幻想而创造出来的。真正的科学家，很少个性不古怪的，他的环境影响了他。每天在实验室里，生活没有情调，如果研究到深入的时候，他手上拿着正在吃的面包，换上块腐肉给他，他都不知道，照拿照吃。但是他如不这样研究得发疯，就绝不会成为一个真正的科学家。做学问也是这样，要想学问有成就，一定要钻进去，像发了疯一样，然后跳出来，这就成功了。不到发疯的程度，就没有成功的希望。搞通才的，样样搞又样样搞不好，就犯了太聪明的毛病。科学有成就的人，可以说是笨的人，也是世界上最聪明的人，这就不能说"思不出其位"了。所以现在年轻人来读这些书，都是反感的，往往加上"统制思想""控制思想"等等许多罪名。

事实上，这是说人的基本修养。以现在的政治思想来解释这句话的意义，就是："不要违反思想的法则。"如果用在做事方面，也可以说，不要乱替别人出主意。由这样去理解，这句话的意思就通了。

殡仪馆的故事

我们常常看到讣文上有"寿终正寝"这四个字，但现代往往与事实不符，因为现在的人都是死在医院，有几个寿终正寝的？古代说寿终正寝，是指死在自己的房间里，断气以后，才抬到正门的大厅上，所以是寿终正寝。现在都死在医院，送到太平间，哪来的正寝？还有现在殡仪馆中，有许多太太挽丈夫，儿子挽父母的挽联，都是不合理的。因为照古礼，自己是当事人，没有心情在文学境界上作诗作联，所以亲人是没有挽联的。若是自己不会写，由别人代写，更是莫名其妙。挽联要与死者有感情才挽得出来，与之毫无感情，怎么代写？有感情的自己写，很简单。白话的："你死了，我也快来了！"或："你先走一步，我会跟来的，你安心的去吧！"不很好吗？所以讲到中国文化，目前许多地方都是问题。

说到这里想起了两位老朋友与殡仪馆的故事。一位是上将军某公，有一次，他说真想在殡仪馆附近，最好隔壁找一幢房子。我问他什么意思。他说有两点理由。第一，老朋友一个个凋零，经常要跑殡仪馆，方便些。第二，有一天自己要去的时候，就走过去了，也方便。第二个朋友也是一位将军，十多年前一个春节，碰到我说，今年真倒楣。我问他为什么？他说刚过年，大正月坐三轮车去吊一个朋友的丧，到了门口付了车钱，那个三轮车夫问道："先生你还回去不回去？"可真把他气得不得了，大骂车夫："你才不回去！"不料几个月后，这位朋友真到那里不再回去了。就是这样巧的事情。这是两个故事，也是两种绝对不同的观念。

我们经常看到"生荣死哀"四个字，生的时候享尽了荣华，死后的荣耀，就是大家都会哀痛。可是我们现在到殡仪馆吊丧，有许多人在那里已经没有哀痛之情了。

此情可待成追忆

任何事情，任何行为，能慢一步蛮好的。我们的寿命，欲想保持长久，在年纪大的人来说，就不能过"盈"过"满"。对那些年老的朋友，我常告诉他们，应该少讲究一点营养，"保此道者不欲盈"，凡事做到九分半就已差不多了，该适可而止，非要百分之百，或者过了头，那么保证你适得其反。

年轻人谈恋爱，应该懂得恋爱的哲学。凡是最可爱的，就是爱得死去活来爱不到的。且看古今中外那些缠绵悱恻的恋爱小说，描写到感情深切处，可以为他殉情自杀，可以为他痛哭流涕。但是，真在一起了，算算他们你侬我侬的美满时间，又能有多久？即便是《红楼梦》，也不到几年之间就完了，比较长一点的《浮生六记》，也难逃先甜后惨的结局。所以人生最好的境界是"不欲盈"。虽然有那永远追求不到的事，却同李商隐的名诗所说"此情可待成追忆，只是当时已惘然"，岂非值得永远闭上眼睛，在虚无缥缈的境界中，回味那似有若无之间，该多有余味呢！不然，睁着一双大眼睛，气得死去活来，这两句诗所说的人生情味，就没啥味道了。

中国文化同一根源，儒家道理也一样。《书经》也说"谦受益，满招损"。"谦"字亦可解释为"欠"。万事欠一点，如喝酒一样，欠一杯就蛮好，不醉了，还能惺惺寂寂，脑子清醒。如果再加一杯，那就非丑态毕露、丢人现眼不可——"满招损"。又如一杯茶，八分满就差不多了，再加满十分，一定非溢出来不可。

吉事怎样方得长久？有财富如何保持财富？有权力如何保持权力？这就要做到"不欲盈"。曾有一位朋友谈到人之求名，他说有名有姓就好了，不要再求了，再求也不过一个名，总共两个字或三个字，没有什么道理。

有一次，从台北坐火车旅行，与我坐在同一个双人座的旅客，正在看我写的一本书，差不多快到台南站，见他一直看得津津有味。后来两人交谈起来，谈话中他告诉我说："这本书是南某人作的。"我说："你认识他吗？"他答："不认识啊，这个人写了很多书，都写得很好。"我说："你既然这样介绍，下了车我也去买一本来看。"我们的谈话到此打住，这蛮好。当时我如果说："我就是南某人。"他一定回答说："久仰，久仰。"然后来一番当然的恭维，这一俗套，就没有意思了。

"此情可待成追忆，只是当时已惘然"，名利如此，权势也如此。即使家庭父子、兄弟、夫妻之间，也要留一点缺陷，才会有美感。例如文艺作品的爱情小说而言，情节中留一点缺陷，如前面所说的《红楼梦》《浮生六记》等，总是美的。又如一件古董，有了一丝裂痕，摆在那里，绝对心痛得很。若是完好无缺的东西摆在那里，那也只是看看而已，绝不心痛。可是人们总觉得心痛才有价值，意味才更深长，你说是吗？

理解青少年

目前中国青年，身受古今中外思潮的交流、撞击，思想的彷徨与矛盾，情绪的郁闷与烦躁，充分显示出时代性的紊乱和不安，因此形成了青少年的病态心理。而代表上一代的老辈子人物，悲叹穷庐，伤感"世风日下""人心不古"，大有日暮途穷，不可一日的忧虑。其实，童稚无知，怀着一颗赤子之心，来到人间，宛如一张白纸，染之朱则赤，染之墨则黑，结果因为父母的主观观念——"望子成龙，望女成凤"，涂涂抹抹，使他们成了五光十色，烂污一片，不是把他们逼成了书呆子，就是把他们逼成太保，还不是真的太保。我经常说，真太保是创造历史的人才。所以老一辈人的思想，无论是做父母的，当老师的，或者当领导人的，都应该先要有一番自我教育才行。尤其是搞教育、领导文化思想的，更不能不清楚这个问题。

所以青少年教育的问题，首先要注意他们的幻想，因为幻想就是学问的基础。据我的研究，无论古今中外，每一个人学问、事业的基础，都是建立在少年时期的这一段，从少年时期的这一段，从少年的个性就可以看到中年老年的成果。一个人的一生，也只是把少年时期的理想加上学问的培养而已，到了中年的事业就是少年理想的发挥，晚年就回忆自己中少年那一段的成果。所以我说历史文化，无论中外，永远年轻，永远只有三十岁，没有五千年，为什么呢？人的聪明智慧都在四十岁以前发挥，就是从科学方面也可以看到，四十岁以后，就难得有新的发明，每个人的成就都在十几岁到二三十岁这个阶段，人类在这一段时间的成果，累积起来，就变成文化历史。人类的脑子长到完全成熟的时候，正在五六十岁，可是他大半像苹果一样，就此落地了。所以人类智慧永远在这三四十岁的阶段作接力赛，永远以二三十年的经验接下去，结果上下五千年历史，只有二三十年的经验而已。所以人类基本问题没有解决。先有鸡还是先有蛋？宇宙从哪里来的？人生究竟如何？还是没有绝对的答案。因此，有了思想，还要力学。有了学问而没有思想则"罔"，没有用处；相反的，有了思想就要学问来培养，如青少年们，天才奔放，但不力学，就像美国有些青少年一样，由吸毒而裸奔，以后还不知道玩出什么花样。所以思想，没有学问去培养，则"殆"，危险！

以孝治天下

研究西方文化，不要只以美国为对象，美国立国还不到两百年，谈不上什么，要从整个欧洲去看；而研究欧洲文化，必须研究希腊文化，从雅典、斯巴达两千多年以前开始。同时要知道西方文化与我们有基本的不同。中国这个国家，因为地理环境影响，能够"以农立国"，欧洲做不到，尤其希腊做不到，他们要生存，必须发展商业。过去欧洲的历史，在海上的所谓商业，看得见就是做生意，看不见时就是做海盗。所以十六世纪以前，西方缺乏财富，穷得一塌糊涂。十六世纪以后，抢印度、骗中国，黄金才流到西方去，所谓西方文化、经济发展等等，原先都是这样来的。

我们了解西方文化以后，再回头来看中国，中国以农立国，有一个文化精神与西方根本不同，那就是中国的宗法社会。三代以后，由宗法社会，才产生了周代的封建。一般讲的封建，是西方型的封建，不是中国的封建，把中国封建的形态，与西方文化封建的奴隶制度摆在一起，对比一下，就看出来完全是两回事。中国的封建，是由宗法形成的。因为宗法的社会，孝道的精神，在周以前就建立了，秦汉以后，又由宗法的社会变成家族的社会，也是宗法社会的一个形态，那么家族的孝道，把范围缩小了，但精神是一贯的。这个孝字，是人情世故的扩充，把中国这个孝字，在政治上提倡实行而蔚为风气，是什么时候开始的呢？是在西汉以后，魏晋时代正式提倡以孝道治天下。我们看到二十四孝中有名的王祥卧冰，他就是晋朝的大臣。晋朝以后，南北朝、唐、宋、元、明、清一直下来，都是"以孝治天下"。我们看历朝大臣，凡是为国家大问题，或是为爱护老百姓的问题，所提供的奏议，很多都有"圣朝以孝治天下"的话，先拿这个大帽子给皇帝头上一戴，然后该"如何如何"提出建议，这是我们看到中国文化提倡孝的好处、优点。

但是天下事谈到政治就可怕了，我们关起门来研究，也有人利用孝道作为统治的手段，谁做了呢？就是"满清"的康熙皇帝。

"满清"孤儿寡妇入关以后，顺治很年轻就死掉了，不过这是"满清"一个大疑案，有一说顺治没有死，出家去了，这是清代历史上不能解决的几大疑案之一。接着康熙以八岁的小孩当皇帝，到十四岁，正式亲政。老实讲，那时候如果是平庸之辈，要统治这样庞大的四万万人的中国，是没有办法的，但这个十四岁的小孩很厉害，康麻子——康熙脸上有几颗麻子——十四岁开始统治了中国几十年（康熙八岁当皇帝，十四岁亲政，六十九岁去世，在位六十一年）。"满清"天下在他手里安定下来。当时，中国知识分子中，反清复明的人太多了。如顾亭林、李二曲、王船山、傅青主这一班人都是不投降的，尤其是思想上、学说上所作反清复明的工作，实在太可怕了。结果呢？康麻子利用中国的"孝"字，虚晃一招，便使反清的种子一直过了两百年才发芽。

用人不求全

我们观察人才，尤其在学生里可以看出来，有些学生品德非常好，但是绝不能叫他办事，他一办事就糟。所以作领导人的要注意，自己不能偏爱，老实的人，人人都喜欢，但不一定能够做事。有才具的人能办事，但不能要求他德行也好。

　　所以过去中国帝王，用人唯才，尤其处乱世，拨乱反正的时候，要用才，只好不管德行。我们知道，曹操下一道征求人才的命令，也是历史上有名的文献，他说不问是偷鸡摸狗的，只要对我有帮助，都可以来投效。只有曹操有胆子下这样的命令，后世的人不敢这样明说，可都是这样做。其次汉高祖只有张良、萧何、陈平三杰帮他平定天下。其中陈平曾为他六出奇计，在当时只有他和陈平两个人知道。当时汉高祖和项羽作战，要陈平对项羽做情报工作，而且用反间计，给了陈平五十镒黄金作经费。这时有人向汉高祖挑拨，说陈平盗嫂，是最靠不住的人。汉高祖对这个话听进去了。在陈平出去办事之前，来辞行请示的时候，提起盗嫂的事，陈平听了以后，立即把黄金退还汉高祖，表示不去了。他说你要我办的是国家大事，我盗不盗嫂和你国家大事有什么关系？实际上陈平根本没有哥哥，当然没有嫂嫂，而是别人捏造的，但是他不去辩白这一套，这就是有才干的人的态度。汉高祖非常聪明，马上表示歉意，仍然请陈平去完成任务，这也是高祖英明之处。

　　有些人则会因小失大，往往因为这些小事而误了大事。后来还有一个文学上有名的故事——张敞画眉。汉武帝也是了不起的皇帝，张敞是当时的才子，后来成了名臣。他和他的太太感情很好，因为他的太太幼时受伤，眉角有了缺点，所以他每天要替他的太太画眉后，才去上班，于是有人把这事告诉汉武帝。一次，汉武帝在朝廷中当着很多大臣对张敞问起这件事。张敞就说："闺房之乐，有甚于画眉者。"意思是夫妇之间，在闺房之中，还有比画眉更过头的玩乐事情，你只要问我国家大事做好没有，我替太太画不画眉，你管它干什么？

　　所以读书读历史，就是懂得人情，懂得作人做事。有时候一些主管，对部属管得太琐碎了，好像要求每一个人都要当圣贤，但办事的人，不一定能当圣贤。我们在孔子的弟子中看到，德行有成就的人，言语不一定成功。而言语上有成就的，如宰我、子贡，在德行上不一定有颜回那么标准。政治有成就的人，气度又与有德行的人不同。文学好，文章写得好，更不要问了，千古以来，文士风流。历史上文人牢骚最大，皇帝们赏赐几个宫女，找几个漂亮太太给他，多给他一点钱，官位高一点，他就没有时间发牢骚了。这都是说人才的难求全。但历史上也并不是没有全才，不过，德行、言语、政事、文学都好的，实在少见。

天呐！妈呀！

"不迁怒，不贰过"，这六个字我们一辈子都做不到。孔子也认为，除了颜回以外，三千弟子中，没有第二个人了。凡是人，都容易犯这六个字的毛病。"迁怒"，就是脾气会乱发，我们都有迁怒的经验。举例来说，我们最容易迁怒的是自己家人，在外面受了气回家，太太好心前来动问："今天回得那么晚？"于是对太太："你少讨厌吧！"这就是迁怒了。其实并不是骂太太，而是在外面受了气，无处可发，向太太迁怒了，所以我们有时候对长官、对朋友也要原谅。很多人挨了长官的骂，仔细研究一下，这位长官上午有件事弄不好，正在烦恼的时候，你正好去找他，自然挨他的骂，这是被迁怒了。处理事情也是这样，我们看到历史上，有些人做了历史的大罪人，就是由于迁怒。有的因为对某一个人不满意，乃至把整个国家拿来赌气赌掉了。不迁怒真是太难的事。

我现在讲两个故事。

第一次世界大战以前，德国的名宰相俾斯麦与国王威廉一世是对有名的搭档。德国当时会强盛，不但是俾斯麦这个首相行，同时也因为有这个宽容大度的好皇帝。威廉一世回到后宫中，经常气得乱砸东西，摔茶杯，有时连一些珍贵的器皿都砸坏。皇后问他："你又受了俾斯麦那个老头子的气了？"威廉一世说："对呀！"皇后说："你为什么老是要受他的气呢?"威廉一世说:"你不懂。他是首相,一人之下,万人之上。下面那许多人的气,他都要受。他受了气哪里出?只好往我身上出啊!我当皇帝的又往哪里出呢?只好摔茶杯啦!"所以他能够成功,所以德国在那时候能够那么强盛。

另外一个故事。朱元璋的马皇后也是个了不起的人物。朱元璋当了皇帝以后,有一天在后宫与皇后谈笑,两个人谈得高兴,朱元璋突然拍了一下大腿,高兴地跳起来说:"想不到我朱元璋也会当皇帝!"手舞足蹈,又露出了他寒微时那种样子,这是非常失态的。当时还有两个太监站在旁边,他没有留意到。一会儿朱元璋出去了,马皇后立即对那两个太监说:"皇帝马上要回来,你们一个装哑巴,一个装聋,否则你们两人都会没有命了,记住,听话!"果然,朱元璋在外面一想,不对劲,刚才的失态,将来给两个太监传了出去,那还了得?!于是回到后宫,一问之下,两个太监,一个是哑巴,不会说话;一个是聋子,没有听见,这才了事。否则这两个太监的头岂不掉下来了?所以马皇后也是历史上一个有名的好皇后。

这就讲到人生的修养与迁怒,一点事情不高兴,脾气发到别人身上,不能反省自讼。尤其是领导别人的,要特别注意。

第二点最难的,"不贰过"。所谓贰过,第一次犯了过错,第二次又犯。等于我们抽烟一样,这次抽了,下决心,下次再不要抽,可是到时候又抽起来了。再犯同样的过错,这就是"贰过"。孔子说只有颜回才能做到"不迁怒,不贰过"这六个字,人们真能做到如此,不是圣人,也算是个贤人了。

事实上,我们所讲的"不迁怒,不贰过",只是人生修养中的一小点。如果认真的研究起来,这两句话是概括了全部历史哲学,也概括了人类的行为哲学。人若真能修养到"不迁怒,不贰过",那是太不容易。所以孔子再三赞叹颜回,是有他的道理。

譬如我们说"怨天尤人",就是迁怒的一例,一个人到了困难的时候怨天，这是普通的事。说到"怨天"，如韩愈所说的，一个人"穷极则呼天，痛极则呼父母"，这是自然的现象。又如司马迁《史记》中对《离骚》的评论："夫天者，人之始也；父母者，人之本也。人穷则反本，故劳苦倦极，未尝不呼天也；疾痛惨怛，未尝不呼父母也。"这里所指的"穷"，并不只是没有钱了才叫作"穷"。一件事到了走投无路的地步，就叫作穷。此时往往情不自禁地会感叹："唉！天呀！"身上受了什么难以忍受的痛苦，往往就脱口而出："我的妈呀！"这是一种自然的反应。人到无可奈何的时候，心理上就逃避现实，认为这是上天给我的不幸。"尤人"，就是埋怨别人、诿过于人，反正是"我没有错"。古时平民文学中有一首诗说："作天难作四月天，蚕要温和麦要寒。行人望晴农望雨，采桑娘子望阴天。"像这样，天作哪一种天才是好天呢？作天都难作，何况作人？所以一个人为朋友效力，受人埋怨，是难免的。尤其当领导的人，受人物议，更是必然。

至于"不贰过"这层修养，比起"不迁怒"的操守，那是更深一层的功夫了。

贫戒怨富戒骄

孔子说：贫而无怨，难；富而无骄，易。

"富而无骄"，有地位、有财富，成功了不骄傲。本来这个修养很难的，并不是很容易，但是比较起来还是容易。古今中外有些人因为地位高了，风度蛮好；风度好是外形的，外形过得去，看不出骄傲来，已经了不起，但是内心到底还有一点觉得自己了不起。

刚才与几个国外回来的学生闲谈，他们说到，过去有一部分人，父母与孩子之间的代沟，相差太远，做父母的，尊严得不得了，非要摆成那副样子不可。也有的说，自己的父母并不如此，与子女相处像朋友一样。有的以地域来说，指本省有些家庭，父母对子女还是摆一副尊严的模样，我就问他们在国外有没有注意，华侨社会里，多数父母对子女的态度，也是保持着尊严。这是广东、福建的风气，他们还保持了老一辈子的父母的威严。而父母子女相处比较开明一点，多半是在上海生长的人。父母保持他们的尊严，只是过分或不过分，并没有错。有的又说，父母保持那股威严，就是一种傲慢心理，觉得我有儿女，儿女就要听我的。我说这可不能列入骄傲的范围，更不要错用了骄傲这个形容词。

由我个人的观察和体会，有许多人想不骄傲，很难做到。富贵了，地位高了会骄傲；有钱会骄傲；年龄大了也会骄傲，认为自己多吃了几十年饭，年轻小伙子就不行，其实多吃的几十年饭，不一定吃得对；学问高了也会骄傲。所以要修养到"无骄"，实在不容易。不过在比较上，富而无骄和贫而无怨，两者之间，还是无骄容易一点。

"贫而无怨"的贫并不一定是经济环境的穷——不得志也是贫，没有知识的人看到有知识的人，就觉得有知识的人富有；"才"也是财产，有很多人是知识的贫穷。庄子就曾经提到，眼睛看不见的瞎子，耳朵听不见的聋子，只是外在生理的；知识上的瞎子，知识上的聋子，就不可救药。所以贫并不一定指没有钱，各种贫乏都包括在内。人贫了就会有怨。所谓怨天尤人，牢骚就多，人穷气大，所以教人作到"安贫乐道"，这是中国文化中，一个知识分子的基本大原则。但是真正的贫而能安，太不容易。

现在有人拿"安贫乐道，知足常乐"这两句话，批评中国文化，说中国的不进步，就是受了这种思想的影响。这种批评不一定对，"安贫乐道"与"知足常乐"，是个人的修养，而且也少有人真正修养到。我们当然更不能说中国这个民族，因为这两项修养，就不图进取。事实上没有这个意思，中国文化还有"天行健，君子以自强不息"等鼓舞人的名言，我们不可只抓到一点，就犯以偏概全的错误。这两句话，是对自己作人做事的一个尺码，一个考验。

以 牛 比 心

中国历史上关于牛的故事也蛮多的，五代时的一位才子皇帝——前蜀的后主王衍，他的醉词："者边走，那边走，只是寻花柳；那边走，者边走，莫厌金杯酒。"是脍炙人口的名句。他爱好文学也喜欢看戏，自己还会唱戏，常有一些伶人在他身边玩乐。南唐中主李璟也有此同好，有一次他正玩得高兴，见原野上一头牛，悠闲地吃着草，画面很美，他顺口就称赞那头牛很肥。晚唐以后的伶人——现在叫作明星的，有一些真是了不起的。这时他身边有一位伶人李家明，听见他称赞这头牛以后，就立刻作了一首咏牛的诗："曾遭宁戚鞭敲角，又被田单火燎身；闲向斜阳嚼枯草，近来问喘更无人。"

四句中，三句说到牛的典故，这是大家都知道的。秦国的名相宁戚，在他未发迹以前，曾经替人放过牛，也许在他牧牛的生活当中，磨练了自己，也许在牛的身上得到过什么启示，而结果成为名臣。反过来说，牛对宁戚是曾经有所贡献的。次句田单的故事，用火牛阵，一举而复国，牛的功劳可大得很。第三句指眼前的这条牛，可就可怜了，在日落黄昏的斜阳下啮草，吃的却还是枯草，连嫩草都没得吃。最后一句就厉害了，"近来问喘更无人"，这讲的是汉代名宰相丙吉在路上，遇到杀人事件，他理也不理，后来看见一头牛在路边喘气，他立即停下来，问这头牛为什么喘气。后来有人问他，为什么关心牛命，而不关心人命。丙吉说，路上杀人，自有地方官吏去管，不必我去过问；而牛异常的喘气，就可能是发生了牛瘟，或者是其他有关民生疾苦的问题，地方官吏不大会注意，我当然就必须问个清楚。由于他细察垂询牛喘的事，于是名声流传，而称他为好宰相。

李家明的这首诗，等于是说当时的南唐，可惜没有像丙吉这样的贤相。这是李家明对李中主的一种讽谏，另一面看，也就是李中主身边的这位伶人，很大胆地把当朝在位的大臣都骂了。他想促使这个风流才子型的皇帝，收收心，好好当政。

我有一天吃西餐，当牛排端上来的时候，曾经想到上面这首诗，因此也作了一首诗，题名吃牛排有感。说来供大家一笑："曾驮紫气函关去，又逐斜阳芳草回。挂角诗书成底事，粉身碎骨有谁哀。"老子出函谷关，没有交通工具，只有坐在牛的背上。又隋唐之间的李密，早年时，家贫好读，曾骑在牛背上读书。他每次出门，便把书本挂在牛角上，这就是后世挂角读书的典故。这一天，当我看到大家吃牛排时，油然生起了对牛的感激之心。现在全世界的人，都在风行保护动物的运动，成立动物保护会，利用电影、书刊以及各种传播工具，广为宣传提倡，可没见人成立一个敬牛会。为什么要敬牛？现在全世界的人，都在吃牛肉、喝牛奶、穿牛皮等等。可是除了印度尊牛为圣牛，尊得太过分之外，全人类就没有人感谢牛所给予的恩惠。看来似乎是可以替牛掉一滴同情之泪。

同时想到，曾经有一位老兄讲过一则颇有深意的笑话。他说世界上爱好吃牛肉、戴尖顶高帽的民族，都是喜欢征服别人的。反之，不吃牛肉，戴平顶帽的或圆顶帽的民族则比较爱好和平。他说，你如果不信，就去研究一下世界历史看看。这话虽幽默，确也有些道理，不过有一个很大的例外，戴平帽的日本人，曾经对我们发动了这么一次重大的侵略战争。

另外，在好的一面，如佛教或其他宗教、学说，他们谈修养时，也常常谈到牛。四川峨眉山上，有一座佛教的寺庙，命名为牛心寺。我问庙里的和尚，这寺名的来历，他说是因为这座庙前面的溪水中，有一块大石，被称为牛心石，所以这座庙宇，就据以命名为牛心寺。实际上并非如此，因为佛教中常常谈到牛，如禅宗的大师们，就好几位都是谈牛说法的。

因为佛学中本来就有拿牛来比喻心性的故事，所以唐代著名的禅宗大师百丈和尚，有一次答复他的弟子长庆禅师时，便用牛作比喻。长庆问他："学人欲求识佛，何者即是？"百丈说，你这一问："大似骑牛觅牛。"长庆又问，那么，假如"识得后如何？"百丈说："如人骑牛至家。"长庆又问："未审始终如何保住？"百丈说："如牧牛人，执杖视之，不会犯人苗稼。"因此长庆便悟到了此心即佛的要旨，再也不向外面去乱找什么佛法了。后来长庆禅师教化别人，也常用牛的故事作譬喻。

因此，在宋元以后，禅宗里出了一位普明和尚，把心性的修养，比如牧牛，从一头野牛修到物我双忘，分作了十个步骤。第一是"未牧"，好比恣意咆哮、随意践踏禾苗的野牛。第二是"初调"，已经穿上了鼻子随着人意牵着走。第三是"受制"，不再乱走，牛绳子可以放松一点。"回首"是第四，癫狂的心境比较柔顺了，但是还要牵着鼻子走。"驯伏"第五，可以自然收放，不必牵了。"无碍"第六，可以安稳不动，不必让人费心。"任运"第七，牧童可以睡大觉了。"相忘"第八，牧人和牛两无心。"独照"第九，到了无牛的境界，人的一切妄心已除。最后"双泯"，则人也不见，牛——心也不见。

天下由来轻两臂

在我们旧式文学与人生的名言里，时常听到人们劝告别人的话，如"身外之物，何足挂齿"。对于得意而受到的荣宠，与失意所遭遇的羞辱，利害、得失，毕竟还只是人我生命的身外之物，在利害关头的时候，慷慨舍物买命，那是很常见的事。除非有人把身外物看得比生命还更重要，那就不可以常理论了！

十多年前，有一个学生在课堂上问我，爱情哲学的内涵是什么？我的答复，人最爱的是我。所谓"我爱你"，那是因为我要爱你才爱你。当我不想，或不需要爱你的时候便不爱你。因此，爱，便是自我自私最极端的表达。其实，人所最爱的既不是你，当然更不是他人，最爱的还是我自己。

那么，我是什么？是身体吗？答案：不是的。当你患重病的时候，医生宣告必须去了你某一部分重要的肢体或器官，你才能再活下去。人们差不多都会同意医生的意见，宁愿忍痛割舍从有生命以来同甘共苦、患难相从的肢体或器官，只图自我生命的再活下去。由此可见，即使是我的身体，到了重要的利害关头，仍然不是我所最亲爱的，哪里还谈什么我真能爱你与他呢！所以明朝的一位诗僧便说出"天下由来轻两臂，世间何苦重连城"的隽语了！

轻两臂的故事，见于《庄子杂篇》的《让王篇》。

"韩魏相与争侵地，子华子见昭僖侯。昭僖侯有忧色。子华子曰：今使天下书铭于君之前，书之言曰：左手攫之则右手废，右手攫之则左手废。然而攫之者必有天下。君攫之乎？昭僖侯曰：寡人不攫也。子华子曰：甚善。自是观之，两臂重于天下也。身亦重于两臂。韩之轻于天下亦远矣。今之所争者，其轻于韩又远。君固愁身伤生以忧戚不得也。僖侯曰：善哉！教寡人者众矣，未尝得闻此言也。"

"故曰：虽富贵不以养伤身。虽贫贱不以利累形。"老子亦因此而指出"吾所以有大患者，为吾有身。及吾无身，吾有何患"的基本哲学。再进而说明外王于天下的侯王将相们，所谓以"一身系天下安危"者的最大认识，必须以爱己之心，来珍惜呵护天下的全民，发挥出对全人类的大爱心，才能寄以"系天下安危于一身"的重任。这也是全民所寄望、所信托以天下的基本要点。同样的道理，以不同的说法，便是曾子的"可以托六尺之孤，可以寄百里之命，临大节而不可夺也。君子人欤？君子人也"。

由此观点，我们在本世纪中的经历，看到比照美式民主选举的民意代表们，大都是轻举两臂：拜托！拜托！力竭声嘶地攻讦他人，大喊投我一票的运动选民，不禁使旁观者联想起："贵以身为天下、爱以身为天下""天下由来轻两臂，世间何苦重连城"的幽然情怀了！

色厉内荏

154　　许多人，在外表的态度上非常威风，非常狠，而内心则非常空虚。孔子对这类人下了一个结论，说他们相当于低级的小人，譬如一个小偷一样，在被人抓到时，嘴上非常强硬，而实际上内心非常害怕。孔子这句话所指的是当时——春秋战国时代，许多大人先生们，往往犯了这种变态心理。我们知道，一个人内心没有真正的涵养，就会变成"色厉内荏"，外表满不在乎，而内心非常空虚。有时我们反省自己，何尝不会如此？坦白地说，有时生活困难，过着"穷不到一月，富不到三天"的日子，表面上充阔气，内心里很痛苦，也是"色厉内荏"的一种。其实大可不必这样做法，一个人好就是好，穷就是穷，痛苦就是痛苦，从历史的法则上看，当领导人，更不可"色厉内荏"。

像唐明皇这个人，少年了不起，中年了不起，晚年差一点，也是感觉到手下没有人才。举两件唐代的历史，就可以了解。唐明皇早年用了名宰相张九龄和韩休，都是唐明皇所相当敬畏的人，所以他的初期功业很了不起。对于唐明皇与杨贵妃这一段，后人写历史把责任都推到女人身上，好像唐明皇宠爱了杨贵妃，才一切都完了，这个话并不公平。有些精明的皇帝，宠爱女人的也很多，并不至于像唐明皇一样，所以问题还是在皇帝本人。唐明皇在他宗族的排行，是老三，所以诨名也叫李三郎。他有时候作了一点错事，马上问旁边的人，韩休会不会知道。往往他的担心还没有完，韩休的谏议意见书就到了。旁边的人说，你用了韩休以后瘦多了。唐明皇说，没关系，瘦了我，肥了天下就好。后来他宠爱了杨贵妃姊妹，又喜欢打球、唱戏，也可以说是心里空虚，找刺激。

但这事是在唐明皇中年以后，所以晁无咎有诗："阊阖千门万户开，三郎沉醉打球回，九龄已老韩休死，无复明朝谏疏来。"这是替唐明皇讲出了无限的痛苦，在安禄山叛乱以前的这一段时期，他的政府中人才少了，肯说话的人没有了，张九龄、韩休都过去了，没有敢对他提反对意见的人。唐明皇遭安禄山之乱，逃难到了四川的边境，相当于后世清代慈禧逃难一样，很狼狈、很可怜，他骑在马上感叹人才的缺乏，便说：现在要想找像李林甫这样的人才都找不到了。而历史上公认李林甫是唐明皇所用宰相中很坏的一个，说他是奸臣。这是唐明皇感叹连李林甫这种能耐、这种才具的人才都找不到。旁边另一谏议大夫附和说：的确人才难得。唐明皇说：可惜的是李林甫器量太小，容不了好人，度量不宽，也不能提拔人才。这位谏议大夫很惊讶地说：陛下，您都知道了啊！这时唐明皇说：我当然知道，而且早就知道了。谏议大夫说：既然知道，可为什么还用他呢？唐明皇说：我不用他又用谁？比他更能干的又是谁呢？这就是当了主管以后，为了人才难得，有时会感到很痛苦，明知道"色厉内荏"，但是当没有人的时候，比较起来，还是好的。

毁　与　誉

我的体验，不要轻易攻讦人，也不要轻易恭维人。人很容易上恭维的当。但是我总觉得恭维人比较对，只要不过分地恭维。对于自己要看清楚，没有人不遭遇毁的，而且毁遭遇到很多，即使任何一个宗教家，都不能避免毁。像耶稣被钉十字架而死，就是因为被人毁。而且越伟大的人物，被毁得越多，所以说"谤随名高"。一个人名气越大，后面毁谤就跟着来了。

曹操还没有壮大起来的时候，初与袁绍作战，情势岌岌可危，他的部下没有信心，认为会打败仗，很多人都和袁绍有联络，脚踏两边船，以便万一情势不对时，可以倒过袁绍那边去。他们往来的书信资料，曹操都派人查到，掌握在手里，后来仗打下来胜利了，曹操立刻把这些资料全部毁了，看都不看，问更不问。有人对曹操说，这些人都是靠不住的，应该追究。曹操说，跟我的人，谁不是为了家庭儿女，想找一点前途出路的？在当时是胜是败，连我自己都没把握，现在又何必追究他们？我自己信念都动摇，怎能要求他们？如果追究下去，牵连太广了，到最后找不到一个忠贞的人，不必去追问了。这也是曹操反用恕道，故意做到能够宽容人。

古人说："谁人背后无人说？哪个人前不说人？"人与人相见，三两句话就说起别人来了，这是通常的事，没有什么了不起。不过，如果作为一个单位主管，领导人的人，要靠自己的智慧与修养，不随便说人，也不随便相信别人批评人的话，所谓"来说是非者，便是是非人"。一个攻讦人的人，他们之间一定有意见相左，两人间至少有不痛快的地方，这种情形，作主管的，就要把舵掌稳了，否则就没有办法带领部下。另外一些会说人家好话的人，中间也常有问题。李宗吾在他讽世之作《厚黑学》里，综合社会上的一般心理，有"求官六字真言""做官六字真言""办事二妙法"，所谓"补锅法""锯箭法"，都是指出人类最坏的做法。有些人最会恭维人，但是他的恭维也有作用的。

近代以来，大家都很崇拜曾国藩。其实，他当时所遭遇的环境，毁与誉都是同时并进的。因此他有赠沅浦九弟四十一生辰的一首诗："**左列钟铭右谤书，人间随处有乘除。低头一拜屠羊说，万事浮云过太虚。**"这是说他们当时的处境，左边放了一大堆褒扬令、奖状，右边便有许多难听而攻击性的传单。世间的是非谁又完全弄得清楚呢！多了这一头，一定会少了那一边，加减乘除，算不清那些账。你只要翻开《庄子》书中那段屠羊说（人名）的故事一看，人生处世的态度，就应该有屠羊说的胸襟才对，所谓"万事浮云过太虚"。

"子曰：吾之于人也，谁毁谁誉？如有所誉者，其有所试矣。斯民也；三代之所以直道而行也。"孔子这里说，听了谁毁人，谁誉人，自己不要立下断语；另一方面也可以说，有人攻讦自己或恭维自己，都不去管。假使有人捧人捧得太厉害，这中间一定有个原因。过分的言词，无论是毁是誉，其中一定有原因，有问题。所以毁誉不是衡量人的绝对标准，听的人必须要清楚。孔子说到这里，不禁感叹："现在这些人啊！"他感叹了这一句，下面没有讲下去，而包含了许多意思。然后他讲另外一句话："三代之所以直道而行也"，夏、商、周这三代的古人，不听这些毁誉，人取直道，心直口快。走直道是很难的，假使不走直道，随毁誉而变动，则不能作人；做主管的也不能带人。所以这一点，作人、做事、对自己的修养和与人的相处都很重要。

《庄子》也曾经说过："举世誉之而不加劝，举世毁之而不加沮。"真的大圣人，毁誉不能动摇。全世界的人恭维他，不会动心；称誉对他并没有增加劝勉鼓励的作用；本来要作好人，再恭维他也还是作好人。全世界要毁谤他，也绝不因毁而沮丧，还是要照样做。这就是毁誉不惊，甚而到全世界的毁誉都不管的程度，这是圣人境界、大丈夫气概。

据历史上记载，有一个人就有这股傻劲，王安石就有这种书呆子的气魄。王安石这个人，过去历史上有人说他不好，也有人说他是大政治家，这都很难定论。但是王安石有几点是了不起的，意志的坚定，是一般人所不能。他有过"天变不足畏，人言不足惧，祖宗不足法，圣贤不足师"的倔劲。没有把古圣贤放在眼里，自己就是当代的圣贤，可见这种人的气象，倔强得多厉害！相反地，他是魔道呢？但也难下断语。他一辈子穿的都是破旧衣服，乃至他当宰相时候，皇帝都看到他领口上有虱子，眼睛又近视，吃菜只看到面前的一盘，生活那么朴素，可是意志之彊，彊得不得了。他对毁誉动都不动，表面上的确不动，实际上内心还是动的。所以这一段可以作为我们的座右铭，能够做到毁誉都不动心，这种修养是很难的。

负心多是读书人

绝大多数清廉之士，最高的成就只到这个地步。他们清，很清。他们批评什么事情，都很深刻，都很中肯，很有道理。但是让他一做，就很糟糕。高尚之士谈天下事，谈得头头是道。不过，天下事如果交给他们办，恐怕只要几个月就完蛋。国家天下事，是要从人生经验中得来。什么经验都没有，甚至连"一呼百诺"的权势经验都没有尝过，那就免谈了。否则，自己站在上面叫一声："拿茶来！"下面龙井、乌龙、香片、铁观音，统统都来了，不昏了头才怪。你往地上看一眼，皱皱眉头，觉得不对，等一会就扫得干干净净。这个味道尝过没有？没有尝过，到时候就非昏倒不可。头晕、血压高，再加上心脏病，哪里还能做事？一定要富贵功名都经历过了，还能保持平淡的本色，最了不起时是如此，起不了时还是如此；我还是我，这才有资格谈国家天下事。不然去读读书好了。

至于批评尽管批评，因为知识分子批评都很刻骨，但本身最了不起的也只能做到清高。严格说来普通一般的清高，也不过只是自私心的发展，不能做到"见危授命"，不能做到"见义勇为"。所以古人的诗说："**仗义每从屠狗辈，负心多是读书人。**"这也是从人生经验中体会得来，的确大半是如此。屠狗辈就是古时杀猪杀狗的贫贱从业者，他们有时候很有侠义精神。历史上的荆轲、高渐离这些人都是屠狗辈。虽说是没有知识的人，但有时候这些人讲义气，讲了一句话，真的去做了；而知识越高的人，批评是批评，高调很会唱，真有困难时找他，不行。

讲到这里，想起一个湖南朋友，好几年以前，因事牵连坐了牢。三个月后出来了，碰面时，问他有什么感想？他说三个月坐牢经验，有诗一首，是特别体裁的吊脚诗，七个字一句，下面加三个字的注解。

他的诗是：

> 世态人情薄似纱——真不差；
> 自己跌倒自己爬——莫靠拉；
> 交了许多好朋友——烟酒茶，
> 一旦有事去找他——不在家。

我听了连声赞好。这就和"负心多是读书人"一样，他是对这个"清"字反面作用的引申；对社会的作用而言就是这个道理。

缺 憾 的 人 生

人生，永远是缺憾的。佛学里把这个世界叫做"娑婆世界"，翻译成中文就是能忍许多缺憾的世界。本来世界就是缺憾的，而且不缺憾就不叫做人世界，人世界本来就有缺憾，如果圆满就完了。像男女之间，大家都求圆满，但中国有句老话，吵吵闹闹的夫妻，反而可以白头偕老；两人之间，感情好，一切都好，就会另有缺憾，要不是没有儿女，要不就是其中一个早死。《浮生六记》中的沈三白和芸娘两人的感情多好！其中就一个人早死了。拿小说来讲，言情小说之所以美，只是写两三年当中的事，甚且几个月中间的事情。永远达不到目的的爱情小说才美，假使结了婚，成了柴米夫妻，才不美哩！

再说笑话，太阳出来了，又何必落下去？永远有个太阳，连电灯都不必要去发明了，岂不好！也有人说笑话，认为上帝造人根本造错了，眉毛不要长在眼睛上面，如果长在指头上，牙刷都不必买了，这些是关于缺憾的笑话。

这是个缺憾的世界，在缺憾的世界中，就有缺憾的人生。花开得那么好！为什么要谢了？人生活得那么好，又为什么要死了？这些都是哲学的问题。这宇宙的奥秘、神奇，谁是他的主宰呢？有没有人管理它呢？如果有人管，这个管的人大概是用电脑计算的。人同样都有鼻子、嘴巴、眼睛等五官，可是那么多的人，却没有两个完全相同的。只看这么一点点，就有那么多的不同。所以人家说人是上帝造的，我说那个制造厂里，大概有时候抓模型抓错了，所以有的鼻子不好，有的耳朵不好。这到底怎么来的？西方的宗教，有的就告诉我们不要再追问，这是上帝照他的形态造了人。那么上帝的形态又是什么样子？不知道。西方宗教说，到此止步，不能再问了，信就得救，不信不得救；东方的宗教，信的得救，不信的更要救，好人要救，坏人更要救；在东方宗教里，认为人生不是哪一个主宰，既不是上帝，也不是神，另定了一个名称：第一因。第一个因子哪里来的？第一个"人种"哪里来的？印度来的佛教、中国的道教，都认为人不是生物进化来的，也不是由一个主宰所创造的，也不是偶然的，这是一个大问题。

十年前有一位外国的神父来和我研究中国宗教思想问题，他说中国人没有宗教信仰。我说中国绝对有宗教信仰。第一个是礼，第二个是诗。不像西方人将宗教错解成为"信我得救，不信我不得救"的狭义观念。我说这一点的误解，使我绝对不能信服，因为他非常自私嘛！对他好才救，对他不好便不救。成吗？一个教主，应该是信我的要救，不信我的更要救；这才是宗教的精神，也就是中国文化的精神。其次，谈到中国"诗的精神"，所谓诗的文学境界，就是宗教的境界。所以懂了诗的人，纵使有一肚子的难过，有时候哼呀哈呀的念一首诗，或者作一首诗，便可自我安慰，心灵得到平安，那真是像给上帝来个见证。第三，中国信多神教，这代表了中国的大度宽容。出了一个老子，还是由东汉、北魏到唐代才被后人捧出来当上个教主——老子自己绝对没有要当教主的瘾。孔学后来被称为孔教，是明朝以后才捧的，孔子也不想当教主。总之，世界上的教主，自己开始都不想当教主，如果说为了想当教主而当上教主的话，这个教主就有点问题，实在难以教人心服。因为宗教的热忱是无所求，所以他伟大，所以他当了教主。我们中国，除了老子成为教主以外，孔子的儒家该不该把他称为宗教，还是一个问题。但是中国人的宗教，多是外来的，佛教是印度过来的，天主教、基督教也是外来的。我们中国人自古至今对于任何宗教都不反对，这也只有中华民族才如此的雍容大度。为什么呢？有如待客，只要来的是好人，都"请上坐，泡好茶"。一律以礼相待，诚恳地欢迎。所以我们的宗教信仰，能叫出五教合一的口号，而且这种风气，目前已经传到美国去了。现在纽约已经有教堂，仿照我们中国人的办法，耶稣、孔子、释迦牟尼、老子、穆罕默德，都"请上坐，泡好茶"了，凡是好人都值得恭敬。所以我最后告诉那位外国神父，不是因为我是中国人替中国的宗教辩护，而是外国人没有研究深入而已。

人人可做观世音

关于观世音菩萨的法门，大家应该都很清楚，尤其观音菩萨的慈悲威德，只要是中国人，或者韩国、日本、南洋等等国家地区，乃至隔山越海的西方世界，都或闻或颂，少有不知其圣号者。

观世音菩萨的名号，在中国佛教里有两种翻译，旧译为"观世音"。到了唐朝，由于中国文化习惯从简，便改称"观音"，少了一个"世"字；当然这也是为了避讳唐朝创业皇帝李世民的名字。尔后乃习以为常，但亦有仍称"观世音菩萨"者。

另一种译名叫"观自在"，是中国最伟大的第二位留学生玄奘法师所译。第一位比他早到印度取经的中国僧人为晋朝的法显法师。玄奘法师个人认为原先许多位菩萨的译名，包括观世音菩萨，并不合宜，因此别译。

事实上，旧译观世音并无差错，因为观世音菩萨是依修音声法门而成道的，即是《楞严经》所说的"耳根圆通"，借着倾听万法之声，得证菩提。因此，就其本身修行的因地上说，观世音菩萨的称谓没有错误。而由此法修证成功的行者，能澈万法根源，看透所有存在的本来面目，十方世界自由来往，过去现在未来，一切无不自在，故称观自在。以现代观念来讲，即是真正得到解脱，获得自由自在的人，这是很不容易的。

平常我们说自由自在，那是放在很小的范围、很浅的层次上说，真正的自由自在，对我们人类而言，几乎是不可能的。首先，人便脱不开时间的限制，一生下来，随着年龄的增长会老，老了会病，病了会死，对于自己根本无法作主，可说是很不自在，何况其他。只有得了道的人，才能解脱生老病死的困囿，为宇宙万法之主，超越任何时空，永恒存在于十方三世，达到真正"观自在"的境地。

化身周遍十方

据释迦牟尼佛介绍，观世音菩萨在久远劫前早已成佛，佛号为"正法明如来"。这位古佛愿力宏深，不可思议，有千百亿化身，周遍十方，贤穷三际，于任何危急的劫难中救度一切有情。因此，观世音菩萨的圣像，有时成千手千眼，执持各式各样的庄严法宝，即是代表了正法明如来无穷无尽的秘密藏。

观世音菩萨就只有这么一千只手、一千只眼吗？不是的。他每一只手掌心中一只眼，每一只眼中又有一只手，这只手中又现出另一只眼，如此类推，可达无尽之数，难以想象。一般信众尽管外表虔诚恭敬、顶礼膜拜，内心是否真正信得过，恐怕还是个问题。大家一到寺庙中的大殿，看到千手千眼观世音菩萨的庄严宝相，就会很自然地跪下来求这求那，什么升官、发财、长寿、健康、妻、财、子、禄等等，无所不祷，无所不愿；假使当时观世音菩萨真以此"德相"现身站立在你面前，你不吓住才怪！

佛教中，每位大菩萨的形象，都象征着某种深刻的意义。观世音菩萨千手千眼的造型又代表什么呢？千只眼睛代表透彻一切万法的智慧。人如果没有眼睛，见不到光明，什么都不能看，难以辨识事物，安顿生活，那是很痛苦很不幸的。而一千只手则代表种种济生利众的方便，也是智慧的一种行为表现。所谓方便，并不是随随便便、马马虎虎，人家的东西我也可以随手拿来使用，不必去买，那很方便。如果当做这样解，那就不够水准，太不懂事了。

"方便"二字为佛学专有名词，意即一切妥善成就事物的方法。观世音菩萨的千手，意味着他有许许多多、各式各样高明的方法，来教化众生，令其解脱三界轮回之苦，得证无上菩提道果。

佛在心中莫远求

中国佛教有四大圣地、五大名山。山西五台山是文殊菩萨的道场，四川峨眉山是普贤菩萨的道场，安徽九华山是地藏王菩萨的道场，而浙江舟山群岛的普陀山则是观世音菩萨的道场。因为地处浙江东南海滨，故中国人又习惯称观世音菩萨为"南海观世音"。

至于这位大菩萨的性别是男是女？又是个问题。历来很多人对此作过不少研究，而平常一般学佛的人也常问，到底答案为何？其实，我们中国佛教徒一般所供奉的观音菩萨像虽是女身，但依佛法的道理，一切诸佛菩萨成就菩提时，皆是非男女相。此非男非女之相，并非平常医学观念中的阴阳人，而是超越男女相的限制，不执著于任何一边，可做完全自由的变现，亦即是"即男即女"，随缘示现，应化无穷。

观音菩萨的踪迹，你不一定要到寺庙中求，不一定要到南海去找。说不定你在街上遇到一个最穷苦、最可怜的人，那个就是，只是你有眼无珠，不认识而已；如果此时你行一些慈悲，做一点布施，那便得大利益了。或者一个你看了最不顺眼、最讨厌的人，也可能是观世音菩萨的化身。甚至可以说每个人家中都有一尊观世音菩萨，或许是你太太，或许是你先生，或许是你爸爸，或许是你妈妈。

有人学显学密，东拉西扯，最后念观音圣号，往往烦恼一来，或者遇到危难，便念道："我的妈！"这个没错，本来观世音菩萨就是我们的妈妈么！我们的妈妈也就是观世音菩萨（台湾本省人也有人称观音菩萨为"观音妈"）。世上没有比母爱更伟大的了，学佛能依此精神而修，那是很容易上路的。也因此，观世音菩萨现女身的场合非常之多，以母爱的光辉来照应我们。

中国历代所流传的观音菩萨的画像，有男性留胡子的，有出家现和尚相的，有道士身的，乃至现为百兽飞禽，各式各样，种类非常之多。而在三国以后，魏晋南北朝之间，已多画作女身的模样，面庞和姿态都非常华贵漂亮，但不失庄严稳重的气质。目前街上有些观音瓷像，又搽口线，又涂脂粉，总觉得不大对劲。当然，菩萨是以种种璎珞珠宝庄严其身的，加以口红脂粉并无不可，然而基本上慈悲喜舍的神圣感，应是不可或缺的。

由于观音菩萨是这么慈悲，这么不辞辛劳地在我们人间济物利生，因此清代有位女诗人金云门女士写了两句名诗："神仙堕落为名士，菩萨慈悲念女身。"一方面描写她自己的丈夫，同时也影射天下文人，另一方面感念观世音菩萨大慈大悲，特别与世间所有女性有缘的愿心。观世音菩萨非常同情这个世界女性的苦恼，女人家的问题太多太多了，往往欲诉无处，上不敢对父母亲言明，下难以向儿女启齿；如果再碰上一个不懂体贴、不知怜香惜玉的丈夫，那也只有默默叹息，无语问苍天了。此时，观世音菩萨正是这些女性在精神上最后唯一的凭借与依持。金云门女士这首切身体验有感而发的诗句，在我看来是所有赞颂观音菩萨文词中最动人细腻的一首。

观音菩萨在这个世界上常现女身，以慈母的德性与形象，抚慰一切有情种种的苦痛。我们若能深切了解世上一般妇女作为一个女人的甘与苦，那么也便差不多能体会到这个世界种种不同的生活滋味了。

第四章

读书与论史

半部《论语》的启示

《论语》，凡是中国人，从小都念过，现在大家手里拿的这一本书，是有问题的一个版本，它是宋朝大儒朱熹先生所注解的。朱熹先生的学问人品，大致没有话可讲，但是他对四书五经的注解绝对是对的吗？在我个人非常不恭敬，但却负责任地说，问题太大，不完全是对的。

在南宋以前，四书并不用他的注解；自有了他的注解，而完全被他的思想所笼罩，那是明朝以后，朱家皇帝下令以四书考选功名，而且必须采用朱熹的注解。因此六七百年来，所有四书五经、孔孟思想，大概都被限制在"朱熹的孔子思想"中。换句话说，明代以后的人为了考功名，都在他的思想中打圈子。其中有许许多多问题，我们研究下去，就会知道。

我们既然研究孔子，而孔子在《易经·系传》上就有两句话说道："书不尽言，言不尽意"。以现代观念来讲，意思是人类的语言不能表达全部想要表达的思想。现在有一门新兴的课程——语意学，专门研究这个问题。声音完全相同的一句话，在录音机中播出，和面对面加上表情动作的说出，即使同一个听的人，也会有两种不同的体会与感觉。所以世界上没有一种语言能完全表达意志与思想。而把语言变成文字，文字变成书，对思想而言，是更隔一层了。

我们研究孔孟思想，必须要从《论语》着手。并不是《论语》足以代表全部孔孟思想，但是必须从它着手。现在我的观念，有许多地方很大胆地推翻了古人。我认为《论语》是不可分开的，《论语》二十篇，每篇都是一篇文章。我们手里的书中，现在看到文句中的一圈一圈，是宋儒开始把它圈断了，后来成为一条一条的教条，这是不可以圈断的。再说整个二十篇《论语》连起来，是一整篇文章。至少今天我个人认为是如此，也许明天我又有新认识，我自己又推翻了自己，也未可知，但到今天为止，我认为是如此。

宋朝开国的宰相赵普说过"半部《论语》治天下"，这是中国文化中的一句名言。因为赵普与赵匡胤年轻时等于是同学，出身比较艰苦，来自乡间，一生没有好好读过书，后来当了宰相。半部《论语》是谦虚的话，表示读书不多，只读了半部《论语》。另一方面，据历史上记载，碰到国家大事或重要问题不能解决的时候，他都停下来，把今天不能解决的问题，搁置到明天再解决。有人看到他回去以后，往往在书房里拿出一本书来看。后来他的左右，因为好奇，想知道这个秘密，背地里拿出来一看，就是一部《论语》。其实《论语》并没有告诉我们如何治理国家，更没有告诉我们什么孔门的政治技巧，它讲的都是大原则。本来读书就不该把书上的话呆板地用。通常某一句书的原则，可以启发人的灵感，发生联想。我们小时候读书的经验，遇到不懂的句子，问到老师时，老师说，你不要管，背熟就行了，将来就会懂。我们当时对这种答复，心里很不满意。但背熟了以后，年龄慢慢增加，作人做事的经验多了，碰到某一件事，突然触发了这一句书，给我们很大的灵感，很高的智慧，往往就因此知道如何去处理事情，这是事实。

"三百千千"是捷径

"法语"，就是我们现在普通说的"格言"。古人的名言，古时也称"法言"，有颠扑不破的哲理。我经常告诉来学中国文化的外国人，不要走冤枉路，最直接的方法是先去读"三百千千"，就是《三字经》《百家姓》《千家诗》《千字文》四本书，努力一点，三个月的时间，对中国文化基本上就懂了。

三字一句的《三字经》，把一部中国文化简要的介绍完了。历史、政治、文学、作人、做事等等，都包括在内。尤其是《千字文》，一千个字，认识了这一千个字以后，对中国文化就有基本的概念。中国真正了不起的文人学者，认识了三千个中国字，就了不起了。假如你考我，要我坐下来默写三千个中国字来，我还要花好几天的时间，慢慢地去想。一般脑子里记下来一千多个字的，已经了不起了。有些还要翻翻字典，经常用的不过几百个字。所以《千字文》这本书，只一千个字，把中国文化的哲学、政治、经济等等，都说进去了，而且没有一个字重复的。这本书是梁武帝的时候，一个大臣名叫周兴嗣，据说他犯了错误，梁武帝就处罚他，要他一夜之间写一千个不同的字，而且要构成一篇文章，如果作不出来就问罪，作得出来就放了他。结果他以一日一夜的时间写成了《千字文》，头发都白了。即"天地玄黄，宇宙洪荒。日月盈昃，辰宿列张……"四个字一句的韵文，从宇宙天文，一直说下来，说到作人做事，所谓"寒来暑往，秋收冬藏"。不要以为千字文简单，现代人，能够马上把《千字文》讲得很好的，恐怕不多。

至于格言，也有一本书《增广昔时贤文》，是一种民间的格言。过去读旧书的时候，等于一种课外的读本，个个都会念，包括作人做事的道理在内。当然里面也有一些要不得的话，如"闭门推出窗前月，吩咐梅花自主张"的作风。但有很多好的东西，都被收进去了。到了台湾以后，发现市面上发行的《昔时贤文》，又把闽南语的一些民间格言也放进去了。

讲中国文化，除四书五经以外，不要轻视了这几本小书，更不要轻视那些传奇小说。真说中国文化的流传与影响，这几本小书和一些小说发生的力量很大。四书五经，除了为考功名以外，平常研究起来又麻烦，就很少有人去研究。而这几部书，浅近明白，把中国文化的精华都表达出来了。

《春秋》大义

《春秋》是孔子著的，像是现代报纸上国内外大事的重点记载。这个大标题，也是孔子对一件事下的定义，他的定义是怎样下法呢？重点在"微言大义"。所谓"微言"是在表面上看起来不太相干的字，不太要紧的话，如果以文学的眼光来看，可以增删；但在《春秋》的精神上看，则一个字，都不能易动；因为它每个字中都有大义，有很深奥的意义包含在里面。所以后人说："孔子著《春秋》，乱臣贼子惧。"为什么害怕呢？历史上会留下一个坏名。微言中有大义，这也是《春秋》难读的原因。

孔子著的《春秋》，是一些标题，一些纲要。那么纲要里面是些什么内容呢？要看什么书？就要看三传——《左传》《公羊传》《谷梁传》。这是三个人对《春秋》的演绎，其中《左传》是左丘明写的，左丘明和孔子是介于师友之间的关系。他把孔子所著《春秋》中的历史事实予以更详细的申述，名为《左传》。因为当时他已双目失明，所以是由他口述，经学生记录的。

《公羊》《谷梁》又各成一家。我们研究《春秋》的精神，有"三世"的说法。尤其到了清末以后，我们中国革命思想起来，对于《春秋》《公羊》之学，相当流行。如康有为、梁启超这一派学者，大捧《公羊》的思想，其中便提《春秋》的"三世"。所谓《春秋》三世，就是对于世界政治文化的三个分类。一为"衰世"，也就是乱世，人类历史是衰世多。研究中国史，在二三十年之间没有变乱与战争的时间，几乎找不到，只有大战与小战的差别而已，小战争随时随地都有。所以人类历史，以政治学来讲，"未来的世界"究竟如何？这是一个非常大的问题。学政治哲学的人，应该研究这类问题。

如西方柏拉图的政治理想——所谓"理想国"。我们知道，西方许多政治思想，都是根据柏拉图的"理想国"而来。在中国有没有类似的理想？当然有，第一个：《礼记》中《礼运·大同篇》的大同思想就是。我们平日所看到的大同思想，只是《礼运篇》中的一段，所以我们要了解大同思想，应该研究《礼运篇》的全篇。其次是道家的思想"华胥国"，所谓黄帝的"华胥梦"，也是一个理想国，与柏拉图的思想比较，可以说我们中国文化有过之而无不及。但从另一面看，整个人类是不是会真正达到那个理想的时代？这是政治学上的大问题，很难有绝对圆满的答案。因此我们回转来看《春秋》的"三世"，它告诉我们，人类历史衰世很多，把衰世进步到不变乱，就叫"升平"之世。最高的是进步到"太平"，就是我们中国人讲的"太平盛世"。根据中国文化的历史观察来说，真正的太平盛世，等于是个"理想国"，几乎很难实现。

《礼运篇》的大同思想，就是太平盛世的思想，也就是理想国的思想，真正最高的人文政治目的。历史上一般所谓的太平盛世，在"春秋三世"的观念中，只是一种升平之世，在中国来说，如汉、唐两代最了不起的时候，也只能勉强称为升平之世。历史上所标榜的太平盛世，只能说是标榜，既是标榜，那就让他去标榜好了。如以《春秋》大义而论，只能够得上升平，不能说是太平。再等而下之，就是衰世了。孙中山先生的三民主义最后目标是世界大同，这也是《春秋》大义所要达成的理想。

老子五千字过关

自古以来，有一个关于老子的问题：他晚年究竟到哪里去了？不知道。他死在哪里？不知道。在历史文献的资料上，只说他西渡流沙，过了新疆以北，一直过了沙漠，到西域去了。究竟是往中东或者到印度去了？不知道。在他离开中国时，有没有领到关牒——相当于现在的护照和出入境证，也不知道。

但是，历史上提到一个人物——关吏尹喜，大概相当于现在机场、码头海关的联检处长，知道这位过关老人是修道之士。据《神仙传》上记载：有一天，这位函谷关的守关官员，早晨起来望气——中国古代有一种望气之学——他看到紫气东来，有一股紫色的气氛，从东方的中国本土，向西部边疆而来，因此断定，这天必定有圣人过关。心下打定主意，非向他求道不可。

果然，一位须发皆白的老头子，骑了一条青牛，慢慢地踱到函谷关来了。关吏向他索取关牒，他却拿不出来，这一下，可正给了关吏机会，他本色当行地说："没有关牒，依法是不能过关的。不过嘛，你一定要过关，也可以设法通融，你可也得懂规矩。"所谓"规矩"就是陋规，送贿赂。这时，老子似乎连买马的钱都没有，哪儿凑得出"规矩"？好在这位关吏，对于老子的"规矩"，志不在钱，所以对他说："只要你传道给我。"老子没法，只好认了，于是被逼写了这部五千字的《道德经》，然后才得出关去。

老子以"变相红包"，留下了这部著作，西渡流沙不知所终。而他的这部著作，流传下来，到了唐代，道家鼎盛起来，道教变成国教。这时，道教的人，要抗拒佛教，就有一个进士，也是五代时的宰相，名叫杜光庭的，依据佛经的义理，写了很多道经。有一说，后世对于没有事实根据而胡凑的著作，叫作杜撰，即由此而来。其中有一部叫作《老子化胡经》，说老子到了印度以后，摇身一变，成了释迦牟尼。在佛教中，也有些伪经，说中国孔子是文殊菩萨摇身一变而成。宗教方面，这些扯来扯去，有趣的无稽之谈，古往今来，不可胜数。

关于老子本身的这些说法，不管最后的结论如何，但有一事实，他的生死是"不知所终"，查不出结果的。倘使根据《神仙传》上古神话来说，那么，老子的寿命就更长到不死的境地了！

那些神仙故事，我们暂且不去讨论。他的这部著作，则确实是被徒弟所逼，一定要得到他的道，因此，只好留下这部著作来。尹喜得到老子的传授，亦即得到了这五千字的《道德经》以后，自己果然也成道了。因此，连官也不要做，或者连移交也没有办，就挂冠而去，也不知所终。

道教就是这样传说，由老子传给关尹子，继续往下传，便是壶子、列子、庄子。一路传下去，到了唐朝，便摇身一变而成为国教，而《老子》一书，也成了道教的三经之首。道教三经，是道教主要的三部经典，包括：由《老子》改称的《道德经》，《庄子》改称的《南华经》与《列子》改称的《清虚经》。

最近，有些上古的东西出土，如帛书《老子》等等。由这些文献资料中，更显示了老子学说思想的体系，是继承了殷商以上的文化系统，亦证明了古人所说的话没有撒谎，是真实的。

《墨子》难读

《墨子》这本书是比较难读的，他的理论，非但"尚天"，崇拜天，而且也尚鬼。这个"鬼"字，我也曾就文字的构造上解说过，中国人所说的鬼，究竟是什么东西，很难界说，所以画家最好画的对象是鬼，谁也没有见过。所以怎么画都对，越难看就越对。

殷商时尚鬼，宗教气氛最浓厚。如研究中国信奉什么宗教，没有一定，样样都信。尤其现在还新兴了"五教同源"，某些宗教团体，把孔子、老子、释迦牟尼、耶稣、穆罕默德五位教主，都请在上面排排坐。中华民族是喜欢平等的，认为每个教主都好，所以五位一起供奉。

殷商的时候就"尚鬼"——重视鬼神。墨子是宋人的后裔，宋就是殷商的后裔，所以墨子的思想，继承了宋国的传统。孔子本来也是宋的后代，但孔子的祖先一直住在鲁国，而鲁是周人文化的后裔。我们要注意，春秋战国时代，各国的文字没有统一，交通没有统一，各地方的思想不同，有如现在的世界形态，美国与法国，各有不同的文化。墨子的思想又尚天、又尚鬼。前些时，一位学生要以墨子思想作论文，他说墨子思想非常崇敬天，与天主教的教义有相同地方，但是我告诉他要注意，墨子思想也尚鬼，而天主教、基督教就不同了。

翻开《墨子》来看，他把鬼的权力说得很大，也就是过去中华民族思想的共同信仰。人如做了坏事，鬼都来找的。好的鬼则可以保护人。所以我们讲了几千年中国文化，民间所流传鬼会找坏人的观念，并非孔子思想，乃是墨子思想的传承。墨子这套思想的源流，是远溯自夏禹的文化，我们真正研究起上古史的中国文化来，便很费事了。

中国文化在春秋战国时有诸子百家，重要的有三家：儒家，以孔子、孟子为代表；道家，以老子、庄子为代表；墨家，就是墨子为代表。

墨子是中国文化的重要一家。中国几千年来，侠义道的存在，讲侠客、义气，甚至帮会，可以说都是墨子精神的影响。墨子的教育是"摩顶放踵，以利天下"，就是从头到脚，凡是对天下有利的事，都要全身心地去做。墨子的时代比孔子迟，比孟子早，可以说是中国最初的社会主义思想，也差不多有共产主义的思想。

《墨子》这本书很难研究。墨家在春秋战国时代等于是一个帮会，是一个党派。墨子一天到晚专为解除别人的痛苦，解决别人的困难。当时，两个国家要打仗，墨子来了，叫他们不要打，如果不听他的话，墨子的学生就会来制止。当时楚国找了一个叫公输班的，出来跟墨子谈判，公输班是个科学家，有很多科技发明。他举一样东西出来，墨子说他也有，公输班辩论输了。最后，公输班说，我有一样法宝拿出来，你就没有办法了。墨子笑了，你的法宝就是叫人杀了我，你要知道，你现在杀了我没有用，我的学生、徒弟多得很，你杀了一个墨翟，天下会有很多的墨翟出来反对你。结果两国战争没有打起来。

在春秋战国时代，墨家的影响很大，讲义气。墨子的学生们、分党的领袖、黑社会的头子称巨子，现在报纸上称工商巨子，就是从这儿来的。当时在秦国，墨家的力量很大。有一个巨子，他只有一个儿子，犯了法，被判死罪。宰相向秦王报告，这个人非死不可，但是，他是某某人的儿子。秦王一听是某某人的儿子，马上下命令特赦。这个巨子来看秦王，首先表示感谢，儿子犯了罪，应该死，被大王赦免；但是，国法可以特赦，墨家的家法不能赦，回去把儿子杀了，把人头给国王送来。这种帮会组织几千年来存在，家法很严，现在的黑社会是乱七八糟。清朝末年的青帮、红帮，如果有人在外面犯了法，帮会会出面把他救回来。救回来后，自己治法，如果有不忠不孝、不讲义气、害了朋友的行为，那是很严重的，要以家法论处。

墨家精神影响中国几千年。现在大陆，黑社会的力量也开始出现。我对大陆来的人说，你们要注意，不要以为黑社会就没有了，黑社会还是一直存在的，我说你们懂不懂，过去中国黑社会的头子是谁？是皇帝，青帮的真正头子是乾隆，拥护"满清"，所以叫青帮。红帮的头子，在清末是左宗棠。左宗棠在打新疆时，没有军费，是胡雪岩给的，就是台湾作家高扬写的小说《红顶商人》里的胡雪岩。胡雪岩是中国第一个向外国人借钱的人，他借了钱给左宗棠当军费。左宗棠的部队是湖南人，部队到了陕西、甘肃的秦岭一带，几十万人不走了。大元帅左宗棠很奇怪：为什么？旁边的人都不吭气，左宗棠大发脾气。他的参谋对他讲：大帅，他们在接龙头。左宗棠说：什么龙头？参谋说：这些湖南兵每个人都是红帮，红帮的龙头来了。左宗棠说：岂有此理，黑社会头子，那么大的威风。参谋说：这些将官士兵都是红帮，你发脾气他们是不会听的。左宗棠一琢磨，有这样的事。但他非常聪明，"好，请大哥来。"左宗棠见了龙头大哥，一谈，帮会的人了不起。搞帮会当龙头的有三个条件，三句话：第一句话，"仁义如天"，朋友有难，命丢掉都要去救；第二句话，"笔舌两兼"，要会写文章，会讲，能写能讲；第三句话，"武勇当先"，武功很高。左宗棠一看，这个龙头大哥这些条件都具备。最后，他要参加。龙头大哥捧他为龙头的龙头，左宗棠成为一步登天的大龙头。

我写过一本书，《中国两三千年的特殊社会》，没有出版，书稿不知压在哪儿了。这种特殊社会永远存在。美国的黑社会，意大利的黑手党，政治、军事都消灭不了，这些人不懂政治。我看过很多大老板，本身表面上是殷实商人，实际上在帮会里都是龙头。他们的生意、货物不会出问题，土匪来抢，尽管抢，关照一声，弟兄们，保管好，这是某某老板的，土匪心中有数了，抢去的东西原封不动。过几天，老板派人去，带了一张支票：辛苦了，这趟生意你们蚀本了，这是点小意思。过几天，东西送回来了。不能光卖面子，也得有利。

所以说，古代中国文化主要是儒、道、墨三家，墨家也是中国特色的一部分。经过八九百年，到了唐朝，不再是儒、道、墨三家。这时佛家传入，变成了儒、佛、道三家。墨家的东西混到佛家里了。现在有人研究墨子，我看过两篇博士论文，说墨子不是中国人，而是印度人。"摩顶放踵"，光头光脚，是印度和尚，脸黑黑的，是印度人、阿拉伯人，这种研究很有趣，不过，墨子是中国人是没有问题的。

《管子》与《商君书》

再说"仕而优则学，学而优则仕"。古人不但是读书，而且把工作经验和学问融化在一起，所以写真有价值的著作，准备流传。我们看古人有价值的著作，如讲中国政治哲学吧，绝对离不开《管子》。但是《管子》这本书，就不是像现在我们这样，为了拿一个学位或是为了出名而随便乱写的，而是从他一生的经验，乃至从他在历史上有名的"一匡天下，九合诸侯"——这是孔子对他的评语——写出来的。管仲原是一个犯法的罪人，齐桓公起用他以后，他能够九合诸侯。当时的国际关系比现在还难做好，而他能前后开了九次国际联合会议，而且大家非听他的不可，并没有用原子弹压迫别人，也没有利用石油控制别人，就把政治上一个混乱的时代，领导上了轨道。所以孔子非常佩服他。以他这样一生的事功，也只写了《管子》这一本书。不过后人再研究这本书的内容，认为真正是他写的，不过十分之三四，有十分之六七是别人加进去的，或是后人假托他，或是他当时的智囊人物加进去的。但不管如何，这本书对中国的政治思想、文化思想，是非常重要的，可以说比孔子的思想还早。他这样以一生的经验，只写下了一本书，可见古人著作，慎重得不得了。

还有一本《商君书》，秦始皇以前的秦国，之所以特别强盛起来，就靠商鞅变法，商鞅是讲法治的法家，也可以说以法律作统制工具的政治家。秦国用商鞅以后，一直主张法治。这本书究竟真假的成分多少，我们不去管他，但在中国法家政治思想上非常重要，要想研究思想斗争，这些书是不可少的。我们一般人，这几十年来接受外国哲学思想，比接受自己的哲学思想更多，洋装书比线装书看得多，这也是一个大问题。"满清"入关打明朝的兵法，就是用了一部《三国演义》，虽然这个话太概括，也未免太轻视清朝了，但是大体上是如此。《三国演义》虽是一部小说，所包括的外交、政治、经济、军事、谋略思想太多了。第二次世界大战，日本人打中国以前，几乎日本全国的人都在读《孙子兵法》与《三国演义》，这是值得我们注意的，而我们现在的年轻人看过这些书的，实在是少之又少了。

春秋多权谋

讲到谋略两个字，大体上大家很容易了解。假使研究中国文化，古代的书上有几个名词要注意的，如纵横之术，勾距之术，长短之术，都是谋略的别名。古代用谋略的人称谋士或策士，专门出计策，就是拿出办法来。而纵横也好，勾距也好，长短也好，策士也好，谋略也好，统统都属于阴谋之术，以前有人所说的什么"阴谋""阳谋"，并不相干，反正都是谋略，不要把古代阴谋的阴，和"阴险"相联起来，它的内涵，不完全是这个意思。所谓阴的，是静的，暗的，出之于无形的，看不见的。记载这些谋略方面最多的，是些什么书呢？实际上《春秋左传》就是很好的谋略书，不过它的性质不同。所以我们要研究这一方面的东西，尤其是和现代国际问题有关的，就该把《国策》《左传》《史记》这几本书读通了，将观念变成现代化，自然就懂得了。现在再告诉大家一个捷路：把司马迁所著《史记》的每一篇后面的结论，就是"太史公曰"如何如何的，把它集中起来，这其间就有很多谋略的大原则，不过他并不完全偏重于谋略，同时还注意到君子之道，这是作人的基本原则。

研究这几本书的谋略，其中有个区别。像《国策》这本书是汉代刘向著的，他集中了当时以及古代关于谋略方面的东西，性质完全偏重于谋略，可以说完全是记载智谋权术之学的。这本书经过几千年的抄写刻版，有许多字句遗漏了，同时其中有许多是当时的方言，所以这本书的古文比较难读懂。左丘明著的《左传》，如果从谋略的观点看这本书，它的性质又不同，它有个主旨——以道德仁义作标准，违反了这个标准的都被刷下去，事实上对历史的评断也被刷下去了。所以虽然是一本谋略的书，但比较注重于经——大原则。至于《史记》这一本书，包括的内容就多了。譬如我们手里这本《素书》中，就有一篇很好的资料——《留侯世家》，就是张良的传记，我想大家一定读过的，这是司马迁在《史记》上为张良所写的传记。如果仔细研究这一篇传记，就可从这一篇当中，了解到谋略的大原则，以及张良作人、做事的大原则，包括了君道、臣道与师道的精神。

《长短经》——反经

《长短经》这本书大家也许很少注意到它，作者是唐朝人，名赵蕤，一生没有出来做官，是一位隐士。有名的诗人李白，就是他的学生。如果研究李白，我们中国人都讲李白、杜甫是名诗人，实际上李白一生的抱负是讲"王霸之学"，可惜他生的时代不对，太早了一点，唐明皇的时代，天下是太平，到天下乱时，他已经死了，无所用处。赵蕤著的是《长短经》，就是纵横术。这一本书在古代，尤其在"满清"几百年间，虽然不是明禁，因为是古书，没有理由禁止，可是事实上是暗禁的书，它所引叙的历史经验，都是到唐代为止。后来到了宋朝，《素书》就出来了，以前也有，但宋朝流传出来的《素书》是否即是汉时的原版，无从证明。到了明末清初，另一本书《智囊补》出来了，作者吴梦龙是一位名士，把历史的经验都拿出来了。我们如把《左传》《国语》《战国策》《人物志》《长短经》《智囊补》，以及曾国藩的《冰鉴》等等，编成一套，都是属于纵横术的范围以内。长短之学和太极拳的原理一样，以四两拨千斤的本事，"举重若轻"，很重的东西拿不动，要想办法，掌握力的巧妙，用一个指头拨动一千斤的东西。

反经在领导哲学的思想上很重要，我们看过去很多的著作，乃至近七八十年来的著作，都不大作正面的写法。所以，我们今日对于一些反面的东西，不能不注意。

反经的"反"字，意思就是说，天地间的事情，都是相对的，没有绝对的。没有绝对的善，也没有绝对的恶；没有绝对的是，也没有绝对的非。这个原理，在中国文化中，过去大家都避免谈，大部分人都没有去研究它。这种思想源流，在我们中国文化里很早就有，是根据《易经》来的，《易经》的八卦，大家都晓得。如"☷"是坤卦，它代表宇宙大现象的大地；"☰"是乾卦，它代表宇宙大现象的天体。两个卦重起来，"䷋"为天地"否"卦，否是坏的意思，倒霉了是否，又有所谓"否极泰来"，倒霉极点，就又转好了。但是，如果我们倒过来看这个卦，就不是"䷋"这个现象，而变成了"䷊"地天"泰"卦，就是好的意思。《易经》对于这样的卦就叫作综卦，也就是反对卦，每一个卦，都有正对反对的卦象（其实《易经》的"变"是不止这一个法则，这都叫卦变）。

　　这就说明天地间的人情、事理、物象，没有一个绝对固定不变的。在我的立场看，大家是这样一个镜头，在大家的方向看，我这里又是另外一个镜头。因宇宙间的万事万物，随时随地都在变，立场不同，观念就两样。因此，有正面一定有反面，有好必然有坏。归纳起来，有阴就一定有阳，有阳一定有阴。阴与阳在哪里？当阴的时候，阳的成分一定涵在阴的当中，当阳的时候，阴的成分也一定涵在阳的里面。当我们做一件事情，好的时候，坏的因素已经种因在好的里面。譬如一个人春风得意，得意就忘形，失败的种子已经开始种下去了；当一个人失败时，所谓失败是成功之母，未来新的成功种子，已经在失败中萌芽了，重要的在于能不能把握住成败的时间机会与空间形势。

　　我们在说反经之前，提起卦象，是说明人类文化在最原始的时代，还没有文字的发明，就有这些图像、重叠的图案。这种图案就已经告诉了我们这样一个原理：宇宙间的事没有绝对的，而且根据时间、空间换位，随时都在变，都在反对，只是我们的古人，对于反面的东西不大肯讲，少数智慧高的人都知而不言。只有老子：提出来："祸兮福之所倚，福兮祸之所伏。"福祸没有绝对的，这虽然是中国文化一个很高深的慧学修养，但也导致中华民族一个很坏的结果（这也是正反的相对）。因为把人生的道理彻底看通，也就不想动了。所以我提醒一些年轻人对于《易经》、唯识学这些东西不要深入。我告诉他们，学通了这些东西，对于人生就不要看了。万一要学，只可学成半吊子，千万不要学通，学到半吊子的程序，那就趣味无穷，而且觉得自己很伟大，自以为懂得很多。如果学通了，就没有味道了（一笑）。所以学《易经》还是不学通的好，学通了等于废人，一件事情还没有动就知道了结果，还干嘛去做！譬如预先知道下楼可能跌一跤，那下这个楼就太没道理了。《易经》上对人生宇宙，只用四个现象概括：吉、凶、悔、吝，没有第五个。吉是好，凶是坏，悔是半坏，不太坏、倒霉。吝是闭塞、阻凝、走不通。《周易·系传》有句话，"吉凶悔吝，生乎动者也。"告诉我们上自天文，下至地理，中通人事的道理尽在其中了。人生只有吉凶两个原则。悔吝是偏于凶的。那么吉凶哪里来？事情的好坏哪里来？由行动当中来的，不动当然没有好坏，在动的当中，好的成分有四分之一，坏的成分有四分之三，逃不出这个规则，如乡下人的老话，盖房子三年忙，请客一天忙，讨个老婆一辈子忙，任何一动，好的成分只有一点点。

这些原理知道了，反经的道理就大概可以知道。可是中国过去的读书人，对于反经的道理是避而不讲的。我们当年受教育，这种书是不准看的，连《战国策》都不准多读，小说更不准看，认为读这方面的书会学坏了。如果有人看《孙子兵法》《三国演义》，大人们会认为这孩子大概想造反，因此纵横家所著的书，一般人更不敢多看。但是另一观点来说，一个人应该让他把道理搞通，以后反而不会做坏人，而会做好人，因为道理通了以后，他会知道，做坏的结果，痛苦的成分占四分之三，做好的，结果麻烦的成分少，计算下来，还是为善最划算。

其次所谓反，是任何一件事，没有绝对的好坏，因此看历史，看政治制度，看时代的变化，没有什么绝对的好坏。就是我们拟一个办法，处理一个案件，拿出一个法规来，针对目前的毛病，是绝对的好。但经过几年，甚至经地几个月以后，就变成了坏的。所以真正懂了其中道理，知道了宇宙万事万物都在变，第一等人晓得要变了，把住先机而领导变；第二等人变来了跟着变；第三等人变都变过了，他还在那里骂变，其实已经变过去了，而他被时代遗弃而去了。反经的原则就在这里。

苏秦的历史时代

苏秦与张仪，是中国史上的两个名人，过去称他们为说士或说客，所谓游说之士，意思是他们专门玩嘴巴的。我们今天提出这一篇来研究，是非常有意义的。像现在美国的基辛格，我们中国人就称他为游说之士，是苏秦、张仪之流。一个书生用他的嘴巴，凭他的脑筋，摆布整个世界的局势，在我们过去的历史上，最知名的就有苏秦、张仪两同学，这是我们都知道的故事。现在我们回转来再研究苏秦、张仪的传记资料，对我们这个时代有很深的启发，许多道理，都可以在这里看出来。

这里就牵涉到历史哲学问题。讲历史哲学，有两个重要观点，一个观点认为人类历史是重演的；一个观点认为人类历史是进化的，不会反复重演。但这两个观点是可以融会贯通的。历史的现象，事物的变化，并不一定重演。譬如我们现在穿的西装，同古代衣服的式样就不同了；但是大原则，人要穿衣服，则是一样的。我们知道了历史的原则是一样的，所以看到苏秦这一篇，就可以找出很多很多的重点来。

我们如果是作学术的研究，当然，只靠这一篇是不够的。《战国策》是汉代刘向编的，根据历史的资料，集中起来，编辑成书，名为《战国策》。古代所指的"策士"就是专讲谋略学的人。譬如现在我们因为某一事件，向上面提出一个建议，这建议就是"策"。专门以这种计策起家的，就叫"策士"。另外，像宋代因时势的需要，改变了考试制度，应考的文章中，必须增加写一篇策论。这就是看应考人对政治和时事的见解，对国家大事的认识。到清朝末年，提倡废除"八股"的时候，有一度又主张考试策论。我们知道宋代苏东坡考中科名的那篇著名的文章《刑赏忠厚之至论》，讨论司法上判罪的问题，也即是与政治有关的司法问题。现在我们要看的这篇文章摘自《战国策》，就是属于策论这一类的——也可说明《战国策》一书的完成，是刘向当时，把战国时代的许多谋略问题，集中起来，编为一书。

从前读书人对于《战国策》这本书，有两种主张：一种是限制年轻人，不许读这本书。古代的观念，认为读了这本书，容易学坏。所以要先读四书、五经，等读好了以后再读，由正经而懂得如何权变。但是另一个观点，每逢时代乱的时候，便有许多人主张应该多读《战国策》，因为时代乱的时候，需要有头脑的人才，所以读了《战国策》，对事物的观点会不同。但是，研究谋略这一类东西，仅仅是读《战国策》还是不够的，譬如研究苏秦，就得再读司马迁所著《史记》中苏秦等人的传记。但那样还是不够，最好再能了解战国时候、苏秦当时所有的历史情势。

现在，我们仅就《战国策》中"苏秦始将连横"这一篇来研究。所谓"合纵"等于组织一个联合国。当时秦国是一个新兴起来、有强大力量的国家，苏秦就把弱小的国家联合起来抗秦，用历史的观点来看，苏秦的"合纵"计，也就是这个组织的建议，是很不错的，应该的。但是有一点，我们看了全篇以后，首先要认识一个人的动机，因为苏秦当时的用心，并不是为了天下国家，而是为了个人出风头，这是首先我们必须了解的。

第二点，根据历史的记载研究，苏秦当时是一个读书的年轻人，后世人称他是鬼谷子的学生。关于鬼谷子，又是一个可以用来作专题研究的题材了。历史上究竟有没有鬼谷子这个人，另外待考。如在河南有"鬼谷"这样一个地方，不过古代又称"归谷"，意思是归隐在这个山谷，据说这是道家的人物，有如张良所遇到的黄石公一样，是不是确实有这个人，不知道。就是真有这样一个人，无疑的，学问一定非常好，据说苏秦便是他的学生。今天讲谋略学，所谓拨乱反正的这一套学问，乃至于用在坏的这一方面，捣乱造反的学问都是出于他——鬼谷子。苏秦当时出来，拿鬼谷子的这套学问，游说诸侯晋见每个国家的领袖，希望取得功名富贵，实行他自己的思想。

第三点要注意的，游说在当时是一种普遍的风气，那个时候还没有建立考试制度，知识分子都靠游说出来做事的。譬如孟子，一天到晚见这个诸侯，见那个诸侯，也是游说。各个诸侯虽然尊重他的学问，可是却不用他。同样的，后来苏秦第一次出来游说，也是完全失败了，没有人听他的。我们看他游说的内容对不对？完全讲的正道，但是正道当中有歪道。以现代的观念来说，苏秦是偏重在军国主义的思想，主张富国强兵，他举出历史上的实例，只有战争才有办法，才能够强盛，才能够安定。可是秦国并没有接受，这又是什么原因？这就是我们读书要注意的地方。当时的秦国，是秦始皇的祖父辈。天天想统一，想消灭其他大国，可是苏秦主张用兵，又为什么不听从他的意见？这同我们今天的情形一样，为什么基辛格提倡以和谈代替战争，大家都明知道是毒药而还是吃下去？为什么不肯言战？我们读历史，就要懂得这些。懂得历史就懂得现在，懂得现代也就懂得古代。历史并不一定重演，但原则是一样。

第四点，再讲到苏秦个人，第一次游说失败，弄到回家的路费都没有，穿双破跻鞋，拿只破箱子，回到家里来，嫂嫂不给他饭吃，家里的人都看不起他，那种难受，是到了万分。因此苏秦重新发愤读书。所谓悬梁刺股，把头发用绳子捆起来，挂在梁上，身旁放一把锥子，等到夜晚读书打瞌睡时，头一低，头发一扯，醒了。再不行就自己用锥子刺自己的肉，如此鞭策自己用功。据说读的是《太公兵法》，把太公兵法读通了，于是再度出来游说诸侯。这次不再跑到秦国去主张打仗，反而跑到弱小的国家，等于今日世局中，受人侵略、受人宰割的国家，由燕国、赵国开始，组织联合阵线抗秦，不主张打仗，主要目的在使秦国不敢出兵。他把天下大事、人的心理、政治的心理，战争的心理，都摸透了，果然成功了。这一下身佩六国相印，同时当起六个国家的行政院长，印都挂在身上走，随时拿来盖就行了。当时这位联合国的秘书长，还不比现在的联合国秘书长，他是有实权的，只要他说一句话就行了，国与国局势就受这样一个书生的摆布，安定了二十多年，这又是一个什么道理？为什么他后来主张合纵，大家会团结？这是矛盾的团结，利害关系的团结，不是道义的团结。为什么会这样，也是值得我们研究的，这和现代的情形又是一样。

第五点，到了他个人成功以后，就看出这一班人是只讲手段的，只求如何达到目的。所以中国文化中讲正统文化的，素来对于这些人不大重视，因为他们只以个人为出发点，而孔孟思想是不以个人为出发点。苏秦成功以后，自己知道这套手法只是玩弄玩弄而已，各国君王的头脑不一定都是豆腐渣做的，不会一直听他的摆布，只不过是所拿出来的办法，正投合了时代的需要，都只是手段。他也知道这个手段不会长久，他的另外一招就很厉害了。当有一个强大的敌人存在，大家需要团结起来与它抗衡，这时是做得到。但对秦国封锁了以后，秦国的军国主义不能扩张了，结果苏秦的戏就不能唱了。没有了敌人，怎么还能够玩？

于是他利用机会培养和他学问差不多的好同学张仪，他这培养方法就很高明了。他怎样培养张仪的？他和张仪的感情原来好得很，而且两人约定在先，谁先有办法，谁就帮忙另一人站起来。这时苏秦佩了六国的相印，张仪还穷得很，去找苏秦，心想求取一个秘书、科长的位置，还会有什么问题？苏秦正在办公室接见各国大使，忙碌得很，知道张仪来了，教他在外面小工友的小房子里等候，自己威风得很。到了吃饭的时候，也留张仪吃饭，可是随便打发他在一个角落里吃，自己却和各国贵宾周旋。故意使张仪看见，使张仪难受，用种种方法刺激他，最后告诉张仪目前没有机会，嘱到旅馆等候，也不送点钱去，使他受尽冷落凄凉之苦。然后教一个人对张仪说：你是找苏秦的？同学有什么用？他已经功成名就，不理你了，你的学问也很好，又何必求他呢？用种种方法挑拨，使张仪恨死了苏秦，决心非打倒苏秦不可。到秦国去，你苏秦搞合纵，我就弄一个专门破合纵的计划。实际上，苏秦正需要像张仪这样的人到秦国去，但是他为什么不告诉张仪合作唱对台戏？因为他知道张仪如果不受这样大的刺激，就发不起狠来，如果说明了，反而搞不好，必须要培养出他如此怨恨的气愤，硬是要立志做破坏的计划，两人才有戏唱。所以后来张仪连横的计划成功了，苏秦派去挑拨张仪到秦国去、始终"卧底"的人，这时才把真相说出来。实际上张仪到秦国的路费还是苏秦奉送的，一切都是苏秦安排的。所以张仪说，我还是没有跳出这位老同学的手心；并且决定苏秦还在的一天，秦国就一天不出兵，等苏秦死了再打。战国末期，就被这样两个书生摆布来摆布去，摆布了相当长一个时期。现在我们用人才，除了有才具，有学问，有思想，还非要有道德做基础不可，没有真正的道德做基础，则好头脑是很可怕的。这是第五个重点。

第六个重点，附带谈到有名的故事，当苏秦第一度游说失败，穷了回家的时候，嫂嫂都不给他吃饭，冷饭都不剩一点，父母兄弟都看不起他。到后来身佩六国相印，要到楚国去的时候，经过自己家乡，他的嫂嫂以及全家人都跑下来迎接，那种恭维真是不得了的，这时苏秦问他的嫂嫂："何前倨而后恭也？"这个话也只有苏秦才说得出口。老实说，在中国讲究道德修养的人，不会讲这样的话，他却会爽直痛快当面问他嫂嫂。人性本来也就是这样，可说他问得很直爽，还不算顶坏的，还没有故意整她。而嫂嫂答复的话也很简单明了，她说："见季子位高金多也。"这是人情之常。古今中外，人类社会，就是这么一回事。哪个时代，哪个地方不讲现实？从这里又可认识人情世故。

第七点，苏秦是怎样死的？善有善报，恶有恶报，他不得好死，最后到了齐国的时候，有人行刺，把他杀死了。他所以到齐国去，是因为在燕国出了私生活方面的绯色故事，和燕王的皇太后发生了关系，被燕王知道了，苏秦知道靠不住了，很危险。于是说动燕王，要到齐国去才对燕国有利，燕王明知道是怎么一回事，但也只有这个办法送他走最妥当，就让他去了。结果，齐国的大臣找人行刺他，苏秦身负重伤，没有立即死去。而齐王赏识他，大为震怒，下令全国抓凶手，可是抓不到。苏秦在临死以前，告诉齐王，只要宣布一下苏秦是个坏蛋，是为燕国来做间谍的，被杀死以后，齐国可以安定，这样宣布就可抓到凶手。苏秦说完这些话就死了。齐王果然照苏秦的话宣布，而行刺的凶手出来了，于是齐王把凶手抓来杀了。苏秦临死了，还会动脑筋，借人家的手替自己报仇，这就是搞谋略的人头脑的厉害。

这是随便举出来的七个重点，事实上我们要看的第一篇当中，并不止这七点，还有很多重点，仔细去研究起来，对于古代战争地理的观念、社会发展的观念、经济问题的观念、军事问题的观念等等，都足以发人深省。这就是读书不要被书骗去了，仅了解文字，就不是真读书，我们读书是要吸收历史所告诉我们的经验，由这经验了解很多很多的事，尤其对于今日我们所处的这个世界局面，会有更深入的了解。所以我上几次都建议大家，多读《战国策》《国语》，不要以为这些是老东西没有用，实际上这些书非常有用。

商 鞅 的 变 法

任何思想，任何精良的制度，都要靠人才的创造和人才的推行。当时秦国所以能够在一百年内兴盛起来，就决定在几个人身上。苏秦、张仪以前，秦国在政治基础上，有一次很好的改革，就是用了法家商鞅的决策，提倡法治，即所谓商鞅变法。商鞅这一次在政治上所做的改变，不止是影响了秦国后代的秦始皇，甚至影响了后世三千年来的中国，这又是一个大问题。

商鞅当时改变政治的"法治"主张，第一项是针对周代的公产制度。（有人说周代这个制度，就是社会主义，也就是共产主义，说种说法，是硬作比方，似是而非的。）商鞅在秦国的变法，首先是经济思想改变，主张财产私有。由商鞅变法，建立了私有财产制度以后，秦国一下子就富强起来了。但商鞅开始变法的时候，遭遇打击很大，关键就在四个字："民曰不便"，这一点大家千万注意，这就讲到群众心理、政治心理与社会心理。大家更要了解，人类的社会非常奇怪，习惯很难改，当商鞅改变政治制度，在经济上变成私有财产，社会的形态，变成相似于我们现在用的邻里保甲的管理，社会组织非常严密，可是这个划时代的改变，开始的时候，"民曰不便"，老百姓统统反对，理由是不习惯。可是商鞅毕竟把秦国富强起来了。他自己失败了，是因为他个人的学问修养、道德确有问题，以致后来被五马分尸。可是他的变法真正成功了，中国后世的政治路线，一直没有脱离他的范围。

由商鞅一直到西汉末年，这中间经过四百年左右，到了王莽，他想恢复郡县制度，把私有财产制度恢复到周朝的公有财产。王莽的失败，又是在"民曰不便"。王莽下来，再经过七八百年，到了宋朝王安石变法，尽管我们后世如何捧他，在他当时，并没有成功。王安石本人无可批评，道德、学问样样都好，他的政治思想精神，后世永远留传下来，而当时失败，也是因为"民曰不便"。我们读历史，这四个字很容易一下读过去了，所以我们看书碰到这种地方，要把书本摆下来，宁静地多想想，加以研究。这"不便"两个字，往往毁了一个时代，毁了一个国家，也毁了个人。以一件小事作比喻，这是旧的事实，新的名词，所谓"代沟"，就是年轻一代新的思想来了，"老人曰不便"。就是不习惯，实在便不了。这往往是牵涉政治、社会型态很大的。一个伟大的政治家，对于这种心理完全懂，于是就产生了"突变"与"渐变"的选择问题。渐变是温和的、突变是急进的。对于一个社会环境，或者团体，用哪一个方式来改变比较方便而容易接受，慢慢改变他的"不便"而为"便"的，就要靠自己的智慧，这也是讲苏秦、张仪这两个人的事迹，所应注意到的。

圣 盗 同 源

> 跖之徒问于跖曰：盗亦有道乎？跖曰：何适而无有道耶？夫妄意室中之藏，圣也。入先，勇也。出后，义也。知可否，智也。分均，仁也。五者不备而能成大盗者，天下未之有也。

盗跖，是代表强盗土匪坏人的代名词，在古书上常常看到这个名词，并不是专指某人的专有名词，而是广泛的指强盗土匪那一流坏人。我们平常说"盗亦有道"，这句话的由来就出在《庄子》这一段。

强盗问他的头目，当强盗也有道吗？强盗头说，当强盗当然有道。天下事情，哪里有没有道的？当强盗要有当强盗的学问，而且学问也很大，首先在妄意——估计某一处有多少财产，要估计得很正确，这就是最高明——圣也。抢劫、偷窃的时候，别人在后面，自己先进去，这是大有勇气——勇也。等到抢劫偷盗成功以后，别人先撤退，而自己最后走，有危险自己担当，这是做强盗头子要具备的本事——义也。判断某处可不可以去抢，什么时候去抢比较有把握，这是大智慧——智也。抢得以后，如《水浒传》上写的，大块分金，大块吃肉，平均分配——仁也。所以做强盗，也要具备有仁义礼智信的标准，哪有那么简单的！像过去大陆上的帮会的黑暗面，就是这样。从另一角度看，那种作风，比一般社会还爽朗得多，说话算话，一句够朋友的话，就行了。所以要仁义礼智信具备，才能做强盗头子，具备了这些条件而做不到强盗头子的或者有，但是没有不具备这五个条件而能做强盗头子的，绝对没有这个道理。

这里是引《庄子》的一段话，如果看全篇，是很热闹、很妙的，其中的一段是说到孔子的身上，内容是鲁国的美男子、坐怀不乱的圣人柳下惠，有一个弟弟是强盗头子，孔子便数说柳下惠为什么不感化这个弟弟。柳下惠对孔子说，你老先生别提了，我对他没办法，你也对他没有办法。孔子不信，去到柳下惠这位强盗弟弟那里，不料这个强盗弟弟，先是摆起威风对孔子骂了一顿，接下来又说了一大堆道理，最后对孔子说，趁我现在心情还好，不想杀你，你走吧！孔子一声不响走了，因为这强盗头子讲的道理都很对，所以这里引的一段，也是柳下惠的弟弟对孔子说的，而实际上是庄子在讽刺世风的寓言。李宗吾写"厚黑学"的目的也是这样的，所以也可以说庄子是厚黑学的祖师爷。相反的来看，即使做一个强盗头子，都要有仁义礼智信的修养，那么想要创一番事业，做一个领导人，乃至一个工商界的领袖，也应该如此。倘使一个人非常自私，利益都归自己，损失都算别人的，则不会成功。

清朝三本必读书

"满清"入关，有三部必读的书籍。哪三部书呢？满人的兵法权谋，学的是《三国演义》，还不是《三国志》，在当时几乎王公大臣都读《三国演义》。第二部不是公开读的，是在背地里读的——是《老子》。当时康熙有一本特别版本的《老子》，现在已经问世，注解上也没有什么特殊的地方，但当时每一个"满清"官员，都要熟读《老子》，揣摩政治哲学。另一部书是《孝经》。但表面上仍然是尊孔。说到这里，诸位读历史，可以和汉朝"文景之治"作一比较，"文景之治"的政治蓝本，历史上只用八个字说明——"内用黄老，外示儒术。"这么一来，康熙就提倡孝道，编了一本语录——《圣谕》，后来叫《圣谕宝训》或《圣谕广训》，拿到地方政治基层组织中去宣传。以前地方政治有什么组织呢？就是宗法社会中的祠堂，祠堂中有族长、乡长，都是年高德劭、学问好、在地方上有声望的人。每月的初一、十五，一定要把族人集中在祠堂中，宣讲圣谕。圣谕中所讲的都是一条条作人、做事的道理，把儒家的思想用进了，尤其提倡孝道。进一步分析，康熙深懂得孝这个精神而加以反面的运用。要知道康熙把一个个青年人训练得都听父母的话，那么又有哪一个老头子、老太太肯要儿子去做杀头造反的事呢？所以康熙用了反面，用得非常高明。此其一。

其二：当时在陕西的李二曲，和顾亭林一样，是不投降的知识分子，他讲学于关中，所以后来顾亭林这班人，经常往陕西跑，组织反清复明的地下工作。康熙明明知道，他反而征召李二曲作官，李二曲当然是不会去作的。后来康熙到五台山并巡察陕西的时候，又特别命令陕西的督抚，表示尊崇李二曲先生为当代大儒，是当代圣人，一定要亲自去拜访李二曲。当然，李二曲也知道这是康熙下的最后一着棋，所以李二曲称病，表示无法接驾。哪里知道康熙说没有关系，还是到了李二曲讲学的那个邻境，甚至说要到李家去探病。这一下可逼住了李二曲了，如果康熙到了家中来，李二曲只要向他磕一个头，就算投降了，这就是中国文化的民族气节问题，所以李二曲只好表示有病，于是躺到床上，"病"得爬不起来。但是康熙到了李二曲的近境，陕西督抚以下的一大堆官员，都跟在皇帝的后面，准备去看李二曲的病。康熙先打听一下，说李二曲实在有病，同时，李二曲也只好打发自己的儿子去看一下康熙，敷衍一下。而康熙很高明，也不勉强去李家了。否则，他一定到李家，李二曲骂他一顿的话，则非杀李二曲不可。杀了，引起民族的反感；不杀，又有失皇帝的尊严，下不了台，所以也就不去了。康熙安慰李二曲的儿子一番，要他善为转达他的意思，又交待地方官，要妥为照顾李二曲。还对他们说，自己因为作了皇帝，不能不回京去处理朝政，地方官朝夕可向李二曲学习，实在很有福气。康熙的这一番运用，就是把中国文化好的一面，用到他的权术上去了。可是实在令人感慨的事，是后世的人，不把这些罪过归到他的权术上，反而都推到孔孟身上去，所以孔家店被打倒，孔子的挨骂，都太冤枉了。

看相论人的书

有人说，清代中兴名臣曾国藩有十三套学问，流传下来的只有一套——曾国藩家书，其他的没有了。其实，传下来的有两套，另一套是曾国藩看相的学问——《冰鉴》这一部书。

《冰鉴》所包涵看相的理论，不同其他的相书。他说："功名看器宇"，讲器宇，又麻烦了。这又讲到中国哲学了，这是与文学连起来的，这"器"怎么解释呢？就是东西。"宇"是代表天体。什么叫"器宇"？就是天体构造的形态。勉强可以如此解释。中国的事物，就是这样讨厌，像中国人说："这个人风度不坏。"吹过来的是"风"，衡量多宽多长就是"度"。至于一个人的"风度"是讲不出来的，这是一个抽象的形容词，但是也很科学，譬如大庭广众之中，有一个人，很吸引大家的注意，这个人并不一定长得漂亮，表面上也无特别之处，但他使人心里的感觉与其他人就不同，这就叫"风度"。

"功名看器宇"，就是这个人有没有功名，要看他的风度。"事业看精神"，这个当然，一个人精神不好，做一点事就累了，还会有什么事业前途呢？"穷通看指甲"，一个人有没有前途看指甲，指甲又与人的前途有什么关系呢？绝对有关系。根据生理学，指甲是以钙质为主要成分，钙质不够，就是体力差，体力差就没有精神竞争。有些人指甲不像瓦形的而是扁扁的，就知道这种人体质非常弱，多病。

"寿夭看脚踵"，命长不长，看他走路时的脚踵。我曾经有一个学生，走路时脚跟不着地，他果然短命。这种人第一是短命，第二是聪明浮躁，所以交待他的事，他做得很快，但不踏实。

"如要看条理，只在言语中"，一个人思想如何，就看他说话是否有条理，这种看法是很科学的。

中国这套学问也叫"形名之学"，在魏晋时就流行了。有一部书——《人物志》，大家不妨多读读它，会有用处的，是魏代刘劭著的，是专门谈论人的，换句话说就是"人"的科学。最近流行的人事管理、职业分类的科学，这些是从外国来的。而我们的《人物志》却更好，是真正的"人事管理""职业分类"，指出哪些人归哪一类。有些人是事业型的，有些人绝对不是事业型的，不要安排错了。有的人有学问，不一定有才能；有些人有才能不一定有品德；有学问又有才能又有品德的人，是第一流的人，这种人才不多。

以前有一位老朋友，读书不多，但他从人生经验中，得来几句话，蛮有意思，他说："上等人，有本事没有脾气；中等人，有本事也有脾气；末等人，没有本事而脾气却大。"这可以说是名言，也是他的学问。所以各位立身处世，就要知道，有的人有学问，往往会有脾气，就要对他容忍，用他的长处——学问，不计较他的短处——脾气。他发脾气不是对你有恶意，而是他自己的毛病，本来也就是他的短处，与你何关？你要讲孝道，在君道上你要爱护他，尊重他。我有些学生，有时也大光其火，我不理他，后来他和我谈话，道歉一番，我便问他要谈的正题是什么，先不要发脾气，只谈正题，谈完了再让你发脾气。他就笑了。

第二部应该研究的书是什么呢？就是黄石公传给张良的《素书》，这一部书很难说确是伪书，但它也的确是中国文化的结晶。对于为人处世及认识人物的道理，有很深的哲学见解，也可以说是看相的书，它并不是说眉毛长的如何，鼻子长的怎样，它没有这一套，是真正相法。眉毛、鼻子、眼睛都不看的，大概都看这个人处世的态度和条理。孟子也喜欢看相，不过他没有挂牌，他是注意人家的眼神，光明正大的人眼神一定很端正；喜欢向上看的人一定很傲慢；喜欢下看的人会动心思；喜欢斜视的人，至少他的心理上有问题。这是看相当中的眼神，是孟子看相的一科，也可说是看相当中的"眼科"吧！

闲书里面有真言

在明、清之间，有一本闲书名叫《解人颐》，这个书名就说明了，只是使人破颜一笑，松弛板起的面孔，咧开嘴来笑一笑的意思。这本书里许多记载，的确有令人发出会心微笑之处。不过它也是像《聊斋志异》一样，大多以狐鬼的故事来讽世。它所收罗许多可笑的文字中，笑里或有血，或有泪，蕴含了许多做人处世的道理，启发人们的良知，在过去的时代，的确是深具教育意义的一本闲书。

这本《解人颐》中，有一篇很有哲学意味、描述人类欲望无止境的白话诗："终日奔波只为饥，方才一饱便思衣，衣食两般皆俱足，又想娇容美貌妻。娶得美妻生下子，恨无田地少根基。买到田园多广阔，出入无船少马骑。槽头扣了骡和马，叹无官职被人欺。县丞主簿还嫌小，又要朝中挂紫衣。作了皇帝求仙术，更想登天跨鹤飞。若要世人心里足，除是南柯一梦西。"其中"作了皇帝求仙术，更想登天跨鹤飞"这两句是我随便凑上去的。这位作者写这篇白话诗的时候，正是君主专政的时代，当然不敢连皇帝也写进去。而在历史的事实上，像秦始皇、汉武帝一样，作了皇帝又想长生不老的例子也不少。

这篇七言韵文的白话诗，可说道尽了人类欲望无穷，欲壑难填的心理状态。本来一个一无所有的穷光蛋，连吃饭都成问题，一天到晚，劳劳碌碌，也许是贫户登记，扫街掏沟的。好不容易，赚的钱吃饱了，就觉得身上穿的毛线衣，已经穿了三五年，下水洗过很多次，不够暖和，去见朋友时，也不体面，于是在衣服上讲究起来了。等到衣食两个问题都已解决，那么正如谚语所说，饱暖思淫欲，想娶一个漂亮的小姐作太太。后来，太太也娶了，孩子也生了，一家数口，融融乐乐，过得蛮好的，可是还不能满足。念头一转，家无恒产哪！总得买幢房子，弄点田地什么长久的生产之道，打下经济基础，让下半辈子生活安闲，子孙也不愁吃穿。这些都齐全了，还想买汽车，坐在八个汽缸的全自动别克名牌汽车里，又想到警察昨天开了一张违规的红单子，税务员的面孔不大好看，而朋友张三做了官，比较吃得开，还是弄个一官半职在身，才不吃亏受气，于是竞选去，或者走门路，搞个官来做。官也当上了，可是这县政府的科长、秘书，能指挥的人太少，来指挥自己的人多，还是不过瘾，应该想办法当大官去。又这样往上爬，结果当了皇帝还是有欲望，又希望成仙上天，长生不老，所以这位作者最后两句结论是，人类这永无止境的欲望，除非到死方休。其实人的欲望，是死也不休的。

《论养士》与提拔人才

大家有机会可以读一篇文章，对于处世大有助益，这篇文章简称《论养士》，苏东坡作的。这篇文章在中国的政治思想——政治哲学领域中，占了重要的地位，尤其是研究政治与社会的人不能不看。这篇文章很有意义，它提出了一个原则，讲得非常有道理。

"养士"这个名称，出在战国时代，当时书籍不如现在普及，也没有考试制度，一般平民有了知识，就依靠权贵人家求出路，到他们家里作宾客。过去叫宾客，现在的名称等于"随员"；从唐代到清代叫"幕府"。像曾国藩，不少有本领的人，都在他的幕府里——等于现在的研究室、参谋团、秘书室。现在也有称作幕僚的。"六国的养士"就是这样的情形。

那时养士，养些什么人呢？苏轼提出的分类是智、辩、勇、力四种人；实际上也可说只是两种人，一种用头脑，一种用体力。讨论这四种人，如果以现代职位分类的科学来作博士论文，起码可以写他两百万字不成问题。但是我国古代文化喜欢简单，所以几百字的文章就解决了。

苏轼在这篇文章中说，社会上天生有智、辩、勇、力这四种人，他认为这一类的人好役人——坐着吃人家的——无法役于人。如果我们用社会学来研究，社会上有许多人是这样的，用头脑非常能干，叫他用劳力就不行，有些人叫他用头脑就像要他的命，要他做劳力就蛮好。但有些人有力去打架，力气好得很，要他做工，做三个小时就做不下去了。所以研究社会、研究政治，要多观察人，然后再读有关的书，才有道理。又像许多人有智，这个智是聪明才智；有许多人有辩术，专门用手段，不走正道，走异端，打鬼主意第一流，正当方法想不出来。但是不要忘了，他也是一个人才，就看老板怎么用他，这就是所谓会不会用人了。所以智与辩看起来是一样，聪明的人做事一定有方法，但是正反两面的方法不能相违。勇与力看起来似乎也是一样，但是勇敢的人不一定有力气，而个子高大孔武有力的人，叫他去前方打仗、为国牺牲，他怕死不干，这是有力没有勇。因此苏东坡说智、辩、勇、力四种人，往往需要人家养他，不能自立。不过依恃人家，攀龙附凤，也可以立大功，成大业，叫他一个人干，就没有办法。

所以到秦始皇统一中国以后，焚书坑儒，不养士了，这些人就走向民间去，结果怎样呢？反了！后来到了汉朝的时候，对这种士怎么办呢？到汉武帝时代，就是中国选举制度的开始，那个时代的选举，当然不像现代的由人民去投票——这是西方式的选举。中国式古老时代的选举，是由地方官参考舆论，把地方上公认是贤、良、方、正的人选出来（以现代名词而言，是人才的分类，贤是贤，良是良，方是方，正是正，不要混为一谈，这是四个范围）称为孝廉（中国文化以孝治天下，所以称孝廉。到清朝时，考取了举人，还是用孝廉公这个名称，那是沿用汉朝的）。汉朝奉行这样的选举制度，就取代了战国时养士的制度，所以汉朝四百年天下，就可以定下来，到隋朝又开创以文章取士的考试办法。到唐太宗统一天下以后，正式以汉朝地方选举的精神，采用了隋朝考试取士的方法，综合起来产生了唐朝考选进士的制度。所谓进士，就是将民间有才具的知识分子，提拔出来，进为国士的意思。那时候考的秀才不是清代的秀才，清代的秀才是考试阶级的一个名称，秀才再考举人，举人再考进士，进士第一名是状元。唐代的秀才，也便是进士的通称，凡是学问好的、优秀的，都称秀才。

唐太宗创办了考试制度，录取了天下才人名士以后，站在最高的台上，接受第一次录取者朝见之后，忍不住得意地微笑道："天下英雄尽入吾彀中！"他的意思是说，你看我这一玩，天下的英雄都自动来钻进我的掌握中，再不会去造反了。有功名给你，有官给你做，只要你有本事，尽管来嘛！这是唐太宗的得意之处。苏轼也说，建立了考试制度以后，就等于六国时候的"养士"，所以他认为养士是很重要的事。以现在的观点来说，就是智、辩、勇、力分子没有安排很好的出路，没有很好的归宿，就是社会的大问题，也是政治的大问题。但是如何使他们得其养，又是个问题。起用是养，退休也是养。讲到养，我们要想到前面所讲的，犬马也有所养呀！不是说有饭吃就得养了，仅仅这样是养不了的。智辩勇力之士，有时候并不一定为了吃饭。天生爱捣乱的人，如果没有机会给他捣乱，他好像活不下去，若不要他捣乱，就得把他引入正途。这就是为政教化的道理。

诸葛亮的《诫子篇》

平常一般人谈到修养的问题，很喜欢引用一句话——"宁静致远，澹泊明志。"这是诸葛亮告诫他儿子如何作学问的一封信里说的，现在先介绍原文——

"夫君子之行：静以修身，俭以养德。非澹泊无以明志，非宁静无以致远。夫学须静也，才须学也。非学无以广才，非静无以成学。慆慢则不能研精，险躁则不能理性。年与时驰，意与日去，遂成枯落，多不接世。悲守穷庐，将复何及！"

有人说文人都喜欢留名，其实，岂止文人喜欢把自己的著作留给后人。好名好利，是人心的根本病根，贤者难免。先不谈古人，就拿现在来说，几十年来，不知出版了多少著作，但其中能被我们放在书架上要保留它到二三十年的，又有几本书？尤其现在流行的白话文章，看完了就丢，只有三分钟的寿命，因为它缺乏流传的价值。一本著作，能够使人舍不得丢掉，放在书架上，才有流传的可能。所以留名是很难的。清代诗人吴梅村说的"饱食终何用，难全不朽名"，一点不错。

所以古人又有一句名言说："但在流传不在多"。比如诸葛亮的一生，并不以文章名世，当然是他的功业盖过了他的文章。而他的文章——只有两篇《出师表》，不为文学而文学的写作，却成为千古名著，不但前无古人，也可说是后无来者，可以永远流传下去。他的文学修养这样高，并没有想成为一个文学家。从这一点我们也看到，一个事业成功的人，往往才具很高，如用之于文学，一定也会成为一个成功的文学家。文章、道德、事功，本难兼备，责人不必太苛。

诸葛亮除《出师表》外，留下来的都是短简，文体内容简练得很，一如他处世的简单谨慎，几句话，问题就解决了。看他传记里，孙权送他东西，他回信不过五六句话，把意思表达得非常清楚，就这么解决了。

这一篇《诫子书》，也充分表达了他儒家思想的修养。所以后人讲养性修身的道理，老实说都没有跳出诸葛亮的手掌心。后人把诸葛亮这封信上的思想，换上一件衣服，变成儒家的。所以这封信是非常有名的著作。他以这种文字说理，文学的境界非常高，组织非常美妙，都是对仗工整的句子。作诗的时候，春花对秋月，大陆对长空，很容易对，最怕是学术性、思想性的东西，对起来是很难的。结果，诸葛亮把这种思想文学化。后来八股文也是这样，先把题目标好，所谓破题，就是把主题的思想内涵的重心先表达出来。他教儿子以"静"来做学问，以"俭"修身，俭不只是节省用钱；自己的身体、精神也要保养，简单明了，一切干净利落，就是这个"俭"字。"非澹泊无以明志"，就是养德方面；"非宁静无以致远"，就是修身治学方面；"夫学须静也，才须学也"，是求学的道理；心境要宁静才能求学，才能要靠学问培养出来，有天才而没有学问修养，我们在孔子思想里也说过的，"学而不思，思而不学"的论点，和"才须学也"的道理是一样的。"非学无以广才"，纵然是天才，如没有学问，也不是伟大的天才。所以有天才，还要有广博的学问。学问哪里来的？求学来的，"非静无以成学"。连贯的层次，连续性的对仗句子。"慆慢则不能研精"，慆慢也就是"骄傲"的这个"骄"字。讲到这个"骄"字很有意思，我们中国人的修养，力戒骄傲，一点不敢骄傲。而且骄傲两个字是分开用的：没有内容而自以为了不起是骄，有内容而看不起人为傲，后来连起来用为骄傲。而中国文化的修养，不管有多大学问、多大权威，一骄傲就失败。孔子在《论语》中提到"如有周公之才之美，使骄且吝，其余不足观也已"。一个人即使有周公的才学，有周公的成就，假如他犯了骄傲和很吝啬不爱人的毛病，这个人就免谈了。

我们中国人力戒骄傲，现在外国文化一来，"我有了他真值得骄傲"这类的话就非常流行，视骄傲为好事情，这是根据外国文字翻译错了，把骄傲当成好事。照中国文化规规矩矩翻译，应该是"欣慰"就对了。这是几十年来翻译过来的东西，将错就错，积非成是，一下子没办法改的地方。但是为了将来维护我们中国文化的传统精神，是要想办法的。有许多错误的东西，都要慢慢改，转移这个社会风气才是对的。

再回到本文"慆慢则不能研精",慆就是自满,慢就是自以为对。主观太强,那么求学问就不能研精。"险躁则不能理性",为什么用"险躁"?人做事情,都喜欢占便宜走捷径,走捷径的事就会行险侥幸,这是最容易犯的毛病。尤其是年轻人,暴躁、急性子,就不能理性。"年与时驰,意与日去",这个地方,有些本子是"志"字,而不是"意"字,大概"意"字才对,还是把它改过来——年龄跟着时间过去了,三十一岁就不是三十岁的讲法,三十二岁也不同于三十一岁了。人的思想又跟着年龄在变。"遂成枯落,多不接世。悲守穷庐,将复何及!"少年不努力,等到中年后悔,已经没有法子了。

看诸葛亮这篇《诫子书》,同他作人的风格一样,什么东西都简单明了。这道理用之于为政,就是孔子所说的"简";用以持身,就是本文所说的"俭"。但是文学的修养,只是学问的一种附庸,这是作学问要特别注意的。

闲坐小窗读《周易》

我经常对同学们说,有两样东西必需要学——佛学与《易经》。但这两门学问,穷一辈子之力,并不易学通,也不需学通。不学通,永远追求不到,似通非通的那个样子,其味无穷,一辈子有事消遣——老了也不寂寞,越研究越有趣。古人说,"夜读《易》",如果夜里读《易经》,鬼神都受不了。我的经验,是夜里读《易经》,保险睡不着觉。刚刚读啊读,看出一点名堂,便想弄个清楚,继续看下去,等告一段落再睡,结果一段接一段,不知不觉天已经亮了。真是"闲坐小窗读《周易》,不知春去几多时",一整个春天何时溜走了都不知道,这个味道很好。

各位手边的《易经集注》,只是中国《易经》学问的一部分。这本书名《周易》，是周文王在羑里坐牢的时候研究《易经》所作的结论。我们儒家的文化、道家的文化，一切中国的文化，都是从文王著作了这本《易经》以后，开始发展下来的。所以诸子百家之说，都渊源于这本书，都渊源于《易经》所画的这几个卦。

事实上还有两种《易经》，一种叫《连山易》。《连山易》是神农时代的易，所画八卦的位置和《周易》的八卦位置是不一样的。黄帝时代的易为《归藏易》。《连山易》以艮卦开始，《归藏易》以坤卦开始，到了《周易》则以乾卦开始，这是三易的不同之处。

说到这里，我们要有一个概念，现在的人讲《易经》，往往被这一本《周易》范围住了。因为有人说《连山易》和《归藏易》已经遗失了、绝传了。事实上有没有？这是一个大问题。可以说现在我们中国人所讲的"江湖"中这一套东西，如医药、堪舆，还有道家这一方面的东西，都是《连山》《归藏》两种易学的结合。

《周易》这门学问中，有一个原则叫作"三易"，就是变易、简易、不易。研究《易经》，先要了解这三大原则的道理。

第一，所谓变易，是《易经》告诉我们，世界上的事，世界上的人，乃至宇宙万物，没有一样东西是不变的。譬如我们坐在这里，第一秒钟坐下来的时候，已经在变了，立即第二秒钟的情况又不同了。时间不同，环境不同，情感亦不同，精神亦不同。万事万物，随时随地，都在变中，非变不可，没有不变的事物。所以学《易》先要知道"变"，高等智慧的人，不但知变而且能适应这个变，这就是为什么不学《易》不能为将相的道理了。

第二简易，是说宇宙间万事万物，有许多是我们的智慧知识没有办法了解的。我常常跟朋友们讲，天地间"有其理无其事"的现象，那是我们的经验还不够，科学的实验还没有出现；"有其事不知其理"的，那是我们的智慧不够。换句话说，宇宙间的任何事物，有其事必有其理；有这样一件事，就一定有它的原理，只是我们的智慧不够、经验不足，找不出它的原理而已。而《易经》的简易也是最高的原则，宇宙间无论如何奥妙的事物，当我们的智慧够了，了解它以后，就变成平凡，而且非常简单。我们看京剧里的诸葛亮，伸出几个手指，那么轮流一掐，就知道过去未来。有没有这个道理？有，有这个方法。古人懂了《易经》的法则以后，把八卦的图案排在指节上面，再加上时间的关系、空间的关系，把数学的公式排上去，就可以推算出事情来。这就是把那么复杂的道理，变得非常简化，所以叫作简易。

第三不易，万事万物随时随地都在变，可是却有一项永远不变的东西存在，就是能变出万象来的那个东西是不变的，那是永恒存在的。那个东西是什么呢？宗教家叫它是"上帝"，是"神"，是"主宰"，是"佛"，是"菩萨"；哲学家叫它是"本体"；科学家叫它是"功能"。

我常常告诉同学，最好不要去钻研《易》这门学问，如果钻进去了，会同我一样，爬不出来。如果一定要学，也最好只学一半；如果真把《易经》学通了，做人就没有味道了。譬如要出门了，因为"易学"通了，知道这次出门会跌倒，于是不出门了，一步都懒得动了。像这样的人生还有什么味道？所以我说学《易》最好只学一半，觉得奥妙无穷，如黑夜摸路，眼前迷迷茫茫，蛮有趣的；天完全亮了走路，眼前有一个坑，会掉下去，看得清清楚楚，于是不走了。

可是学通了《易经》非常乏味，何必去学？话虽这么说，但学《易》真的通了，哪里还用来讲《易经》？我现在还来讲《易经》，可见就是半吊子，还不通。

研究地理的"二顾全书"

讲到中国的民族性，有一部书，是顾亭林的名著《天下郡国利病书》。

明亡以后，顾亭林是始终不投降的。不过他高明，不投降当然清朝要嫉妒，可是他有本事，自己不投降，教学生到清朝作官，这样也可以由学生保护他不投降，可是他自己在地下做策反的工作。他也很有钱，到一个地方娶一个太太，生了孩子又走了。他娶许多太太生许多孩子，他有他的道理，因为反清复明是要灭族的，他这样做是为了要留一个根。他走遍天下，就写了这部书。每个地方他都去看了，尤其是各省的军事要地，都去看了。所以后来成为研究中国地理、研究中国地方政治思想必读的书。

第二部书是顾祖禹写的《读史方舆纪要》，也是研究政治地理、军事地理最重要的书，现在读来还有价值。这两部书合起来称为"二顾全书"。当年凡是留意国家天下事的，尤其是研究军事的人，都要读的。在这部书当中，对于每一省先有一个总评，而且对地方性、民族性写得很清楚，所以不妨找来研究。

说到这里，就感到我们中国的确每个地方的民性各有不同之处。所以古代将领带兵，对于何处的兵适于冲锋，何处的兵适于后勤，何处的兵适于陆战，何处的兵适于水战，都大致要有个了解。所以清中兴的湘军、淮军各有不同优点。政治也是如此。但是要注意一点，尽管地方民俗各地不同，但万一有外力入侵的时候，一定团结一致，先把外来的侵略驱逐了再说。

地方性有如药材，某种药产在某一地方，别地产的就不行。像当归这种药，台湾也在培植生产，可是它的药效就差。当归最好的是甘陕出产的秦归，其次是四川出产的，差一点点。现在研究阿里山气候土质和甘陕一样，但种植出来的当归，药效始终还是有问题。所以由于地理的关系，各地出的植物不同，出的人物个性也不同。因之古代出去当地方首长的，对于这一县的县志，这一省的省志这类资料，都应该先知道，当然能够读一下《读史方舆纪要》更好，可以多一层了解。

纪晓岚编书不写书

清代乾隆年间，主编《四库全书》的著名学者纪晓岚曾经说过："世间的道理与事情，都在古人的书中说尽，现在如再著述，仍超不过古人的范围，又何必再多著述。"纪晓岚一生之中，从不著书，只是编书——整理前人的典籍，将中国文化作系统的分类，以便于后来的学者们学习。他自己的著作只有《阅微草堂笔记》一册而已。

就因为他倚此一态度而为学，自然地读书非常多，了解得亦较他人深刻而正确，他对道家的学术，就下了八个字的评语："综罗百代，广博精微。""广博"是包罗众多，"精微"是精细到极点，微妙到不可思议的境界。

但是，道家的流弊也很大，画符念咒、吞刀吐火之术，都变成了道家的文化，更且阴阳、风水、看相、算命、医药、武功等等，几乎无一不包括在内，都属于道家的学术，所以虽是"综罗百代，广博精微"，也因之产生了流弊。

说到纪晓岚，顺便讲两个笑话。纪晓岚一生治学严谨，对学生的教育也很严格，近于苛求。一个学生写了一篇文章拿给纪晓岚，他看完后，批了两句诗："两个黄鹂鸣翠柳，一行白鹭上青天。"这是杜甫的两句名诗，这个学生莫名其妙，去问老师。纪晓岚说："两个黄鹂鸣翠柳"，不知讲些什么；"一行白鹭上青天"，愈飞愈远离题万里。

还有一次，纪晓岚在一个学生的文章上批上"放狗屁"三个字，这个学生觉得挺委屈，老师怎么说我放狗屁，就去找纪晓岚。纪晓岚回答：说你的文章是"放狗屁"还算是好的，次一等的叫"狗放屁"，再次一等的叫"放屁狗"。

读古书的方法

年轻人不要以为无书可读，世上的书实在是没有读完的时候，只要抓到一个问题，就够你去钻研半辈子了。

中国文化真是呆滞丑陋的吗？我们不必归罪于什么理学家、道学家或哪一"家"上去，只是由于少数的读书人，把观念搞错了，把大家的观念带到歧路上去。中国文化的本身，并非如此。历史上，汉代的司马迁曾经就"货利"的问题，正式提出来谈经济思想。当时别人都不大注重经济问题，只有他特别注意，而在《史记》中写了《货殖列传》，成为中国经济学上的第一篇传记，也是中国讨论经济哲学思想的好著作。另外，《平准书》也是财政学上的重要资料。

司马迁看法与众不同，在当时大家看不起货利的时候，他却认为货利非常重要。他提出来的第一位经济专家是姜太公，第二位是范蠡，第三位是孔子的天才学生子贡。

世界上不管哪一门学问，必须要从读书求知识、受教育而建立基础。但是书本上的知识，都是由前人的经验累积所集成的产品，在你吸收了这些知识经验以后，必须还要自己能够消化，能够加以发挥，产生出你自己新的见解，才是构成学问的最主要因素。如果呆呆板板地被它所范围，那就变成了所谓的书呆子了。其实，书呆子的确也是人类文化的艺术产品，有他非常可爱的一面。但是，往往运用到现实的事务上，便又很可能流露出非常可厌的一面，成为"百无一用是书生"的古人名言的反映了。

读中国书，认中国字，不管时代怎样演变，对于中国文字的六书——象形、指事、会意、形声、转注、假借，不能不留意。至少，读古代文字章法所写成的古书，必须具备有"说文"六书的常识。

但因上古文字以简化为原则。一个方块的中文字，便包含人们意识思想中的一个整体观念；有时只用一个中文字，但透过假借、转注的作用，又另外包含了好几个观念。不像外文或现代语文，用好几个，甚至一二十个字，才表达出一个观念。因此，以现代人来读古书，难免会增加不少思索和考据上的麻烦。同样的，我们用现代语体写出的文字，自以为很明白，恐怕将来也要增加后世人的许多麻烦。不过，人如不做这些琐碎的事，自找麻烦，那就也太无聊，会觉得活着没事可做似的。

读古人的书很难，首先暂且不要去看前人的注解。前人也许比我们高明，但也有比我们不明的地方。因为著书立说的人，难免都有先入为主的观念，除非真把古今各类书籍，读得融会贯通，否则见识不多，随便读一本书，就把里面别人的注解、观念，当做稀有至宝，一古脑遢全装进自己的脑袋瓜子里去，成为先入为主的偏见。然后，再来看讨论同样的问题的第二本书，如果作者持着相反的意见，便认为不对，认为是谬论，死心眼地执著第一本书的看法，这不很可怜吗？却不晓得研究中国文化的图书，几千年下来，连篇累牍，不可胜数。光是一部《四库全书》就堆积如山，而《老子》一书的注解，可说汗牛充栋，各家有各家的说法。有人读得焦头烂额，无法分清哪一种说法合理，只好想一套说词，自圆其说。最后又再三推敲，自己又怀疑起来。因此，我们最好还是读《老子》的原文，从原文中去找答案，去发现老子自己的注解。

如果要认真讲来，古文写作的文法和逻辑，实在是很认真的。只是古今文法运用不同，就显出它的逻辑也有点矛盾。尤其古代由于印刷不发达，所以古文尽量要求字句简练，一个字往往代表了一个观念，含意又深又多，于是后世就难得读懂了。

例如宋代欧阳修奉命修《唐史》的时候，有一天，他和那些助理的翰林学士们，出外散步，看到一匹马在狂奔，踩死路上一条狗。欧阳修想试一试他们写史稿作文章的手法，于是请大家以眼前的事，写出一个提要——大标题。有一个说："有犬卧于通衢，逸马蹄而杀之。"有一个说："马逸于街衢，卧犬遭之而毙。"欧阳修说，照这样作文写一部历史，恐怕要写一万本书也写不完。他们就问欧阳修，那么你准备怎么写？欧阳修说："逸马杀犬于道"六个字就清楚了。这便是古今文字不同的一例，再看第一个人的文句，就好像明代一般文字的句法。第二人的，好像宋代的句法。其实，时代愈向后来，思想愈繁复，文字的运用也就愈多了。

我曾经一再强调，我们后世之人读古人的著作，常常拿着自己当代的思想观念，或者现代语言文字的习惯，一知半解地对古人下了偏差的注解，歪曲了古人，这是何等的罪过。读什么时代的书，首先自己要能退回到原来那个时代的实际状况里去，体会当时社会的文物风俗，了解当时朝野各阶层的生活心态，以及当时的语言习惯，如此掌握了一个时代文化思想创造的动源，看清这个历史文化的背景所在，这才能避免曲解当时的哲学思想和文艺创作，并给予正确合理的评价。

比如，我们研究释迦牟尼佛的经典，也要退回到两千多年前的古印度的农业社会，设身处地替当时的人民想一想。那时的印度是一个贫富差距极大，极不平等，到处充满愚昧和痛苦的世界。假若你读历史，真能"人溺己溺，人饥己饥"地将自己整个投入，身历其境，于那种痛苦如同亲尝，那么方能真切地了解到释迦牟尼佛何以会提倡"众生平等"，何以会呼吁人人要有济度一切众生的行愿，才能体会到当时的佛陀真正伟大之处。如果天下太平，世界本来就好好的，大家生活无忧无虑，什么都不缺乏，汽车、洋房、冷暖气，样样俱足，日子过得满舒服的；即使比这种情况差一点，那也还甘之如饴，又何必期待你去救度个什么？帮助个什么呢？

书读多了，便会觉得今古文章没有什么了不起的，所谓"千古文章一大抄"，于今为烈！有人到中央图书馆、中央研究院或别的什么地方，把几十年前的报纸找出来，多抄几篇报屁股的文章，都变成了新的。或者一瓶浆糊、一把剪刀，拼拼凑凑，就是一本书，新著作。还有的人叫学生研究了半天，把资料拿来，拼凑一番，就是著作。最近有一个学生，留学法国，暑假回来，找论文题目，他说法国老师要他作关于中国问题的某一个题目。我说天下乌鸦一般黑，中国老师这样，外国教授也这样。他根本不懂这个问题，所以指定你的博士论文作这个题目，他做指导老师，名义是他挂了，实际上是你替他研究，今日学术界，作学问都不老实，真是孔子讲的"吾谁欺？欺天乎？"统统都是这样干。自己不懂的问题，要学生作论文，去研究。学生要想拿这个功名——学位，只好去找资料，苦死了。找来了以后都交给他，学生的学位完成了，他的知识也得到了，又不要费力气。这是学术界的秘密，全世界一样。决不像古人教学生是"传道授业"的精神了。人老了，对这些也看透了，实在也不想看了。

李宗吾与《厚黑学》

李宗吾的《厚黑学》，听说现在还很畅销，台湾、香港、大陆，很多人都喜欢看。但是，现在的读者可能不大了解这本书的历史背景，了解李宗吾的人恐怕更少了。李宗吾是四川人，自称"厚黑教主"。所谓厚黑，脸厚心黑也。我同李宗吾还有一段因缘，在我的印象里，李宗吾一点也不厚黑，可以说还很厚道。

我同李宗吾认识大约在抗战前期，具体日子记不起来了。那时，我在成都。成都是四川的首府，四川称天府之国，很富庶。成都不像香港这样的大城市，生活节奏那么快，在我的印象里，大家都很悠闲，到现在，我对成都还很怀念。

我从浙江辗转来到成都，才二十出头。我们这些外省人被称为"下江人"或"足底人"。我那时一心想求仙学道，一心想学得飞剑功夫去打日本人。所以，我经常拜访有名的、有学问的、有武功的人。

那时成都有个少成公园，里面有茶座，有棋室。泡上一壶茶，坐半天一天都可以，走的时候再付钱。中间有事离开一下，只要把茶杯盖翻过来放，吆司，就是茶博士不会把它收掉。没有钱的不喝茶也可以，吆司问你喝什么，你说喝玻璃，就会送来一玻璃杯的开水。这种农业社会的风气现在大概都不再有了。

少成公园是成都名人贤士、遗老遗少聚会的地方，经常可以看到穿长袍、着布鞋的，也有各种各样古怪的人。这些人正是我要寻找的人，所以，我就成了少成公园的常客。在那里，我结识了梁子彦老先生，他学问很好，前清考过功名，当过安徽哪个县的知事。我就拜他为师，他给我讲过几次课。当时成都的文人名士中，有所谓五老七贤，都是很有学问的人。通过梁子彦先生的介绍，我认识了五老七贤中的好几位，其中一位叫刘预波，七贤之一，那时已七十多岁了，诗词、文章、字都好，他是融儒、佛、道于一家，称列门教主。在这些人面前，我还是个孩子。我穿一身中山服，又是浙江人，蒋介石的同乡，开始时，他们当中有的人对我有点怀疑，这个家伙可能是蒋老头子派来的。慢慢地，他们了解了，我只是想求学问道，也就不怀疑了，好几个人还成了我的忘年交。

有一天，我正在少成公园里同几个前辈朋友喝茶下棋。这时，进来一个人，高高的个子，背稍微有点驼，戴一顶毡帽，面相很特别，像一个古代人。别人见他进来，都向他点头，或过去打招呼。梁老先生也过去打招呼。我就问梁老先生，这位是谁。梁先生说：这个人你都不知道？他就是"厚黑教主"李宗吾，在四川是很有名的。梁先生就向我讲起李宗吾的事情。我说我很想结识，请先生引荐。梁先生就把我带过去，向李宗吾介绍：这位南某人是足底人，是我的忘年交。我赶紧说："久仰教主大名。"其实我是刚刚听到他的名字，这种江湖上的客套总是要的。

于是，"厚黑教主"请我们一起坐下喝茶、聊天。所谓聊天，就是大家听这位厚黑教主在那里议论时事、针砭时弊，讲抗日战争，骂四川的军阀，他骂这些人都不是东西。这是我第一次结识"厚黑教主"，后来，在少成公园的茶馆里常常能见到他。

有一次，"厚黑教主"对我说："我看你这个人有英雄主义，很想当英雄，将来是会有作为的。不过，我想教你一个办法，可以更快地当上英雄。要想成功、成名，就要骂人，我就是骂人骂出名的。你不用骂别人，你就骂我，骂我李宗吾混蛋、该死，你就会成功。不过，你的额头上要贴一张大成至圣先师孔子之位的纸条，你的心里要供奉我'厚黑教主'李宗吾的牌位。"我当时没有照他这个办法做，所以没有成名。

在同"厚黑教主"接触了几次之后，我对他很敬佩，这个人学问很好，道德也好，生活也很严肃。那时候他已经出版了好几本书，有《厚黑经》《厚黑丛谈》《生理与科学》，还有一本《中国教育制度初探》。他在省教育厅做过督学，对教育制度有些研究，他对当时引进西方的教育制度有不同看法，这方面我同他有相同的看法。

李宗吾的这些书，当年我都读过，他学问好，文章写得也好，属于怪才一类。他的厚黑理论，拿现在的话说，就是怀疑历史，怀疑权威，向权威挑战。比如，人人都说尧舜是圣人，他就提了怀疑。他说这是他的发明，其实他前辈同宗明朝的李卓吾，已经开其先例。还有明朝末期的一些名士，也曾提出尧舜的禅位问题来讨论过。《木皮散客鼓词》里也是怀疑尧舜的，其中有一段就说到尧是因为自己的儿子无能，怕他将来保不住江山、被不相干的人夺去，就太可惜了。而见到舜很孝顺，又有能力，所以就把自己的两个女儿嫁给舜，把舜收为自己的女婿。女婿有半子之分，由女婿即位做了皇帝，那么，自己的儿孙还是可以享受荣华富贵的。李宗吾的《厚黑学》立论，完全是从李卓吾和《木皮散客鼓词》上学来的。甚至，李宗吾的名字也是他自己后来改的，可见他受李卓吾的影响是多么大。

李宗吾的厚黑理论，对历史上的人物，都是采取批评的态度，而且往往同一般人的见解不同。比如他对三国人物的评价，认为刘备脸厚，曹操心黑，孙权是心黑脸厚都有一点，但是都不到家。他把历史上的人物差不多骂遍了，他是借古讽今。他对当时的社会不满，对当时的大人物们不满，也差不多骂遍了。对蒋介石他也不佩服，但在我面前，他从来不提蒋介石的事。对四川当时的军阀，他更是骂得厉害。

四川当年军阀统治很厉害，刘湘、刘文辉这些人，刘文辉后来参加抗战。老百姓表面不敢反抗，但底下都骂他们。像李宗吾这样敢于骂军阀的人，不止他一个，我认识的刘师亮、谢无量都有骂军阀的杰作传开来。比如，刘湘杀人太多，杀人像剃头。刘师亮就作过一首诗：

> 问到头可剃，人人都剃头。有头皆可剃，不剃不成头。
>
> 剃之由他剃，头还是我头。请看剃头者，人也剃其头。

这首诗意思很明白，刘湘到处杀人，总有一天，你也会被人杀掉。后来，蒋介石杀了韩复榘，据说刘湘听到这个消息，被吓死了。

这是讲当年四川军阀统治的情况。我们这位"厚黑教主"一天到晚在骂军阀，骂社会上的黑暗现象，自然被人讨厌，尤其是军阀，都想抓他，甚至杀他。重庆的国民党中央党部对李宗吾也很讨厌，认为他散布的言论不利于民心士气，想抓但找不到把柄，因为李宗吾一不是共产党，二不反对抗日，所以后来一直也没有抓他。不过，我是知道有人想抓他的，因为我有几个朋友在政界做事。

有一次，我就对他讲："老师，你就不要再讲厚黑学了，不要再写文章骂人了。"他说："不是我随便骂人，每个人都是脸厚心黑，我只不过把假面具揭下来。"我说："听说中央都注意你了，有人要抓你。"他说："兄弟，这个你就不懂了。爱因斯坦与我同庚，他比我还小几个月，他发明了相对论，现在是世界闻名的科学家。而我现在还在四川，还在成都，还没有成大名。我希望他们抓我，我一坐牢，就世界闻名了。"

李宗吾后来没有被抓，也没有世界闻名。他曾经对我说："我的运气不好，不像蔡元培、梁启超那样。"不过，他的《厚黑学》流传了半个多世纪，还有那么多人喜欢读，恐怕是他自己没有预料到的。他那个"厚黑教主"，完全是自封的，他也没有一个教会组织，也没有一个教徒，孤家寡人一个。当年，他的书很多人喜欢读，但许多人不敢同他来往，怕沾上边。我不怕，一直同他来往。

过了一两年，我有事到云南、西康、四川边界，那里是我活动的地盘。干了一年多，不想干了，就回到了成都。这时，听说我的一个朋友，在杭州认识的和尚去世了，他死在自流井，就是现在的自贡。我欠他的情，自流井一定要去一趟。我的好朋友钱吉，也是个和尚，陪我去。我们走了八天，从成都走到自流井，找到了那个朋友的坟墓，烧了香，磕了头。

从自流井回成都，还要八天，我们身上的盘缠快没有了，正在发愁，我突然想起，"厚黑教主"李宗吾老家就在这里。李宗吾是个名人，他家的地址一打听就打听到了。他家的房子挺大，大门洞开。过去农村都是这样，大门从早上打开，一直到晚上才关上，不像现在香港，门都要关得严严的。我们在门口一喊，里面迎出来的正是"厚黑教主"，他一看见我，很高兴，问："你怎么来了？"我说，我来看一个死人朋友。他误解了，以为我在打趣他，说："我还没有死啊！"我赶紧解释。他看我们那个疲惫的狼狈相，马上安排做饭招待我们，现杀的鸡，从鱼塘捞出的活鱼，现摘的蔬菜，吃了一顿正宗的川菜。酒足饭饱之后，我就开口向他借钱。我说："教主，我是无事不登三宝殿，回成都没有盘缠了。"他说："缺多少？"我说："十块钱。"他站起来就到里屋，拿出一包现大洋递给我，我一掂，不止十块钱，问他多少，他说二十块。我说太多了，他说拿去吧。我说不知什么时候能还，他说先用了再说。从我借钱这件小事上看，"厚黑教主"的为人道德，他一点儿也不厚黑，甚至是很诚恳，很厚道的。

饭后聊天的时候，他突然提出来叫我不要回成都了，留下来。我说留下来干什么，他说："你不是喜欢武功吗？你就在这里学，这里有一个赵家坳，赵家坳有一个赵四太爷，武功很是了不起。"他接着向我介绍赵四太爷的情况。赵四太爷从小就是个瘸子，但是功夫很好，尤其是轻功。他穿一双新的布底鞋，在雪地里走上一里多地的来回，鞋底上不会沾上一点污泥。他教了一个徒弟，功夫也很好，但这个徒弟学了功夫不做好事，而干起采花的勾当，就是夜里翻墙入室，强奸民女。赵四太爷一气之下，把这个徒弟的功夫废了，从此不再授徒传艺。

"厚黑教主"觉得赵四太爷的功夫传不下来，太可惜了，就竭力鼓励我留下来跟他学。我说他都停止收徒了，我怎么能拜他为师？他说："你不一样，因为你是浙江人，赵四太爷的功夫就是跟一对浙江来的夫妇学的。我推荐你去，他一定会接受。"他说，跟赵四太爷学三年，学一身武功，将来当个侠客也不错。他还提出，这三年我的生活费由他负担。我看他一片诚意，不好当面拒绝。学武功挺有吸引力，只是三年时间太长了，我说容我再考虑考虑。

当晚，我和钱吉回客栈过夜。第二天一早，李宗吾来到了客栈，还是劝我留下来学武功，我最后还是推辞了，他直觉得遗憾，说："可惜，真可惜。"我又回到了成都。

不久，我到峨眉山闭关三年，同外界断绝了来往，对外面的人事沧桑都不了解。只有从山下挑米回来的小和尚，偶尔带回一点外面新闻。和尚是化外之人，对抗战这些消息不是太关心，加上小和尚也不懂，所以听不到这方面的消息。有一天，小和尚回来说："厚黑教主"李宗吾去世了。我听了心里很难过。我借他的二十块现大洋还没有还，也没法还了。我就每天给他念金刚经，超度他。"厚黑教主"李宗吾造孽太大了，骂了那么多人，他的《厚黑学》，有些年轻人读了，不知他的真实用意，真的照着脸厚心黑去做了，又害了多少年轻人。我只有念金刚经，还他的债，还他的情。后来听说他死的时候很安详，也算寿终正寝了。

第五章

谈典与论人

李斯的老鼠哲学

　　我们都知道孔子传道给曾子，曾子写了篇心得报告《大学》。曾子传道给孔子的孙子子思，子思又写了篇心得报告《中庸》。子思则传道给孟子，孟子不错，写了不少论文。至于荀子，也有一部著作传世，但到底有点掺水了。而且他的学生出了几个半吊子，像李斯、吴起这些人便是例子。

　　就李斯来说吧！我们如果讲政治哲学史，李斯的哲学是什么呢？我们可以叫他是老鼠哲学。什么是老鼠哲学呢？先要了解人类思想与历史演变有绝对关系，我们只要翻开《史记》一看《李斯传》，就可知道李斯的老鼠哲学了。李斯少年时跟荀子念书，他当时很穷，时代到了孟子以后的战国末期，人都现实了。世界越乱，人心越现实；国家社会安定了，仁义之心、道德之行才比较常见。

　　李斯的思想，后来影响秦始皇，就是被现实所困而来。他有一天上厕所，不是现在的抽水马桶，是古时农村社会的大粪坑。又深又大，坑上放一块木板，人就蹲在板上大便，谓之蹲坑。这种粪坑，更重迭远望如高楼。坑深的，大便落坑，时间长，声音大，每把偷粪吃的老鼠惊吓逃散。一天，李斯这个穷小子蹲坑，看到粪坑老鼠，又小又瘦，见人惊逃的仓皇样子，十分可怜。后来又看到米仓中偷米吃的老鼠，又肥又大，看见人来，不但不走避，反而瞪瞪眼很神气的样子。李斯觉得很奇怪，仔细一想，结果给他悟出一个现实的道理来了。原来又瘦又小见人就逃的老鼠，是无所凭借；而又肥又大见人不避的米仓老鼠，是有所凭借的。分别在此而已。

　　凭借，就是有本事，有靠山，或有本钱之类。李斯悟出道理以后，于是向老师荀子报告，不要读书了。荀子问他不读书要去干什么？他说要去游说诸侯，求功名富贵。荀子说，你还不行，学问还没有成就。李斯说，人穷到饭都没得吃，还去讲什么学问道德？这像什么话！老师一听这种话就说，你这个学生这种思想真糟，你去吧！就这样把李斯开除了。结果李斯碰到秦始皇这样一个混蛋，两个搞在一起，于是把一个国家搞得民不聊生。"鼠目寸光"，只搞老鼠哲学注重现实，不知仁义道德为何物的结果，自秦始皇身死沙丘之后，李斯也自家难保。所以在他父子临刑的时候，他对儿子说："此时要想和你牵黄犬出东门也不可能了。"

　　李斯搞老鼠哲学，为什么会被他弄成功呢？这就要看当时的环境。春秋战国三四百年动乱下来，民穷财尽，不止经济上贫困，人才也都完了。真正人才的培养，总要百多年来的安定社会才行。不谈别的，就说溥儒的画吧！人家说真好，别无第二人。我说你认为溥儒的艺术好，但可知他成本多大？"满清"以孤儿寡妇率领了两三百万人入关。三百年来称帝，在宫廷里就培养了这样一个艺术家。你说成本多大？譬如李后主的词好。当然好！"车如流水马如龙，花月正春风。"真好！但成本多大？一个万乘之尊，玩掉了一个国家，才写出这样的词。别人的确写不出，在气魄上，没当皇帝的人，硬写不出那种境界。如果是个穷小子站在台北西门町的大街上，可能便写："车如流水马如龙，口袋太空空。"所以说一个国家的人才，要几百年社会安定的文化才能培养得出来。但战争一来，又都光了。因此到了战国时代，只有苏秦、张仪这两个半吊子的同学，玩弄了天下。他们是当时的骄子，如果把春秋时代的子贡、子路这班人才，来与苏秦、张仪相比，子贡、子路一定连正眼都不看他们。可是到了战国末期，像苏秦、张仪等的人才，也过去了，如李斯这些人居然也出来旋乾转坤，大摆乌龙了。由此可见当时人才之荒的严重。历史是要这样看、这样读的。不能光读故事，要把环境、地理，一切搞清楚才能了解。到了汉高祖、项羽出来的时候，人家说汉高祖是流氓出身。那时候，没有什么流氓不流氓，四百多年战争打下来，再给秦始皇、李斯两个家伙一搞以后，根本天下人个个都是如此，又岂止是汉高祖？文化的重行建立，是在汉文帝、汉武帝的时候，其中有近百年空档，几乎可以说没有文化，所以汉文、汉武对于文化整建的功勋，的确是可圈可点的。

汉武帝奶妈的故事

"汉武帝乳母，尝于外犯事。帝欲申宪，乳母求东方朔。朔曰：此非唇舌所争，而必望济者，将去时，但当屡顾帝，慎勿言此，或可万一冀耳。乳母既至，朔亦侍侧，固谓曰：汝痴耳！帝今已长，岂复赖汝哺活耶！帝凄然即敕免罪。"——《史记》载救乳母者，为郭舍人，现在据刘向《说苑》等记，说是东方朔。姑且认为是东方朔，较有趣味。

在历史的记载上的汉武帝，有人说他是"穷兵黩武"，与秦始皇并称，同时也是历史上的明主。汉武帝有个奶妈，他自小是由她带大的。历史上皇帝的奶妈经常出毛病，问题大得很，因为皇帝是她的干儿子，这奶妈的无形权势，当然很高，因此，"尝于外犯事"，常常在外面做些犯法的事情。"帝欲申宪"，汉武帝也知道了，准备把她依法严办。皇帝真发脾气了，就是奶妈也无可奈何，只好求救于东方朔，东方朔在汉武帝面前，是有名的可以调皮耍赖的人。汉武帝与秦始皇不同，至少有两个人他很喜欢，一个是东方朔，经常与他幽默——滑稽、说笑话，把汉武帝弄得啼笑皆非。但是汉武帝很喜欢他，因为他说的做的都很有道理。另一个是汲黯，他人品道德好，经常在汉武帝面前顶撞他，他讲直话，使汉武帝下不了台。由此看来，这位皇帝独对这两个人能够容纳重用，虽然官做得并不很大，但非常亲近，对他自己经常有中和的作用。所以，东方朔在汉武帝面前，有这么大关系。奶妈想了半天，不能不求人家。皇帝要依法办理，实在不能通融，只好来求他想办法。他听了奶妈的话后，说道：此非唇舌所争——奶妈，注意啊！这件事情，只凭嘴巴来讲，是没有用的。因此，他教导奶妈说："而必望济者，将去时，但当屡顾帝，慎勿言此，或可万一冀耳！"你要我真帮忙你，又有希望帮得上忙的话，等皇帝下命令要办你的时候，一定叫把你拉下去，你被牵走的时候，什么都不要说，皇帝要你滚只好滚了，但你走两步，便回头看看皇帝，走两步，又回头看看皇帝，千万不可要求说："皇帝！我是你的奶妈，请原谅我吧！"否则，你的头将会落地。你什么都不要讲，喂皇帝吃奶的事更不要提。"或可万一冀耳！"或者还有万分之一的希望，可以保全你。

东方朔对奶妈这样吩咐好了，等到汉武帝叫奶妈来问："你在外面做了这许多坏事，太可恶了！"叫左右拉下去法办。奶妈听了，就照着东方朔的吩咐，走一两步，就回头看看皇帝，鼻涕眼泪直流。东方朔站在旁边说：你这个老太婆神经嘛！皇帝已经长大了，还要靠你喂奶吃吗？你就快滚吧！东方朔这么一讲，汉武帝听了很难过，心想自己自小在她的手中长大，现在要把她绑去砍头，或者坐牢，心里也着实难过，又听到东方朔这样一骂，便说算了，免了你这一次的罪吧！以后可不要再犯错了。"帝凄然，即赦免罪"。

像这一类的事，看起来，是历史上的一件小事，但由小可以概大。此所以东方朔的滑稽，不是乱来的。他是以滑稽的方式，运用了"曲则全"的艺术，救了汉武帝的奶妈的命，也免了汉武帝后来的内疚于心。

假如东方朔跑去跟汉武帝说："皇帝！她好或不好，总是你的奶妈，免了她的罪吧！"那皇帝就更会火大了。也许说：奶妈又怎么样，奶妈就有三个头吗？而且关你什么事，你为什么替她说情？可能她的犯罪，都是你的坏主意吧！同时把你的讲话家伙也一齐砍下来。那就吃不消了。他这样一来，一方面替皇帝发了脾气，你老太婆神经病，十三点！如此一骂，皇帝难过了，也不需要再替她求情，皇帝自己后悔了，也不能怪东方朔，因为东方朔并没有请皇帝放她，是皇帝自己放了她，恩惠还是出在皇帝身上，这就是"曲则全"。

刘 备 与 淫 具

"（先主）刘备在蜀，时天旱，禁私酿，吏于人家，索得酿具，欲论罚。简雍与先主游，见男女行道，谓先主曰：'彼欲行淫，何以不缚？'先主曰：'何以知之？'对曰：'彼有其具'。先主大笑而止。"

三国时代，刘备在四川当皇帝，碰当天旱——夏天长久不下雨，为了求雨，乃下令不准私人家里酿酒，就如现在政府命令，不准屠宰相类同。因为酿酒，也会浪费米粮和水，就下令不准酿酒。命令下达，执行命令的官吏，在执法上就发生了偏差，有的在老百姓家中搜出做酒的器具来，也要处罚。老百姓虽然没有酿酒，而且只搜出以前用过的一些做酒工具，怎么可算是犯法呢？但是执行的坏官吏，一得机会，便"乘时而驾"，花样百出，不但可以邀功求赏，而且可以借故向老百姓敲诈、勒索，报上去说：某人家中，搜到酿酒的工具，必须要加处罚，轻则罚金，重则坐牢。虽然刘备的命令，并没有说搜到酿酒的工具要处罚，可是天高皇帝远，老百姓有苦无处诉，弄得民怨处处，可能会酝酿出乱子来。简雍是刘备的妻舅。有一天，简雍与刘备两郎舅一起出游，顺便视察，两人同坐在一辆车子上，正向前走，简雍一眼看到前面有个男人与一个女人在一起走路，机会来了，他就对刘备说："这两个人，准备奸淫，应该把他俩捉起来，按奸淫罪法办。"刘备说："你怎么知道他们两人欲行奸淫？又没有证据，怎可乱办呢！"简雍说："他们两人身上，都有奸淫的工具啊！"刘备听了哈哈大笑说："我懂了，快把那些有酿酒器具的人放了吧。"这又是"曲则全"的一幕闹剧。

当一个人发怒的时候，所谓"怒不可遏，恶不可长"。尤其是古代帝王专制政体的时代，皇上一发了脾气，要想把他的脾气堵住，那就糟了，他的脾气反而发得更大，不能堵的，只能顺其势——"曲则全"——转个弯，把他化掉就好了。这是说身为大臣，做人家的干部，尤其是做高级干部，必须要善于运用的道理。

齐景公的刽子手

"齐有得罪于景公者，公大怒。缚至殿下，召左右肢解之，敢谏者诛。晏子左手持头，右手磨刀，仰而问曰：'古者明王圣主肢解人，不知从何处始。'公离席曰：'纵之，罪在寡人。'"

周朝，春秋时代的齐景公，在齐桓公之后，也是历史上的一位明主。他拥有历史上第一流政治家晏子——晏婴当宰相。当时有一个人得罪了齐景公，齐景公乃大发脾气，抓来绑在殿下，要把这人一节节的砍掉。古代的"肢解"，是手脚四肢、头脑胴体，一节节的分开，非常残酷。同时齐景公还下命令，谁都不可以谏阻这件事，如果有人要谏阻，便要同样的肢解。皇帝所讲的话，就是法律。晏子听了以后，把袖子一卷，装得很凶的样子，拿起刀来，把那人的头发揪住，一边在鞋底下磨刀，做出一副要亲自动手杀掉此人为皇帝泄怒的样子。然后慢慢地仰起头来，向坐在上面发脾气的景公问道："报告皇上，我看了半天，很难下手，好像历史上记载尧、舜、禹、汤、文王等这些明王圣主，要肢解杀人时，没有说明应该先砍哪一部分才对？请问皇上，对此人应该先从哪里砍起才能做到像尧舜一样地杀得好？"齐景公听了晏子的话，立刻警觉，自己如果要做一个明王圣主，又怎么可以用此残酷的方法杀人呢！所以对晏子说："好了！放掉他，我错了！"这又是"曲则全"的另一章。

晏子当时为什么不跪下来求情说："皇上！这个人做的事对君国大计没有关系，只是犯了一点小罪，使你万岁爷生气，这不是公罪，私罪只打二百下屁股就好了，何必杀他呢！"如果晏子是这样地为他求情，那就糟了，可能火上加油，此人非死不可。他为什么抢先拿刀，要亲自充当刽子手的样子？因为怕景公左右，有些莫名其妙的人，听到主上要杀人，拿起刀来就砍，这个人就没命了。他身为大臣，抢先一步，把刀拿着，头发揪着，表演了半天，然后回头问老板，从前那些圣明皇帝要杀人，先向哪一个部位下手？我不知道，请主上指教是否是一刀刀地砍？意思就是说，你怎么会是这样的君主，会下这样的命令呢？但他当时不能那么直谏，直话直说，反使景公下不了台阶，弄得更糟。所以他便用上"曲则全"的谏劝艺术了！

大概把这些历史故事了解以后，可作人生做人处世的参考。世间有很多事情都是如此，即使家庭骨肉之间朋友之道，也是一样。人非修学不可，读了书要学以致用，但有时候书虽读得多，碰到事情的现场，脾气一来，把所读的书都丢掉了，那就没有办法的事。

能进能退的郭子仪

从事功方面来讲，受到老子思想的影响，建立一代事功的帝王，严格说来，只有汉文帝和清初的康熙，康熙运用黄老之道的成就，更有过于汉文帝。

汉文帝是老老实实地实行老子的哲学来治国，奠定两汉四百年的刘家天下。康熙是灵活运用黄老的法则，开建清朝统一的局面，以十多岁的少年，处在内有权臣、外有强藩的局面，而能除鳌拜，平三藩，内开博学鸿词科以网罗前明遗老，外略蒙藏而开拓疆土，都自然而然地合于老子的"冲而用之或不盈""挫其锐，解其纷"的法则。他还特地颁发《老子道德经》，嘱咐满族亲王们加以研读，奉为领导学的圣经宝典。

至于历史上名将相的事功，则有中唐名将郭子仪与名相李泌。

郭子仪，是道道地地经过考试录取的武举异等出身，历任军职，到了唐玄宗（明皇）天宝十四年，安禄山造反，才开始诏命他为卫尉卿、灵武郡太守、克朔方节度使，屡战有功。当唐明皇仓皇入蜀，皇太子李亨在灵武即位、后来称号的唐肃宗，拜郭子仪为兵部尚书、同中书门下平章事，仍总节度使的职权。转战两年之后，郭子仪从帝子出任元帅的广平王李豫，统率番汉兵将十五万，收复长安。肃宗曾亲自劳军灞上，并且对他说："国家再造，卿力也。"但在战乱还未平靖、到处尚须用兵敉平的时候，恐怕郭子仪、李光弼等功劳太大，难以驾驭，便不立元帅，而派出太监鱼朝恩为观军容宣尉使来监军。

一个半男半女的太监，又懂得什么，但他却代表了朝廷和皇帝，处处加以阻挠，动辄掣肘，致使王师虽众而无统率。在战场上，各个将领就互相观望，进退失据。不得已，又诏郭子仪为东畿山南东道河南诸道行营元帅，鱼朝恩因此更加忌妒，密告郭子仪许多不是，因此又召郭子仪交还兵权，回归京师。郭子仪接到命令，不顾将士的反对，瞒过部下，独自溜走，奉命回京闲居，一点也没有怨尤的表示。

接着，史思明再陷河洛，西戎又逼据首都，经朝廷的公议，认为郭子仪有功于国家，现在正当大乱未靖，不应该让他闲居散地。肃宗才有所感悟，不得已，诏他为诸道兵马都统，后来又赐爵为汾阳王。可是这时候的唐肃宗已经病得快死了，一般臣子都无法见到。郭子仪便再三请求说："老臣受命，将死于外，不见陛下，目不瞑。"因此才得引见于内寝，此时肃宗亲自对郭子仪说：河东的事，完全委托你了！

肃宗死后，当时和郭子仪并肩作战、收复两京的广平王李豫继位，后来称号为唐代宗。又因亲信程元振的谗言，暗忌宿将功大难制，罢免了郭子仪的一切兵权职务，只派他为监督修造肃宗坟墓的山陵使而已。郭子仪愈看愈不对，一面尽力修筑好肃宗的坟墓，一面把肃宗当时所赐给他的诏书敕命千余篇（当然包括机密不可外泄的文件），统统都缴还上去，才使代宗有所感悟，心生惭愧，自诏说："朕不德，诒大臣忧，朕甚自愧，自今公毋疑。"

跟着，梁崇义窃据襄州。叛将仆固怀恩屯汾州，暗中约召回纥、吐番寇河西、践泾州、犯奉天、武功。代宗也同他的祖父唐明皇一样，离京避难到陕州。不得已，又匆匆忙忙拜郭子仪为关内副元帅，坐镇咸阳。这个时候，郭子仪因罢官回京以后，平常所带的将士，都已离散，身边只有老部下数十个骑士。他一接到诏命，只好临时凑合出发，借民兵来补充队伍，一路南下，收集逃兵败将，加以整编，到了武关，又收编驻关防的部队，凑了几千人。后来总算碰到旧日的部将张知节来迎接他，才在洛南扩大阅兵，屯于商丘。因此，又是军威大震，使得吐番夜溃遁去，再次收复两京。

大概介绍了郭子仪个人历史的几个重点，就可以看出他的立身处事，真正做到"用之则行，舍之则藏"，不怨天，不尤人的风格。他带兵素来以宽厚著称，对人也很忠恕。在战场上，沉着而有谋略，而且很勇敢。朝廷需要他时，一接到命令，不顾一切，马上行动。等到上面怀疑他，要罢免他时，也是不顾一切，马上就回家吃老米饭。所以屡黜屡起，国家不能不有他。

另两件有关他个人的行谊。一是关于他与监军太监鱼朝恩的恩怨，在当时的政治态势上，是相当严重的，鱼朝恩曾经派人暗地挖了郭子仪父亲的坟墓。当唐代宗大历四年的春天，郭子仪奉命入朝。到了郭子仪回朝，朝野人士都恐怕要掀起一场大风暴，代宗也为了这件事，特别吊唁慰问。郭子仪却哭着说：我在外面带兵打仗，士兵们破坏别人的坟墓，也无法完全照顾得到，现在我父亲的坟墓被人挖了，这是报应，不必怪人。

鱼朝恩便来邀请他同游章敬寺，表示尊敬和友好。这个时候的宰相元载，也不是一位太高尚的人物。元载知道了这个消息，怕鱼朝恩拉拢郭子仪，问题就大了。这种政坛上的人事纠纷，古今中外，都是很头痛的事。因此，元载派人秘密通知郭子仪，说鱼朝恩的邀请，是对他有大不利的企图，要想谋杀他。郭子仪的门下将士，听到这个消息，极力主张要带一批武装卫队去赴约。郭子仪却毅然决定不听这些谣传，只带了几个必要的家僮，很轻松地去赴会。他对部将们说："我是国家的大臣，他没有皇帝的命令，怎么敢来害我。假使受皇帝的密令要对付我，你们怎么可以反抗呢？"就这样他到了章敬寺，鱼朝恩看见他带来几个家僮们戒备性的神情，就非常奇怪地问他有什么事。于是郭子仪老老实实告诉他外面有这样的谣传，所以我只带了八个老家僮来，如果真有其事，免得你动手时，还要煞费苦心地布置一番。他这样的坦然说明，感动得鱼朝恩掉下了眼泪说："非公长者，能无疑乎！"如果不是郭令公你这样长厚待人的大好人，这种谣言，实在叫人不能不起疑心的。

　　另有一则故事，是在郭子仪的晚年，他退休家居，忘情声色来排遣岁月。那个时候，后来在唐史《奸臣传》上出现的宰相卢杞，还未成名。有一天，卢杞来拜访他，他正被一班家里所养的歌伎们包围，正在得意地欣赏玩乐。一听到卢杞来了，马上命令所有女眷，包括歌伎，一律退到大会客室的屏风后面去，一个也不准出来见客。他单独和卢杞谈了很久，等到客人走了，家眷们问他："你平日接见客人，都不避讳我们在场，谈谈笑笑，为什么今天接见一个书生却要这样地慎重？"郭子仪说："你们不知道，卢杞这个人，很有才干，但他心胸狭窄，睚眦必报。长相又不好看，半边脸是青的，好像庙里的鬼怪。你们女人最爱笑，没有事也笑一笑。如果看见卢杞的半边蓝脸，一定要笑，他就会记恨在心，一旦得志，你们和我的儿孙，就没有一个活得成了！"不久卢杞果然作了宰相，凡是过去有人看不起他，得罪过他的，一律不能免掉杀身抄家的冤报。只有对郭子仪的全家，即使稍稍有些不合法的事情，他还是曲予保全，认为郭令公非常重视他，大有知遇感恩之意。

　　讲到这里，忽然想到另外一则李太白与郭子仪有关的故事。在郭子仪初出茅庐，担当小军官的时候，因为不小心犯了军法，而被扣押。这件事情被李白知道了。李白早就非常器重这位少壮军官，一听到消息，就来找到郭子仪的长官说情，这个长官也是李白的朋友，因此就从轻处置，平安无事。等到后来安禄山造反以后，天宝十五年，李白在江西浔阳，却和另一位李家的帝子、永王李璘相识，拉他参加幕府。永王名义上是起兵勤王，实际上也想趁机上台当皇帝，因此而违抗肃宗的东巡诏命，结果兵败于丹阳，李白也受到牵累，在浔阳坐牢，后来又要被流放到夜郎。好在郭子仪已收复两京，名震一时，功劳又大，他知道李白受到牵连致罪，就拿他的战功极力保奏，李白才蒙赦免。这件历史故事记载在唐人的诗话中，是否真实，我们不讲考据。不过一个名士和一个名将的知遇结合，却是人们情愿相信确有其事；而且也显见古人长厚、好人好事的一报还一报，很是痛快淋漓。因此昔日女诗人汪小蕴，在论史诗中有关郭子仪的名句有："一代威名迈光弼，千秋知己属青莲。"青莲是李白的别号。

史载郭子仪年八十五而终。他所提拔的部下幕府中，有六十多人，后来皆为将相。八子七婿，皆贵显于当代。"天下以其身为安危者殆三十年，功盖天下而主不疑，位极人臣而众不嫉，穷奢极欲而人不非之。"历代历史上的功臣，能够做到功盖天下而主不疑，位极人臣而众不嫉，穷奢极欲而人不非，实在太难而特难。

半个芋头十年宰相

李泌，是中唐史上突出的人物，他几乎和郭子仪相终始，身经四朝——玄宗、肃宗、代宗和德宗，参与宫室大计，辅翼朝廷，运筹帷幄，对外策划战略，配合郭子仪等各个将领的步调，使其得到成功，也可以说是肃宗、代宗、德宗三朝天下的重要人物。只是因他一生爱好神仙佛道，被历来以儒家出身、执笔写历史的大儒们主观我见所摒弃，在一部中唐变乱史上，轻轻带过，实在不太公平。其实，古今历史，谁又敢说它是绝对公平的呢？说到他的淡泊明志，宁静致远，善于运用黄老拨乱反正之道的作为，实在是望之犹如神仙中人。

225

李泌幼年便有神童的称誉，已能粗通儒、佛、道三家的学识。在唐玄宗（明皇）政治最清明的开元时期，他只有七岁，已经受到玄宗与名相张说、张九龄的欣赏和奖爱。有一次，张九龄准备拔用一位才能不高、个性比较软弱，但肯听话的高级臣僚。李泌虽然年少，跟在张九龄身边，便很率直地对张九龄说："公起布衣，以直道至宰相，而喜软美者乎！"相公你自己也是平民出身，处理国家大事，素来便有正直无私的清誉，难道你也喜欢低声下气而缺乏节操和能力的软性人才吗？张九龄听了他的话，非常惊讶，马上很慎重地认错，改口叫他小友。

李泌到了成年的时期，非常博学，而且对《易经》的学问，更有心得。他经常寻访嵩山、华山、终南等名山之间，希望求得神仙长生不死的方术。到了天宝时期，玄宗记起他的幼年早慧，特别召他来讲《老子》，任命他待诏翰林，供奉东宫，因而与皇太子兄弟等非常要好。在这个时候，他已经钻研于道家方术的修炼，很少吃烟火食物了！

有一天晚上，他在山寺里，听到一个和尚念经的声音，悲凉委婉而有遗世之响，他认为是一位有道的再来人。打听之下，才知道是一个做苦工的老僧，大家也不知道他叫什么名字。平常收拾吃过的残羹剩饭充饥，吃饱了就伸伸懒腰，找个角落去睡觉，因此大家便叫他懒残。李泌知道了懒残禅师的事迹，在一个寒冬深夜，独自一个人偷偷去找他，正碰到懒残把捡来的干牛粪，垒作一堆当柴烧，生起火来烤芋头。这个和尚在火堆旁缩做一团，面颊上挂着被冻得长流的清鼻水。李泌看了，一声不响，跪在他的旁边。懒残也像没有看见他似的，一面在牛粪中捡起烤熟了的芋头，张口就吃。一面又自言自语地骂李泌是不安好心，要来偷他的东西。边骂边吃，忽然转过脸来，把吃过的半个芋头递给李泌。

李泌很恭敬地接着，也不嫌它太脏，规规矩矩地吃了下去。懒残看他吃完了半个芋头便说：好！好！你不必多说了，看你很诚心的，许你将来做十年的太平宰相吧！道业却不说了！拍拍手就走了。

到了安禄山造反，唐明皇仓皇出走，皇太子李亨在灵武即位，是为肃宗，到处寻找李泌，恰好李泌也到了灵武。肃宗立刻和他商讨当前的局面，他便分析当时天下大势和成败的关键所在。肃宗要他帮忙，封他做官，他恳辞不干，只愿以客位的身份出力。肃宗也只好由他，碰到疑难的问题，常常和他商量，叫他先生而不名。这个时候，李泌已少吃烟火食。肃宗有一天夜里，高兴起来，找来兄弟三王和李泌就地炉吃火锅，因李泌不吃荤，便亲自烧梨二颗请他，三王争取，也不肯赐予。外出的时候，陪着肃宗一起坐车。大家都知道车上坐着那位穿黄袍的，便是皇帝。旁边那位穿白衣的，便是山人李泌。肃宗听到了大家对李泌的称号，觉得不是办法，就特别赐金紫，拜他为广平王（皇太子李豫）的行军司马。并且对他说：先生曾经侍从过上皇（玄宗），中间又作过我的师傅，现在要请你帮助我儿子作行军司马。我父子三代，都要借重你的帮忙了。谁知道他后来帮忙到子孙四代呢！

李泌看到肃宗当时对政略上的人事安排，将来可能影响太子的继位问题，便秘密建议肃宗使太子做元帅，把军政大权托付给他。他与肃宗争论了半天，结果肃宗接受了他的意见。

肃宗对玄宗的故相李林甫非常不满，认为天下大乱，都是这个奸臣所造成，要挖他的坟墓，烧他的尸骨。李泌力谏不可，肃宗气得问李泌，你难道忘了李林甫当时的情形吗？李泌却认为不管怎样，当年用错了人，是上皇（玄宗）的过失。上皇治天下五十年，难免会有过错。你现在追究李林甫的罪行，加以严厉处分，间接的是给上皇极大的难堪，是揭玄宗的疮疤。你父亲年纪大了，现在又奔波出走，听到你这样做，他一定受不了，老年人感慨伤心，一旦病倒，别人会认为你身为天子，以天下之大，反不能安养老父，这样一来，父子之间就很难办了。肃宗经过他的劝说，不但不意气用事，反而抱着李泌的脖子，痛哭着说：我实在没有细想其中的利害。

唐明皇后来能够自蜀中还都，全靠他的周旋弥缝。

唐明皇还都做太上皇，肃宗重用奸臣李辅国。李泌一看政局不对，怕有祸害，忽然又变得庸庸碌碌，请求隐退，遁避到衡山去修道。大概肃宗也认为天下已定，就准他退休，赏赐他隐士的服装和住宅，颁予三品禄位。

另有一说，李泌见到懒残禅师的一段因缘，是在他避隐衡山的时期。总之，"天道远而人道迩"，仙佛遇缘的传说，事近渺茫，也无法考据得确切，存疑可也。

李泌在衡山的隐士生活过不了多久，身为太上皇的唐明皇死了，肃宗跟着也死了，继位当皇帝的，便是李泌当年特别加以保护的皇太子广平王李豫，后来称号为唐代宗。代宗登上帝位，马上就召李泌回来，起先让他住在宫内蓬莱殿书阁，跟着就赐他府第，又强迫他不可素食，硬要他娶妻吃肉，这个时候，李泌却奉命照做了。但是宰相元载非常忌妒他的不合作，找机会硬是外放他去做地方官。代宗暗地对他说，先生将就一点，外出走走也好。没多久，元载犯罪伏诛，代宗立即召他还京，准备重用。但又为奸臣常衮所忌，怕他在皇帝身边对自己不利，又再三设法外放他出任澧朗峡团练使，后再迁任杭州刺史。他虽贬任地方行政长官，到处仍有很好的政绩。

当时奉命在奉天，后来继位当皇帝，称号为唐德宗的皇太子李适，知道李泌外放，便要他到行在（行辕），授以左散骑常侍。对于军国大事，李泌仍然不远千里地向代宗提出建议，代宗也必定采用照办。到了德宗继位后的第三年，正式出任宰相，又封为邺侯。勤修内政，充裕军政费用。保全功臣李晟、马燧，以调和将相。外结回纥、大食，以困吐蕃而安定边陲。常有与德宗政见不同之处，反复申辩上奏达十五次之多。总之，他对内政的处理，外交的策略，军事的部署，财经的筹划，都做到了安和的绩效。

但德宗却对他说：我要和你约法在先，因你历年来所受的委屈太多了，不要一旦当权，就记恨报仇，如对你有恩的，我会代你还报。李泌说："臣素奉道，不与人为仇。"害我的李辅国、元载他们，都自毙了。过去与我要好的，凡有才能的，也自然显达了。其余的，也都零落死亡了。我实在没什么恩怨可报的。但是如你方才所说，我可和你有所约言吗？德宗就说，有什么不可呢！于是李泌进言，希望德宗不要杀害功臣，"李晟、马燧有大功于国，闻有谗言之者。陛下万一害之，则宿卫之士，方镇之臣，无不愤怒反仄，恐中外之变复生也。陛下诚不以二臣功大而忌之，二臣不以位高而自疑，则天下永无事矣。"德宗听了认为很对，接受了李泌的建议。李晟、马燧在旁听了，当着皇帝感泣而谢。

不幸的是，宫廷父子之间，又受人中伤而有极大的误会，几乎又与肃宗一样造成错误，李泌为调和德宗和太子之间的误会，触怒了德宗说："卿不爱家族乎？"意思是说，我可以杀你全家。李泌立刻就说："臣惟爱家族，故不敢不尽言，若畏陛下盛怒而曲从，陛下明日悔之，必尤臣曰：吾独任汝为相，不谏使至此，必复杀臣子。臣老矣，余年不足惜，若冤杀臣子，使臣以侄为嗣，臣未知得歆其祀乎！"因呜咽流涕。上亦泣曰："事已如此，奈何？"对曰："此大事愿陛下审图之，自古父子相疑，未有不亡国者。"

接着李泌又提出唐肃宗与代宗父子恩怨之间的往事说："且陛下不记建宁之事乎？"（唐肃宗因受宠妃张良娣及奸臣李辅国的离间，杀了儿子建宁王李谈）德宗说："建宁叔实冤，肃宗性急故耳。"李泌说："臣昔为此，故辞归，誓不近天子左右，不幸今日复为陛下相，又观兹事。且其时先帝（德宗的父亲代宗）常怀畏惧。臣临辞日，因诵黄台瓜辞，肃宗乃悔而泣。"（黄台瓜辞：唐高宗太子——李贤作。武则天篡位，杀太子贤等诸帝子，太子贤自恐不免故作）"种瓜黄台下，瓜熟子离离，一摘使瓜好，再摘令瓜稀，三摘犹自可，摘绝抱蔓归。"

　　德宗听到这里，总算受到感动。但仍然说："我的家事，为什么你要这样极力参与？"李泌说："臣今独任宰相之重，四海之内，一物失所，责归于臣，况坐视太子冤横而不言，臣罪大矣。"甚至说到"臣敢以宗族保太子"，中间又往返辩论很多，并且还告诉德宗要极力保密，回到内宫，不要使左右知道如何处理此事。一面又安慰太子勿气馁，不可自裁。他对太子说："必无此虑，愿太子起敬起孝，苟泌身不存，则事不可知耳！"最后总算解开德宗父子之间的死结。德宗特别开延英殿，独召李泌对他哭着说："非卿切言，朕今日悔无及矣！太子仁孝，实无他也。自今军国及朕家事，皆当谋于卿矣。"李泌听了，拜贺之外，便说："臣报国毕矣，惊悸亡魂，不可复用，愿乞骸骨。"德宗除了道歉安慰，硬不准他辞职。过了一年多，李泌果然死了，好像他又有预知似的。

　　历来的帝王宫廷，一直都是天下是非最多、人事最复杂的场所。尤其王室中父子兄弟、家人骨肉之间权势利害的悲惨斗争，真是集人世间悲剧的大总汇。况且"疏不间亲"，古有明训。以诸葛亮的高明，他在荆州，便不敢正面答复刘琦问父子之间的问题。但在李泌，处于唐玄宗、肃宗、代宗、德宗四代父子骨肉之间，都挺身而出，仗义执言，排难解纷，调和其父子兄弟之间的祸害，实在是古今历史上的第一人。因此，汪小蕴女史咏史诗，论邺侯李泌，便有："勋参郭令才原大，迹似留侯术更淳"的名句。郭令，是指郭子仪。郭子仪的成功，全靠李泌幕后的策划。留侯，是写他与张良对比。可惜在一般史书所载的偏见评语，轻轻一笔带过，还稍加轻视的色调，如史评说："泌有谋略，而好谈神仙怪诞，故为世所轻。"其实，查遍正史，李泌从来没有以神仙怪诞来立身处事。个性思想爱好仙佛，只是个人的好恶倾向。与经世学术，又有何妨。善用谋略来拨乱反正、安邦定国，谋略有什么不对？由此可见，史学家的论据，真是可信而不能尽信，大可耐人寻味。

宋真宗的无为之治

老子的无为之治的政治思想，在以往的历史上，常被误解，乃至被有些领导一个时代的帝王们，有意或无意地歪曲他的作用，那就不能完全诿过在老子身上了。这种历史上的过谬，最明显的事实，便是宋真宗的故事。

当五代的末期，由赵匡胤的陈桥兵变，黄袍加身，跃登皇帝的大位以后，历来的传统历史学者，秉承一贯的正统观念，都以宋朝为主。如果我们从历史统一大业的观点来说，整个南北宋三百年间的政权，只是与辽、金，乃至西夏等共天下，彼此分庭抗礼，等于东西晋以后第二个南北朝的局面。如果从中国文化的立场来看，南北宋与辽金元，都是服膺在中国文化的大纛之下，各有千秋，辽金的文治，比起宋朝，并无太大的逊色。这一观点，也许是我对历史的看法不同，但大致不会太离谱。尤其希望青年学者们，不要忽略了当时辽金的文化与中国文化大系的关系。

在我们的历史上，宋朝的建国，版图很小，治权所及的地区，实在小得可怜。只是在宋一代，在学术文化上，比较重视文人政治，尊重儒家学术的地位，因此颇受历来学者的讴歌赞扬而已。其实，当宋太祖赵匡胤当皇帝开始，玉斧一挥，北方的燕云十六州，已非宋有。西南方的云南迤西、蒙自一带，又有以儒佛文化立国的大理国存在，也不尊奉赵宋的正朔。如果以汉唐的建国精神来讲，先武功而后文治，那么赵宋的天下，实在不无惭色。它的基本原因，因为宋太祖赵匡胤和宋太宗赵匡义两弟兄，天生本质，都是军人而兼爱好读书的学者，因此对于军机兵略，深知利害，不敢轻举妄动。从好的方面来讲，天性比较仁厚，雄长的气魄就比较薄弱，大有如唐代诗人黄松非战诗所谓"泽国江山入战图，生民何计乐樵苏。劝君莫话封侯事，一将功成万骨枯"的慈悲怀抱。

因此，宋太祖赵匡胤的初期策略，极力从事休养生息，在安定中求俭约，希望利用北人的贪得心理，以钱财来麻醉北辽，渐次买回燕云十六州的一半版图。如果我们用现代的名词来说，他是想利用财政经济的侵略，来统一全国。不幸的是他的兄弟宋太宗赵匡义，没有全盘了解他哥哥的策略，继位不到几年，就把国库积存的财币，用去了大半。到了宋真宗手里，既不敢战，又不敢和，进退两难，非常棘手。好在肯接受名相寇准所坚持的决策，勉勉强强御驾亲征，博得"澶渊之役"一场军事外交的胜利战。但在当时，几乎已把宋真宗吓破了胆。这些事实，在历史的实录上，可以看得清清楚楚，明明白白。

讲到这里，再让我们多费些时间，稍微了解有关宋一代名臣寇准的表儒内道的大手笔。同时也可了解一下，道家"无为而无不为"的精神用之在臣道的精彩一幕。寇准确是一位深信黄老之道的学者，在他担当军国大事的任内，家里还隐秘地供养着一位专修神仙丹道的道人。他的作风，大胆而缜密，豪放而平实，的确是深得黄老之道的三昧。他在"澶渊之役"中，勉强着皇帝宋真宗御驾亲征，兵临前线，在枪杆下办外交，实在相当冒险。而且当时在宋真宗的旁边，政府内部还有势力相当的反对派。他却不顾一切，谋定而动。这比起三国时代，魏延建议诸葛亮出兵子午谷，还要冒险十倍。但是他居然做了。在这一件史实上，宋真宗肯听寇准的意见，临事能够互相配合，固然也真的很可爱，但是他在前线，与敌人面对面的当时，却不免战战兢兢，实在也很害怕，很想知道寇准的行动究竟有多少把握。于是派人去侦察寇准在做什么，派去的人回来报告，这位身当重任的相爷，公然在这样危急的前方，正与一班幕僚宾客们喝酒赌钱，满不在乎。真宗一听，总算放心了大半。寇准本来有好赌的习惯，但当时的赌局，真的是一场豪赌。他赌给敌人看，赌给宋真宗看，其实，他比诸葛亮在后花园钓鱼、五路退兵的心情，还更紧张沉重，只是不能不好整以暇而已。这就是道家的妙用，也就是老子的"欲取姑予"的姿态。因此，也就难怪他在政治上反对派的死对头——王钦若，事后乘间在宋真宗面前用了一句挑拨的话，就使寇准再也不得重用。宋真宗在"澶渊之役"以后，因为有事而回想起与寇准当时的冒险，颇有复杂的矛盾心理，所以王钦若趁机便说，寇准在"澶渊之役"，不能算有大功，他只是拿陛下当一次大赌注而已。你看，只须一句便佞的口舌，就可害人不用刀，杀人不见血。好在赵宋的皇帝子孙们，本质上还很厚道，换了别的昏君，寇准的头，准会被他送到敌寇的手里去了。

尽管宋真宗不敢再用寇准，不敢再谈统一的大业，运用输款和谈的政策，以图苟且偷安。但是他知道全国的人心，朝野的士气，并不甘心媚敌，更非心悦诚服这种半投降式的策略。那么，若要做到"使民无知无欲，使夫智者不敢为也。为无为，则无不治"，就要另想办法。结果，他接受王钦若的建议，利用宗教来迷醉朝野，安定人心。同时也可以自我安慰，仰仗神力来保佑平安。于是他就假托天神在梦中来降，要他在正殿建"黄录道场"一个月，当降天书、大中、祥符三篇等等诡话。又使人谎报得天书于泰山，要群臣上表，推尊道号，自称为"崇文广武仪天尊道宝应章感圣明仁孝皇帝"。从此以后，北宋的三百年天下，便与道教的神秘政策结了不解之缘。后来自称为"道真皇帝"的迷信大师宋徽宗的北狩，何尝不是宋真宗的前因所误。

一个国家的大政，绝对不能与宗教的作为混为一体，从古今中外人文历史的记录上去求证，凡是宗教与政治混合的时代，政教（宗教）不分的国家，结果没有一个不彻底失败的。不但污蔑了宗教，同时也断送了国家。政治，毕竟是现实智慧的实际成果。宗教，始终是升华现实的出世事业。如果强调宗教就是现实世间的事，那么不是别有用心，就非愚即狂了。所以，宋真宗要想利用宗教的迷信而"使民无知无欲，使夫智者不敢为也"的当时，最大的顾忌，就怕宰辅大臣——同平章事王旦不同意。开始是试探，结果没有办法沟通。于是一方面由王钦若来婉转疏通意见，一方面真宗派宫监夜里送重礼到王旦的相府上去，并不说明来意是为了什么要有这样重的赏赐。这是当皇帝的公然贿赂大臣的杰作。因此弄得公正持重的名臣王旦有口难言，只好随声附和。如果寇准不被挤出中朝政府，恐怕"神道设教"就无法作为这个豪赌的赌注。后来王旦在临终时，虽然宋真宗亲自到病床旁边探病，御手调药，每天还三四次派人询问病况，并由宫中送来薯预（山药）粥。但是王旦耿耿于怀的事，却无法因此释然。他在临死时，还吩咐家人要把他剃了须发，穿上和尚的僧衣，表示抗议，表示忏悔。自恨当时对"天书"的愚民政策，没有尽心竭力地劝谏，认为是一大罪过。

冯 道 的 故 事

　　冯道这个人，是不能随便效法的。现在只是就学理上，作客观的研究而已。唐末五代时，中国乱了八十多年当中，这个当皇帝、那个当皇帝，换来换去，非常的乱。而且都是边疆民族。我们现在所称的边疆民族，在古代都称为胡人。当时，是由外国人来统治中国。这时有一个人名叫冯道，他活了七十三岁才死。在五代那样乱的时候，每一个朝代变动，都要请他去辅政，他成了不倒翁。后来到了宋朝，欧阳修写历史骂他，说中国读书人的气节都被他丧尽了。他曾事四姓、相六帝，所谓"有奶便是娘"，没有气节！看历史都知道冯道是这样一个人，也可以说冯道是读书人中非常混蛋的。

　　我读了历史以后，由人生的经验，再加以体会，我觉得这个人太奇怪。如果说太平时代，这个人能够在政治风浪中屹立不摇，倒还不足为奇。但是，在那么一个大变乱的八十余年中，他能始终不倒，这确实不是个简单的人物。第一点，可以想见此人，至少做到不贪污，使人家无法攻击他；而且其他的品格行为方面，也一定是炉火纯青，以致无懈可击。

古今中外的政治总是非常现实的，政治圈中的是非纷争也总是不可避免的。可是当时没有一个人攻击他。如从这一个角度来看他，可太不简单。而且最后活到那么大年纪，自称"长乐老人"，牛真吹大了。历史上只有两个人敢这么吹牛，其中一个是当皇帝的——清朝的乾隆皇帝自称"十全老人"，做了六十几年皇帝，活到八十几岁死，样样都好，所以自称人生已经十全了。做人臣的只有冯道，自命"长乐老人"，这个老人真不简单。后来儒家骂他丧尽气节，站在这个角度看，的确是软骨头。但从另一角度来看，历史上、社会上，凡是被人攻击的，归纳起来，不外财、色两类，冯道这个人大概这两种毛病都没有。他的文字著作非常少，几乎可以说没有什么东西留下来，他的文学好不好不知道。后来慢慢找，在另外的地方找到他几首诗，其中有几首很好的，像：

天　道

穷达皆由命，何劳发叹声。但知行好事，莫要问前程。
冬去冰须泮，春来草自生。请君观此理，道道甚分明。

偶　作

莫为危时便怆神，前程往往有期因。
须知海岳归明主，未必乾坤陷吉人。
道德几时曾去世，舟车何处不通津。
但教方寸无诸恶，狼虎丛中也立身。

北使还京作

去年今日奉皇华，只为朝廷不为家。

　　殿上一杯天子泣，门前双节国人嗟。

　　龙荒冬往时时雪，兔苑春归处处花。

　　上下一行如骨肉，几人身死掩风沙。

　　像他《偶作》中的最后两句，就是说自己只要心地好，站得正，思想行为光明磊落，那么"狼虎丛中也立身"，就是在一群野兽当中，也可以屹然而立，不怕被野兽吃掉。我看到这里，觉得冯道这个人，的确有常人不及之处。尽管许多人如欧阳修等，批评他谁当皇帝来找他，他都出来。但是从另外一个角度看，这个人有他的了不起处。在五代这八十年大乱中，他对于保存文化、保留国家的元气，都有不可磨灭的功绩。为了顾全大局，背上千秋不忠的罪名。由他的著作上看起来，他当时的观念是：向谁去尽忠？这些家伙都是外国人，打到中国来，各个当会儿皇帝，要向他们去尽忠？那才不干哩！我是中国人啊！所以他说"狼虎丛中也立身"，他并没有把五代时的那些皇帝当皇帝，他对那些皇帝们视如虎狼。再看他的一生，可以说是清廉、严肃、淳厚，度量当然也很宽宏，能够包涵仇人，能够感化了仇人。所以后来我同少数几个朋友，谈到历史哲学的时候，我说这个人的立身修养，值得注意。从另外一面看他政治上的态度，作人的态度，并不算坏。几十年后文化之所以保存，在我认为他有相当的功劳。不过在历史上，他受到没有气节的千古骂名。所以讲这一件事，可见人有许多隐情，盖棺不能论定。说到这里，我们要注意，今天我们是关起门来讨论学问，可绝不能学冯道。老实说，后世的人要学冯道也学不到，因为没人有他的学养，也没有他的气节。且看他能包容敌人、感化敌人，可见他几乎没有发过脾气。有些笨人，一生也没有脾气，但那不是修养，是他不敢发脾气。冯道能够在如此大风大浪中站得住，实在是值得研究的。

　　这是讲历史上比较大的事。我们看社会上许多小人物，一旦死了，他这一生到底是好人，或者是坏人，我们到殡仪馆中去仔细推详看，也很难断定。

白居易批老子

老子的著作只有五千字，而后世研究老子的著作，可能有几千万字，倘使老子今日犹在，看了这些后辈们洋洋洒洒的大作，说不定他老人家一生下地来就白了的胡须，要笑得变黑了。当然包括现在我的《老子他说》。

唐朝著名的大诗人白居易，曾经写了一首七言绝句，严格地批判老子，而且用老子的手打老子的嘴巴。他用二十八个字批判道：

> 言者不如知者默，此语吾闻于老君；
> 若道老君是知者，缘何自著五千文？

老子《道德经》中说：有智慧的人，必定是沉默寡言的。像我现在又讲说关于老子的书，不必问，也知道是绝对没有学问、没有智慧地乱吹。"言者不如知者默。"这话意是老子自己说的，白居易说，老子既然如此说，那他本身自然是智慧很高了，可是他为什么自己还是写了那么多个字呢？世界上打老子耳光，打得最好的，是白居易这首诗，纵然老子当时尚在，亲耳听见，也只当充耳不闻，哈哈一笑，无所反驳了。

白居易的一生，学问好，名气大，官位亦很高，留名后世，没有人能够和他比的，而他常想从政治舞台上退出来，悠游林下，不像苏东坡，曾经吃了很多苦。他享了一辈子福，临老还享福，就因为他学道，这从他一首读老子后的七律可以知道。原诗是：

> 吉凶祸福有来由，但要深知不要忧；

只见火光烧润屋，不闻风浪覆虚舟。

名为公器无多取，利是身灾合少求；

虽异鲍瓜谁不食？大都食足早宜休。

他说，人生的遭遇，成功与失败，吉、凶、祸、福，都有它的原因，真有智慧的人，要知道它的原因，不需要烦恼，不需要忧愁。

项联两句，引用了庄子"覆虚舟"的典故，他说，我们只看到世间上富贵人家多财润饰华丽的房屋，仍会被大火烧毁。却从未见到空船在水上被风浪吞没的。装了东西的船，遇到风浪才会在风浪中沉没，而且装得愈重，沉没的危险愈大。虚舟本来就是空的，纵会翻覆，亦仍浮在水面，这是说人的修养，应该无所求、无所得，愈空虚愈好。孟子说："富润屋，德润身"。

腹联两句更指出，人世间"名"与"利"两件事不宜贪求以免招灾祸。可是现代青年，都在那里拓展自己的"知名度"。要知道，"名"是社会的公器，孟子亦说："有天爵者，有人爵者。"天爵就是名气。仔细研究起来，不管任何一种"名"，如果太高了，不符实际，对于此人的人生与福祉，就会发生非常大的障碍，如"誉满天下，谤亦随之"，就是这个道理。

再如，大家都知道汉高祖名字叫刘邦，而著名的汉代文景之治的汉文帝叫刘恒，汉景帝叫刘启，知道的人就少了。可见"名"也者，也只是一时的空事而已。

说到利，最具代表性，普遍为人所求的，当然是钱，人人都想发财，钱愈多愈好。除非在生命垂危时，宁可减少自己的财富，以挽救生命使之延续；可是当生命救回来了，寿命可以延长了，却又会贪财舍命，所谓"人为财死"。白居易说"利是身灾"。人的钱多了，烦恼更大，钱与烦恼，如形之与影，且大小成正比。清代的有名学者赵翼诗说："美人绝色原妖物，乱世多财是祸胎。"他所指的"美人"不一定指女性，世间也有美男子。古人又说："一家饱暖千家怨，半世功名百世愆。"这些都是有了很多的钱后，在生活上所表现出来的形态。有钱的人家，全家都吃得饱，穿得暖，锦衣玉食；可是，旁边就有千户人家，歪着眼睛在看你，眼神中包含了羡慕、嫉妒、怨尤、鄙夷，乃至于愤恨。这是人类的习性，犹记得几十年前，汽车刚传入中国不久，在泥路上疾驰，坐车的人颇为得意，可是弄得路上尘土飞扬，雨天更是泥浆四溅，靠近的行人被溅得满身污泥。这一来连在旁看见的人，都侧目而视，心里则诅咒着最脏、最恶毒的话。

所以，白居易这首诗的结尾语说："虽异匏瓜谁不食？大都食足早宜休。"世界上谁不好名贪利？佛教劝人们绝对放弃名利，这是做不到的。老子就不然，他只是教人"少私寡欲"，少一点就好了。所以白居易说，名利像匏瓜一样，实在好吃，叫人绝对不要吃是做不到的，但是吃了以后，很有可能会拉肚子的。深懂了黄老之道，那就是"大都食足早宜休"。不要吃得过分了，这就是老子之道在个人修养上的基本原则。

百尺竿头更进一步

"百尺竿头，更进一步"这句话，大家都知道，这是一句鼓励别人的话。一般人听了"百尺竿头，更进一步"的话，都很高兴，认为是被夸奖励，而没有仔细去想一想，为什么说百尺竿头更进一步呢？试想想看，在地上竖立一根一百尺高的竿子，当一个人由地面向上爬，爬到了一百尺的竿子，已经到了顶点了，可鼓励他更进一步？这一步进到哪里去？再一步就落空了，落空可不就又掉到地下来了吗？所以这句话的意义，是勉励人，要由崇高归于平实。也就是《中庸》所说的"极高明而道中庸"。一个人的人生，在绚烂以后，要归于平淡。

在明人的笔记中，有一则类似"百尺竿头，更进一步"的故事，叙述一位道学家求道的故事。这位道学家修道，研究了许多年，始终搞不出一个名堂来，得不了道，非常苦恼。于是有一天，带了一些银子，出门去访名师。不料在路上遇到一名骗子，知道他是出外访师求道的，身边带有许多银子，就打他的主意，设法和他接近。骗子当然是很聪明的，和他一聊上天，两人就很谈得来。可是尽管这个骗子假装是得了道的道学家，使这位求访名师的书呆子道学家，对他十分钦佩，但就是骗不到他的钱。后来，到了一个渡口，要过河了。这名骗子脑筋一转，对道学家说，要传道给他了，而且选择在船上把道传给他。这位道学家听到有道可得，非常高兴。两人上了船，那个骗子告诉道学家，爬到船桅顶上就可以得道。这位求道心切的道学家，为了求道，为了便于爬桅杆，他那放有银子而永不离身的包袱，这时就不能不放下来了。当他爬到桅杆的顶端，再无寸木可爬的时候，也没有看见什么道，便回过头来，向这位传道的高人请教：道在哪里？不料那名骗子早已把他留在甲板上的包袱银子拿去，走得无影无踪了。船上的其他乘客都拍手笑他，上了骗子的当。可是这位道学家，在大家拍手笑他的时候，他在桅顶上，突然之间真的悟了，所谓道就在平实之处，并不是高高在上的什么东西啦。于是立刻爬下桅杆来，对大家说，他不是骗子，的确是高明！的确是吾师也！他高高兴兴地回去了。

这虽然是一则讽刺道学家迂腐的笑话，透过这个笑话来看，实在有其至理。和"百尺竿头，更进一步"那句名话一样，道就在平庸、平淡之中，也就是极高明而道中庸的道理。

文天祥的顿悟诗

中国的古诗，特别是许多优秀的诗篇，为什么能广为流播，千古传诵？因为这些诗篇凝聚了诗人的高尚情怀，表现了诗人的博大胸襟，诗句或反复锤炼或精思迸发，寥寥数语，闪烁着励志、哲理的光芒，成了传统文化和中华民族精神的重要组成部分，而诗人一生的事功却不被人们所熟知。最典型的例子大概要数文天祥了。

文天祥，江西吉水人。元兵南侵，他为挽救南宋的灭亡，以自己全部家财筹措军费，举兵勤王。可惜像他这样的人寥寥无几，在东南沿海辗转奋战，坚持了三年多，终于兵败被俘。船经广东中山县南的零丁洋时，文天祥写下《过零丁洋》。后来，张弘范一再强迫文天祥招降在海上坚持抵抗的南宋将领张世杰，文天祥向张出示《过零丁洋》这首诗的尾联："人生自古谁无死，留取丹心照汗青。"看了这样的视死如归的金石之言，张弘范自然知道招降无望只好作罢。文天祥被押解元大都（今北京）打入土牢，于元世祖至元十九年十月英勇就义，他在牢中写下了感天地、泣鬼神的《正气歌》。

《过零丁洋》和《正气歌》都是千古名篇，相信大家都耳熟能详，这里不多作解释。这里专门谈他的另外两首诗。

遇灵阳子谈道赠以诗：

> 昔我爱泉名，长揖离公卿。结屋青山下，咫尺蓬与瀛。
> 至人不可见，世尘忽相缨。业风吹浩劫，蜗角争浮名。
> 偶逢大吕翁，如有宿世盟。相从语寥廓，俯仰万念轻。
> 天地不知老，日月交其精。人一阴阳性，本来自长生。
> 指点虚无间，引我归员明。一针透顶门，道骨由天成。
> 我如一逆旅，久欲蹑峥行。闻师此妙绝，遽庐复何情。

岁祝犁单阏，月赤奋若，日焉逢涒滩，遇异人指示以大光明正法，于是死生脱然若遗矣。作五言八句：

> 谁知真患难，忽悟大光明。日出云俱静，风消水自平。

功名几灭性，忠孝大劳生。天下惟豪杰，神仙立地成。

这两首诗是文天祥陷落在元军之手，解送到北京的路上作的，在他的遗集中，记载他沿途作了几十首诗，都是他的感触。我们从他的诗和有关的著作，以及元朝历史记载等资料互相参阅，可以看出，虽然他是一个俘虏，但当时各方面对他都很客气，乃至敌方看守的士兵都对他肃然起敬。说到这里，我们有一个感想，做一个彻底的正派人，他的正气的确可以感动人。当时，元朝是有许多部队押解他的，可是对外宣称是保护他，一路对他也很客气。经过家乡时，他曾经服过毒，希望能死在自己的家乡，结果没有成功。这一路上，他的心境当然非常痛苦。

在这中间，他碰到过两个怪人，一个是道家的，就是上面第一首诗的灵阳子。这个道人来传他的道，也是和大家一样，知道他是忠臣，一定要为国牺牲。于是传给他生命的真谛、了生脱死的大义以及死得舒服的方法。希望他能坚贞守节、至死不变。当时敌人对他很敬重，派人监护他，只要不让他逃走就是，所以这些人有机会接近他。灵阳子传道以后，两人要分手了，于是送了一首诗。

第二首诗的题目："岁：祝犁单阏；月：赤奋若；日：焉逢涒滩。"这些是中国上古文化，年、月、日的记载代号。第一个"岁：祝犁单阏"就是己卯年。己为祝犁，卯为单阏。"月：赤奋若"赤奋若是丑月。子月是每年阴历的十一月，丑月则是十二月。"日：焉逢涒滩"这个"焉逢"是甲，"涒滩"是申，就是甲申日那一天。他别的事情都写得很明显，为什么对这个年、月、日用中国上古文化的用词来记载？这是他对这一套中国的神秘学（现代语的名称，西方人对道家、佛家或其他古老的修炼功夫的学问，叫做神秘学）已经很有心得，所以对年、月、日的记载，用中国上古神秘学的记载法。他在这一天遇到异人。异人的观念，如小说上的奇人，奇人、异人或怪人，都是指与平常不同的人，就是所谓有道的人。指示他大光明法。用"指示"两个字，是他写得很客气，可见他对于传道给他的这个人，非常恭敬。他自己说："于是死生脱然若遗矣"，到了这个时候，对于生也好，死也好，好像解脱了。本来一个扣子扣住了，现在生死完全看开，不在乎了，好像抛开了，丢掉了生死的念头。即使明天要杀头，也觉得没有关系，好像对一件旧衣服一样，穿够了把它丢掉算了。他就有这样一种胸襟，修养是很高的。于是他用五言八句，作了这首诗。诗的本文就很容易懂："谁知真患难，忽悟大光明。"这个时候是真正在患难中，命在旦夕之间，忽然悟到大光明的正法。"日出云俱静，风消水自平。"这是描写修大光明法所得那个境界，这个时候他的胸襟是豁然开朗的，是所谓危险艰难一无可畏之处了。"功名几灭性，忠孝大劳生。"这是他悟道的话。佛家的观念，人生功名富贵，在人道上看起来是非常的荣耀；在佛道形而上学的立场来看，功名富贵，人世间一切，都是桎梏，妨碍了本性，毁灭了本性的清净光明，就好比风云雷雨，遮障了晴空。

人生等等一切事业都是劳生，"劳生"也是佛学里的名称，人生忙忙碌碌一辈子，这就叫"劳生"。中国道家、佛家始终有个观念，所谓成仙成佛，都是出于大忠大孝的人。人道的基础稳固了，学佛学道就很容易。文天祥这两句诗"天下惟豪杰，神仙立地成"就是这个意思，这时他的心境非常愉快了。上面提到文天祥之所以能够在生死之间，完全脱然若遗的原因，得力在大光明法。根据他自己的文章来说，在这个时候，对成仁的意志，更加确定，不再动摇了。

至于什么叫大光明法？这是麻烦的问题，是很麻烦、很麻烦的事。大光明法就是佛家一种修炼的方法。

刚才提到"劳生"，无论如何，人一生都是忙忙碌碌，就是劳生。道家的文学还有个名词叫作"浮生"，大家都读过李白的《春夜宴桃李园序》，其中"浮生若梦，为欢几何？"这个"浮生"的观念与名词是由道家来的，和"劳生"是同样的意思。人为什么感觉到生命是劳苦的？不管贫富，天天努力争取、忙碌的对象，最终都不能真正的占有。一个富人，了不起每天进账有一千多万，不过搬来搬去，也不是他的。所以物质世界的东西，必定不是我之"所有"，只是我暂时之"所属"。与我有连带关系，而不是我能占有，谁都占有不了。

寻　根

唐朝有一个有趣的故事，从这故事中，便可看到人性的另一面。

英明如唐太宗，他当皇帝以后，因为自己的姓氏——"李"的来由，在传说中非常稀奇古怪。照古老神话的传说，李姓的第一代始祖就是老子，远在尧舜时代的人，因为在李树下出生，所以就姓李。更传说他母亲怀胎了八十一年之久，因此生下来时，须发皆白，立刻就成为太上老君，这是关于老子诞生和姓氏来源的传说。

唐太宗之姓李的来由，研究起中国姓氏源流和宗族渊源来，又有各种说法。可是他当了皇帝以后，一定要把家族祖先的血统，追溯得更光辉一些。正如世界上任何民族，如果在人群社会中有了事功上的成就，一定要找"根"，而且一定要使那"根"整饰、塑造得光辉一点。这是人性必然的道理。同样的，唐太宗也要找根，也要找一个光辉的根。追溯历史，李姓人物，以老子最好，在学术上的成就很了不起，所以他设法把自己说成是老子的后代。但是老子只是在学说上有成就，还要把他再捧高一点，后来李唐子孙便把他捧为教主，变成太上老君，封为道教的教主。道教实际上也成为唐朝正式的国教，只是当时没有"国教"的名称，而事实上唐朝历代的帝王、皇后、嫔妃都要像佛教的受戒一样，去受"符录"。如唐玄宗、杨贵妃这些人，都曾受"符录"。

明代的开国皇帝朱元璋，也有同样的想法，而他选择了朱熹，所以大捧朱熹。本来，他想把祖宗和朱熹扯上关系，可是自己毕竟是一代帝王，这种事，不能太过分勉强。只有如张献忠这样的人，在到处流窜为害时，一天打到张飞庙，问得庙中供奉的神像是张飞，于是一时兴起，居然懂得姓氏宗族的人伦道理，要到庙里祭拜，下令部下作祭文，可是那些被胁在帐下的穷酸文人，作的祭文，引经据典，他自己看不懂，大为不满，一连杀了几个文人，最后还是自己动手写道："你姓张，咱老子也姓张，咱俩连宗吧！"就这样连起宗来了，成为千秋的笑柄。

可是，朱元璋打算把朱熹拉进自己祖先行列的时候，有一天碰到一个理发的也姓朱，就问理发匠是不是朱熹的后代，这理发匠说："我不是朱熹的后代，朱熹绝对不是我的祖先。"朱元璋说："朱熹是前辈大学问家，你就认了吧！"理发匠说："绝对不是。"这一来，朱元璋"攀亲"的思想发生了动摇，他转念之下，觉得一个平民中的理发匠，尚且不肯乱认祖宗，而自己当了皇帝，又何必认朱熹为祖先？因此打消了原有的念头。可是对于朱熹，还是极力地捧起来。例如，在明朝应试求功名，非读朱熹注解的四书不可，后来演变到清朝，承袭明代故事，便以朱注四书为考试制度中评判高下、决定取舍的标准本。

曾国藩逛秦淮河

试举一个例子。曾国藩打垮了太平天国，收复南京之初——当然，南京在兵乱之后，经济非常衰落，老百姓非常困苦——曾国藩第一步工作，就是恢复秦淮河的游乐事业，歌台舞榭，什么特种营业都有。这些一恢复，经济的复兴就来了。经济的原理，有如美国人一句话，世界上最大的本事，就是把你口袋里的钱，放到我的口袋里来。读了几年经济学，不如这句话实在、实用、有道理。好逸恶劳是人的常情，要使有钱的人，把钱花到南京来，当然最好就是发展娱乐。曾国藩不但第一步恢复了秦淮河的游乐事业，而且像他生活那样严肃的人，为了繁荣地方，听部下的建议，自己还到秦淮河去逛逛，以示提倡。曾国藩还遇上几个名妓，其中一个死了，曾国藩送了一副挽幛，题道"未免有情"。更相传其中有一个妓女，艺名少如，也颇有文才，要求曾国藩送她一副对子。曾老先生打算用她的艺名"少如"这两字嵌到联中，先写上联："得少住时且少住"，意思是能偷闲在这里休息片刻就休息片刻。因为要考这女孩子的文才到底怎样，便要她自对下联，不料这女孩很调皮，开了曾国藩一个大玩笑，提起笔来写道："要如何处便如何"。这只是相传的故事，并不完全可靠。但曾国藩为了使南京地方的经济复苏，先恢复秦淮河的繁荣，这是一个史实。

拈花的微笑

禅宗有一个故事，在文学上也很有名的，就是"拈花微笑"的故事，是说佛教的教主释迦牟尼（释迦牟尼是梵文的译音，释迦是姓，中文的意思是"能仁"，牟尼译成中文是"寂默"。晚年住在灵山——也叫灵鹫山。释迦是十九岁丢开了王位出家，三十二岁成道弘法，一直到八十一岁才过世，有四十九年从事于教育，现在我们暂且不用宗教的观点来研究它）。有一天上课，在禅学里叫"上堂"，后来我们的理学也用这个名词。下面有很多学生们等他，都不知道他这天要讲什么，结果他上去，半天没有说话，他在面前的花盆中，拿了一朵花，对着大家转一圈，好像暗示大家看一看这朵花的样子，一句话也没有讲，下面的学生，谁也不懂老师这一个动作是什么意思。所以这叫做"拈花"，就是释迦拈花。

释迦拈花后，他有一个大弟子迦叶尊者（叶，根据旧的梵文译音，音协。尊者，就是年高德劭的意思）。释迦牟尼的弟子大多数与孔子的相反，孔子所教的都是年轻一辈，释迦牟尼所教的弟子，大多数比他年纪大。佛经的记载，迦叶尊者在释迦拈花后"破颜微笑"。什么叫做破颜呢？因为宗教的教育集团，上来都规规矩矩、鸦雀无声，大家神态都很严肃。可是在这严肃的气氛中，迦叶尊者忍不住了，于是"扑哧"一笑，这就叫作破颜，打破了那个严肃的容颜，但是不敢大笑，因为宗教性团体的戒律，等于说管理制度，非常严肃。他破颜以后，没有大笑，只是微笑。那么两人的动作联合起来，就叫做"拈花微笑"。此时释迦牟尼讲话了，这几句话是禅学的专门用语，解释起来是很麻烦的事情，这几句话译成中文是："吾有正法眼藏，涅槃妙心，实相无相，微妙法门，不立文字，教外别传，付嘱摩诃（音玛哈，意为大，大成的意思）迦叶。"就是说我有很好的方法，直接可以悟道的，现在已交给了这位大弟子迦叶。这就是禅宗的开始。所以又称禅宗为"教外别传，不立文字"的法门。说它不须要透过文字言语，而能传达这个道的意思。

现在我们不是讲禅学，暂时不要去研究它。我是不大主张人家去研究禅学的，我常常告诉朋友们不要去研究，因为怕一般人爬进去了，钻不出来。

中 国 的 历 法

我们中国的历法，大家都喜欢用阴历，过正月要拜年，就是夏历的遗风。殷商的正月建丑——以十二月作正月。周朝的正月建子，以十一月作正月。夏朝的正月建寅——就是我们惯用的阴历正月。中国人几千年来都是过的阴历年，这就是"夏之时"。日本在第二次世界大战前过的也是阴历年，越南、朝鲜、缅甸、东南亚各国，统统是我们的文化，几千年来他们都是过阴历年。

讲到这里非常感慨，有一件很奇怪的事情，将来历史不知怎样演变。我们推翻清朝，成立民国，实行过阳历年以后，有人写了一副对联，传说是湖南的名士叶德辉写的，这副对联说："男女平权，公说公有理，婆说婆有理；阴阳合历，你过你的年，我过我的年。"讲文化，牵涉到这些地方要注意，表面上看起来好像都是不相干的地方，但往往关系到国家的命运，也是国家大事最重要的地方。这副对联代表了这个时代，"你过你的年，我过我的年。"就看过年这件事，我们这个时代，几十年来没协调、合作，老百姓内心对这政策始终不能适应配合。不要说民心——老百姓心理，关起门来讲，我们今天在座的这些老古董，凭良心想一想，自己喜欢过阳历年还是阴历年？老实说，都喜欢过阴历年。可是我们偏偏过两个年，加上现代过圣诞节的风气，等于过三个年。内心自己在过阴历年，外在偏偏过一个阳历年，这就代表这个时代，"你过你的年，我过我的年。"搞历史文化，这些地方要特别注意。

还有，到了夏天，为什么要把时钟拨快一个小时呢？只要规定一下，夏天到了，提前一个小时办公，早一个小时下班，早一小时熄灯，很简单的事嘛。可是却像小孩子一样，在钟面上拨快一个小时，就算对了，这是很奇怪的事。此风乃是美国来的。再研究美国是怎么来的呢？原来是一个工厂的小孩子开始拨着玩，后来工人看到跟着起哄。美国文化没有深厚的基础，是喜欢闹着玩的；结果美国玩，我们跟着当正经办了。说是为了日光节约，实行夏令时间办公，原来八点上班，十二点下班，改为七点上班，十一点下班，不就成了吗？其实这些是小事情，但问题却很大，往往很多大事，即是因为小的地方没注意到，而使事情变得不成话。等于一栋房子看见一个小洞，最初以为不重要，慢慢的，整栋房子，垮就垮在这个小洞上。

这里讲"行夏之时"，现在我们究竟采用哪个历法还是一个问题。

如孔子的诞辰，订为阳历年的九月二十八日等等，究竟对不对？通不通？都是问题。如果讲中国文化，除非中国不强盛，永远如此，我们没有话讲。如果中国强盛起来，非把它变过来不可。这并不是一个纯粹的民族自尊观念，这是一个文化问题。拿中国的土地、中国的历史来比较，中国的文化的确具有世界性的标准。可是现在外国人把它抛弃了，不去说他，我们自己绝对不能抛弃，千万要注意，不可自造悲剧。所以我们今天谈到对自己国家文化的认识，怎样去复兴文化，非常感慨，问题很多，也很难。为自己的国家，为自己的民族，为下一代，都要注意了解这些问题，还是要多读书。这是我们老祖宗几千年累积起来的智慧结晶。

什 么 是 谥 法

什么是谥法？简单一句话，就是一个人死后的定论。这是一件很慎重的事，只有中国历史文化才有的，连皇帝都逃不过谥法的褒贬。我们要晓得，这一点便是中国文化春秋大义的精神所在，同时更应该使下一代记取这具深义的特点。中国古代做皇帝、做官的最怕这个谥法，怕他死后留下万世的骂名，甚至连累子孙抬不起头。因此他们为国家做事情，要想争取的是万世之名，不愿死后替子孙留个臭名，更不愿在历史上留个骂名。这个就叫谥法——也就是死后的一字之定评。

皇帝死了就由大臣集议，或史官作评语，像汉朝的文帝、武帝，称谓"文""武"，都是谥法给他们的"谥号"。"哀帝"就惨了，汉朝最后那个帝为"献"帝，也含有奉献给别人、送上去的悲哀。可见这个谥法很厉害。

王阳明，是他本人的号，后来加谥为"文成"。曾国藩，后人称他曾文正公，"文正"两字是清朝给他的谥号。死后的评语够得上称为

"文成""文正"的，上下五千年历史，纵横十万里国土，虽然有几亿的人口，其中却数不出几个人，最多一二十人而已。这是中国文化中谥法的严谨。

所以中国人做官也好，做事也好，他的精神目标，是要对后代负责；不但对这一辈子要负责任，对后世仍旧要负责任。如宋代的名臣，也是理学家的赵抃，他一度放到四川作"省主席"——比拟现代的官位来说。他自己骑一头跛脚骡子，带了一个老仆人、一琴、一鹤去上任。到了省城里，全城的文武官员，出城来接新主席，却看不到人，谁知道那个坐在茶馆里面，一琴、一鹤相随的糟老头子就是新上任的主席。当然他不止是当主席，也当过谏议大夫，是很有名的名臣。

历史上成为名臣不容易。有所谓大臣、名臣、具臣、忠臣、功臣、奸臣、佞臣等等。所谓忠臣、奸臣，看小说都知道，不必细说了。要够得上成为一个名臣，很不容易，够得上一个大臣，更难。大臣不一定在历史上很出名，可是他一定有安定天下后世的功业。我们不希望看到奸臣，也不希望看到忠臣，这话怎么说呢？我们晓得文天祥是忠臣，岳飞也是忠臣，但我们不希望国家遭遇到他们当时那样的时代。我们希望看到的是名臣、大臣，像赵抃就是名臣、大臣。他最后退下来，回到家里，写了一首诗："*腰佩黄金已退藏，个中消息也寻常，世人欲识高斋老，只是柯村赵四郎。*"不要看错了，说他腰里都是黄金美钞所以退休了。这个黄金不是黄金美钞，看京剧就知道，所谓"斗大黄金印，年高白玉堂"。古代方面大员的印信，实际上是一颗铜的大印，叫作"黄金印"，有如现在中央部会的印，铸印局用铜铸的，也可叫黄金印。"*腰佩黄金已退藏*"，是说退还了那颗黄金印。"*个中消息也寻常*"，一生风云人物，其实很平常。"*世人欲识高斋老*"，他下来以后所住的地方叫高斋，他说你们以为住在高斋的这个老头子有什么了不起，而想认识认识他是何等样的人吗？"*只是柯村赵四郎*"，其实还是当年住在柯村的赵老四啊！他是那么平淡，那么平凡。所以一个最了不起的人，是最平凡的人。真做到平凡，才是真了不起。而赵抃最后的谥号是两个字"清献"，历史上的赵清献公。他一生都奉献给国家，而一生清正，到达这个程度是很难的。其他的名臣很多，在这里一时也说不完。

总之，中国过去的历史文化，非常重视这个谥法，而我们现在呢！还有陆放翁的诗："斜阳古柳赵家庄，负鼓盲翁正作场。死后是非谁管得，满村听说蔡中郎。"管他的！死了就拉倒，老子死后，你要骂就骂吧！只要我现在活得舒服就对了。我们不要忘记了，谥法就是中国文化的精神，等到邦有道时，这些东西仍然要恢复起来才对。试看西方的文化，西方的精神，不管文人、英雄，死了就死了。像法国人，一提到就只有拿破仑。拿破仑又有什么了不起？崛起只有二十来年，五十多岁就死了，而且是个失败的英雄，比楚霸王还差劲，什么拿破仑的！在中国历史上这种英雄多得很，只因为历史上多是同情失败的英雄，所以"徒使竖子成名耳"。现在的西方文化更搞不清楚，"死后是非谁管得，生前拼命自宣传。"可是我们中国人要懂中国文化谥法的道理和精神。

同时我们也要知道，像日本明治维新的几个重要人物之一——伊藤博文的名言："计利应计天下利，求名当求万世名。"这是吸收中国文化的东西，日本人自称东方文化，其实都是道地的中国文化。我们这一代青年，那种短见，那种义利之不分，实在"匪夷所思"。刚才我们几个人谈到现代青年对现代知识的贫乏，什么都没有，一谈就是考什么学校，为了待遇多少，为了求生活，这些是从前我们从来不考虑的。现在搞成这个样子，真是文化精神的衰退，实在值得我们多加注意。这是谈到谥法引出来的题外感想。

修 家 谱

说到字辈，是修家谱的重要工作之一。以前每三十年修一次家谱，即使衰落的家族，最多不能超过六十年，一定要修一次家谱。在修谱的时候，就要决定排出新的字辈。以蔡家的字辈为例是"世泰家声启，运隆教泽长"十个字。在1944年修谱的时候，就另外决定了新的十个字，作为后十代命名用的，假如本人名"世"信，儿子则名"泰"来，孙子名"家"珍，曾孙名"声"传，玄孙名"启"伟。由名字上一看，就辈分分明，尊卑有序。在同辈中，也有不同字用同一部首的。如启字辈的同胞兄弟姊妹，兄弟名启伟、启仕、启优、启侠，姊妹用启侬、启仪、启仙等等。这种表明血统的方式，后来更扩而充之，作为表明文化系统、社会关系的方式。如过去北平的科班，今日几所戏剧学校的学生所用的艺名，王复蓉、李复初，一看便知是复兴剧校复字辈的学生。刘陆和、赵陆锦，不外是陆光的陆字辈学生。又如近代特殊社会的所谓大字辈、通字辈，都是这个精神，其中有很多很多功用。

在家谱中，可以看到祖宗的来自何地，比如我是浙江人，我们南姓怎么由河南一带到浙江来的？是南宋的时候南渡到浙江来的，当时随政府到浙江的，然后历代祖先，有谁到哪里去了，都有记录。有一次我在某处看到一家叶姓人家修谱，发生的怪事真多，我们小孩子听了都害怕，夜里他们祠堂中会鬼哭神嚎。因为有的人传了几代以后，没有孩子了，在家谱上他的那条直线就要断了。照老规矩，出嫁，就注"适张""适李"，看得清清楚楚，这是几千年来宗法社会的成规。

宗法社会的组织，就有这样严密，对于个人的名、字、号、谥法、事业、行状，等于一篇小传，在家谱中都记载得清清楚楚。在家谱族系表的线都是红的，如果中间看见一条蓝线，就是很严重的事情了。因为红线是代表血统；如果是蓝线，就是表示没有生孩子，而是由兄弟的孩子即侄子过继来承宗祧的；如果没有兄弟侄子，由外甥（姊妹的孩子）过继来延接香烟的，则加双姓，一般是本姓血统最近的过继（也叫承祧）。其中也有一子双祧的，如兄弟两人，哥哥无子，弟弟也只有一个孩子，那么这个独子，就同时是伯父的孩子。而且除了生父给他娶一个太太外，伯父也给他娶一个太太，称为长房媳妇（当然，弟兄排第几，就是几房）。那么长房媳妇生的孩子，就是伯父的孙子，本房媳妇生的孩子，为生父的孙子。如果没有叔伯兄弟，就从叔伯祖的后代同辈中承祧，一直追溯到五代上去。如果外甥过继承祧，要经过族长的同意才可以，而且过继来的第一代要加双姓。如张家由李家外甥过继而来，在家谱中的蓝线下就写张李某某。所以有的人没有后代的，就叫这一家修谱时修不下去了，晚上就听到鬼哭。负责修谱的人就要想办法，使他的宗祧延续下去。

后来，我从外面回到故乡，奉父亲的命令负责主持修家谱，不敢推辞。这件事是非常严肃的，半点都马虎不得，稍有不清楚，稍有怀疑，参加修谱的人必定要亲自去这一家访问。假如有一家迁到江西去了，就要亲自去江西寻找，在江西好不容易找到了，可是这家子孙又到湖南了，又要追踪到湖南访问。我的经验，去访问时，有的人会讨厌你，但大多数人非常欢迎，非常礼遇，不但供给食宿川资，以贵宾长者相待，有的还送红包。可是送红包的当中也会有作用的，譬如他家的名字下，本来应该画蓝线的，送个大红包请求替他画一根红线。但这是宗族的大法，修谱的人不敢乱来，而且作了弊有鬼找上来惩罚，可吃不消。

在人类学的立场看起来，好像红线或蓝线没有多大关系，"民胞物与"的精神，民吾同胞，物吾与也，谁的儿子都是一样，可是站在宗族血统的立场，就绝不敢以开放的思想来做。还有的人声明不是外甥，是"路边妻"生的孩子。所谓"路边妻"是有的地方有租妻的风俗，租一个妇人来，生下孩子以后，将孩子交给男方，各走各的路，没有夫妻关系。"路边妻"的孩子，碰到几家修谱时就发生问题了，因为无法证明这个孩子到底是哪一个丈夫的。但无论是红线或蓝线，有一个最主要的精神，就是"兴灭国，继绝世"的精神，对于没有后代的，一定想办法把他的宗祧继承下去，香烟延续起来，这是中国民族思想的精神，大家必须注意。

　　我曾和许多老朋友谈起，问他们有没有修家谱、看家谱的经验。他们有的七八十岁了，都说没有，而我很幸运，一生中有过两次。不过有一件很遗憾的事，每一宗族的家谱，依照老规矩，仅有两部。正本放在祠堂里，副本放在族长的家里。如果因法律问题或者宗族上其他什么问题，要查家谱的时候可不容易，非要全祠堂的董事、负责人到齐了，才可以打开这个藏家谱的箱子。我当年在家里修家谱，一位朋友告诉我，他当时回去修家谱，有所变革，不像以前那样有半张书桌宽大的正副两本，而变成了现在的二十四开本，同时印了一百多套，凡是出了钱的，或一家送一套，或三五家送一套，以资流传。他这个办法很新，可是我做不到，因为我们南家的老辈们非常保守，对于祖上留传下来的规矩，不敢改，没有办法开这个新风气，所以我非常佩服他这点，真高明。事后我真有点后悔，我当时如果也这样做了，老辈们顶多不高兴，也不会对我怎么样，不过说我思想变了，家谱和印书一样，印这许多给人家看。其实现在想起来，我这位朋友的做法是对的，恐怕现在有许多人的家谱已经没有了。

　　不过到台湾后，也曾听人说过，在抗战前后有些宗族修谱，都是和我那个朋友一样，除了祠堂的公款以外，办理预约，订出一个价格，凡是本宗族的家庭，愿意捐若干钱以上的，就领一部，谓之领家谱。有钱的人家领一部，也有几家合领一部的。所捐的钱，绝对超过预订的价格，甚至有的超过十倍以上，以表示对祖先的孝道，为宗族尽力。领家谱时，非常隆重恭敬，视为一种光荣，除了用古典鼓乐，到祠堂中恭领，如迎神一样，而且当天还要设宴，邀请诸亲友，因为这也是一件喜事，宗族、亲戚、朋友、邻居都会来道贺。领回的家谱放在"谱箱"里面，供奉在祖先牌位的旁边，是不能轻易打开的。如果是几家合领的家谱，就由合领的几家轮流供奉保管，一家以一年为期，对这件事是非常严肃庄重的。

253

家谱不但是为个人，而是为一家一族的宗法社会观念而存在；它更高的价值，在于其中有很多宝贵的资料。尤其在历史这方面，寻查个人的史料，像岳飞、文天祥这些人的传记，就是从他家乡中的家谱里，找出很多真实的资料与记载，这些资料在历史上很重要。换言之，家谱家乘，就是它这个宗法社会的一个小的历史。我们常说，大家都是黄帝子孙，就是各家循家谱研究，追溯到最后，黄帝是每一家族的根源。发展下来，就表现了"兴灭国，继绝世"的民族观念。

"兴灭国，继绝世"的观念，也可以说是中国人文的侠义道精神。侠义的义，是义气的意思，也是从这个精神来的。我曾经提过，仁义的"仁"字，在世界各国的文字中，有同意义的同义字。但是侠义道的"义"字，在世界各国文字中，都没有同义的字，只有我们中国文化讲侠义、义气。这是对朋友的一种精神，为了朋友可以牺牲自己的生命。朋友死了，应该对他的孩子，负责教养，培养教育到长大成人，成家立业。甚至有的公私机构，对于员工的遗孤，都还照顾培植。当然，现在社会这种情形比较少了。过去我就看到好几个朋友，这样照顾亡友的孤儿寡妇，一直到孩子长大成家为止。这种侠义的精神，路见不平的，帮助人的，看见孤苦给予援助，就是根据"兴灭国，继绝世"的精神发展出来的。

神奇的堪舆学

现在回头再讲中国过去的地理——看风水的问题。所谓形峦，一般的说法就是龙，看龙脉。龙是形容词，不是真的有龙。形峦就是五行相配。有的山头是圆形的，便属于土形；有的山头是尖形的，便属于火形；方形的是属于金形；另外还有木形的山。金木水火土配起来，就是看形峦。

254

风水师常说这个山是麒麟呀、狮子呀、宝剑呀、军旗呀、纱帽呀，都是鬼话，不要相信。狮子跟狗差不多，麒麟跟猪差不多，为什么不说是狗形山、猪形山呢？由此可知这些都是胡说，是迷信。后来堪舆学到了唐代，分为四家，就是赖、李、杨、廖，最有名的是杨救贫。我们年轻时，听说看风水要练眼睛，要能看到地下三尺深。那也是骗人的话，不可能的事！当时我也练了很久，后来越想越不对劲，便不再练了。

事实上，一个地理师要能看到地下三尺，也是有道理的。但是要用智慧之眼去看。要了解地质的情形，岂止三尺！三丈也应该了解的。杨救贫因为十分高明，所以不轻易为人家看坟地。他只为忠臣、孝子、节妇、义士这四种人看。这些是中国社会的典型人物。他指定地点，把这家死去的父母埋下，不出三年一定大发！不管什么地，只要杨救贫一指点，头向哪一边，脚向哪一边，埋下去三年以后，你等着看吧！升官、发财都来了。

这种方法我们年轻时候听了，心中认为非常神奇，也非常向往。其实，任何一个地方都可以葬人。过去我家孩子们也有信来，说为我选了一个好地。我写信告诉他们，"青山何处不埋人"！人死了哪里不能埋呢？不要那么麻烦，哪里死，哪里埋，寿终正寝跟死在道路旁边是一样的。但是讲堪舆之学，的确有这种学问，叫做理气。懂了理气，懂了三元的道理，任何地方都可以。

譬如今年为下元甲子年（一九八四年），卦气便跟着变了。台湾是属于后天卦巽卦的位置，巽在东南。台湾几百年没有走过这个运，这几十年正是巽卦当令，所以也是台湾最走运的时候、气最旺的时候。过了这个卦气，便要开始鼎卦。鼎卦的方位、当令、当权，又另是一种气象了。杨救贫的方法就是抓这个东西，抓住这个时运。运气正要到那里的时候，等于一条光线，正好照到那里一样，不论水泽、荒丘、道旁……这时候你把人埋下去，等到你自己发达了，有办法了，再把你父亲、母亲移去他处安葬。这是唐朝杨救贫的大概。地理这门学问，我平常也常鼓励一般人学。但是派别很多，这个里边窍门也很多，绝对不能迷信。

有一本书，我在香港看到，现在已经在台湾流行了。这本书有图案，写得很明白。譬如正对门口有棵树，这是很不好的。记得有次到南部去，走到清水等车子，看到一户人家门口有一棵榕树，榕树须一串一串纠结不清，很是不好。一问这家果然有问题。

风水这东西有时也真邪！你说不信吗，有时候还真灵；不过有时候也不尽然。我们中国看地是一德二命三风水、四积阴功五读书。你懂了这些以后，便不要看风水了，一切都要靠自己努力才行。虽然如此，过去大家还是很重视它。在我们历史上出将入相的人很多，像宋朝的范仲淹、朱熹，也是一代大儒，他们的风水都很高明。孔子的学生们也很注意这个问题。孔子死后，他的墓地是他的学生子贡看的。当时三千弟子会议如何来葬夫子，结果选了一块地（就是后来葬汉高祖的那块地），子贡看了说：不好，这块地不行，因为这块地只能葬皇帝，不能葬夫子；我们夫子比皇帝伟大！所以子贡选了山东的曲阜。但是子贡又讲了：这块地固然不错，只是这条水有问题。若干年后，下一代女家差一点，再下一代又好一点，再下一代又差一点……由于过去重男轻女，女家好坏大家认为不算什么。这么一块千秋万世的好地，虽然有这一点缺陷，也总算是块好地了，于是孔子便葬在这里。

这些故事说明中国文化中，古代的读书人必须要通三理——医理、命理、地理。为什么要通三理？

因为中国文化讲孝道，一个作儿女的人要懂了这些，才能为父母尽孝。父母年纪大了，作孩子的一定要懂得命理。孔子在《论语》中就说："父母之年，不可不知也。"父母的年龄不可不知道，为什么？知道了父母是多大岁数了，自己出远门能不能回来，自己心里有数。算一算知道什么时候是个关口，怕有麻烦，早点准备，要特别小心。第二点，万一父母有病了，自己懂得医理，知道治疗。不幸死了呢？

懂得地理，找个地方安葬父母。所以一个读书人就要能懂得命理、懂得医理、懂得地理。

到底地理有没有关系呢？有关系，我小的时候也看到很多。当时有一个老前辈，又会算命又会看地，我们老喜欢跟着他跑，一边跑一边听他讲些道理，讲些学问。那时候不用笔记，完全靠脑子记忆，有时候一件事要他讲好几遍。记得有一次走到一个山上，看到一座坟墓，这一家是我们都认识的。他说：这家的后代一定很不好，我们要帮帮他。我说我们又没有钱，又没能力，怎么帮法？老师带我们站在山上说：你看他的祖坟下面出了毛病啦！我们站在山上看坟墓，一片白白的，很多坟墓，都一样呀！老师说某某家的坟墓里有水，在我看来却跟别家的坟没有什么两样。

过了半年，听说这家要迁坟了。那时候还小，怕看棺材，怕见鬼，不敢去看。老师说不怕！我带你去。年轻人多学些经验，于是便去了。到那里还没有开始挖坟，老师说这个棺木有问题，里边都是白蚂蚁。结果把坟挖开了一看，不但棺木变了方向，而且已变成黑色，外边还干干的。再打开一看，棺木内一半都是水，棺木上全是白蚂蚁。想想老师的确有一套。

我们一般人讲风水，风水是什么？什么叫做风水？风水就是要避开风、避开水。所以我就问老师，棺木怎么会歪呢？里边怎么会有水呢？他说这是风的关系，地下有风，风的力量就那么大，把它吹动的。水呢？水是从附近集中来的，所以看风水就是要避开风、避开水。这意思就是，不忍心父母的尸骨在地下还受风与水的侵袭。老师还讲了很多故事给我听，好风水的地方的确不同。记得家父四十多岁的时候，自己把自己的棺材做好摆起来，坟墓也做好。这是中国的老规矩，免得子孙们麻烦。在开始为家父做坟时，老师来了。指定要挖下去二丈二尺深。一般而言，并不需要挖那么深。因为这是块金色莲花地，挖到一丈二尺深的时候，中间有块土是金黄色的，像莲花一样。当时我们觉得很稀奇，跟着去看，果然慢慢地挖出黄土。他说还要挖、还要挖，一挖下去果然有块土跟蛋黄一样，像不像莲花，当时也顾不到了，只感到很惊讶。这都是我亲眼看到的事情。

那个时候，既没有大学地质学，也没有仪器来测量，到底他是怎么知道的？所以中国的许多学问，都是根据科学的原理来的，都是最高的理论科学。但是很可惜我们一般后代人，大家都把它用到看风水、看死人上去；用到办公室搬位置，换桌子什么等等来挑运气，那实在太小啦！我个人一辈子不在乎这个，有人说我办公室位置不对，不能坐！我偏要坐，因为我不需要鬼神来帮助我。一生行事无愧无怍，了无所憾，所以什么都不怕。但是各位千万不要学我，因为我是个什么都不在乎的人。大家不要迷信，但也不要不信。

说到迷信，使我想到现代人动不动就讲人家迷信，有些问题我常常问他们懂不懂？他说不懂，我说那你才迷信！自己不懂只听别人说，便跟着人家乱下断语，那才真正是迷信。当然，不但科学不能迷信，哲学、宗教也同样地不能迷信。要想不迷信，必须要自己去研究那一门东西，等研究通了，你可以有资格批评，那才能分别迷信与不迷信。这是讲到地理的时候，对我们一般人看问题的一些感触。

汉学和博士

现在世界上流行一个名词——汉学。欧美各国讲中国学问，都称之为"汉学"，这是世界通称，成了习惯，已经没办法更正了。事实上这个观念是错误的。

在我们中国文化中所称的汉学，是指汉儒作的学问，注重训诂。所谓"训诂"，就是对于文字的考据，研究一个字作什么解说，为什么这样写。不过汉学很讨厌，他们有时候为了一个字，可以写十多万字的文章，所以我们研究这一方面的书，也是令人头大的。但是古人所谓博士学位——我们现在的博士也是这样——往往凭借这些专深的研究，可以作一百多万字的文章，这就是训诂之学。后来发展为考据，就是对于书本上的某一句话，研究他是真的或是假的。这些学问，为了一个题目，或某一观念也可写百多万字。总之，汉儒就是训诂考据之学；在中国文化上叫"汉学"，意思是汉儒作的学问。

汉学自汉武帝开始，就有"五经博士"，就是四书五经等书中，通了一经的就是"博士"，所以中国有博士这个尊称，也是从汉朝开始的。所谓博士，就是专家。如《诗经》博士，就是《诗经》的专家。到了唐代以后，就慢慢注重文学了，因为几百年训诂考据下来，也整理得差不多了。

到了宋代，当时有所谓五大儒者，包括了朱熹等五个人，他们提倡新的观念，自认为孔孟以后继承无人，儒家的学问断了，到他们手里才接上去。这中间相隔差不多一千多年，不知道他们在哪里碰到孔子和孟子，就一下子得了秘传一样，把学说接上去了，这是宋儒很奇怪的观念。然后他们就批评各家都不对，创了所谓理学。不过有一点要注意，我们现在的思想界中，理学仍然非常流行，有一派自称新理学，讲儒学的学问。但很遗憾，他们还不成体系，仍旧不伦不类的。至于宋儒的理学家，专门讲心性之学，他们所讲的孔孟心性之学，实际上是从哪里来的呢？一半是佛家来的，一半是拿道家的东西，换汤不换药地转到儒家来的。所以，我不大同意宋儒。对于宋儒的理学，我也曾花了很大的工夫去研究，发现了这一点，就不同意他们。一个人借了张家的东西用，没有关系，可以告诉老李，这是向张家借来的，一点不为过。可是借了张家的东西，冒为己有充面子，还转过头来骂张家，就没道理了。宋儒们借了佛道两家的学问，来解释儒家的心性之学，一方面又批驳佛道。其结果不止如此而已，从宋儒一直下来，历代的这一派理学，弄到后来使孔孟学说被人打倒，受人批评，宋儒真要负百分之百的责任。

以后经过宋、元、明、清四朝，都在宋儒的理学范围中转圈圈，是不是阐扬孔子的真义，很难下一定论。有一本《四朝学案》，是讲宋、元、明、清几百年来儒家心性之学的。尤其到了明朝末年，理学非常盛行，所以清朝入关的时候，很多人对明儒的理学非常愤慨，认为明儒提倡理学的结果是："平时静坐谈心性，临危一死报君王。"指责理学对国家天下一点都没有用。平常讲道德、讲学问，正襟危坐谈心性，到了国家有大难的时候——"临危一死报君王"，一死了之，如此而已。不过话说回来，能够做到"临危一死报君王"已经很不容易了，但对于真正儒家的为政之道而言，未免太离谱了。因此清初一般学者，对于这种高谈心性、无补时艰的理学相当反感。最著名的如顾亭林、李二曲、王船山、傅青主这一些人，也绝不投降"满清"，而致力反清复明的工作。后来中国社会帮会中的洪帮，现在又叫洪门，就是他们当时的地下组织，是士大夫没有办法了，转到地下去了的，洪门首先是在台湾由郑成功他们组织，一直影响到陕西，都是他们的活动范围，所谓天地会等等，都由洪门后来的分衍而来。

清初顾亭林这些人，既不同意宋明儒者的空谈，于是回过头来作学问，再走考据的路子，叫作"朴学"，因此也有称之为汉学的。我们身为中国人，必须要了解"汉学"这个名称是这样来的。外国人研究中国的学问也称汉学，是指中国学问。古书上所指的汉学，是偏重于考证的学问，这是顺便介绍的。

隐士与历史文化

有人说中国过去的隐士，就是西方文化中自由主义者"不同意"的主张，他不反对，反正个人超然独立，这是民主政治的自由精神。这个比方表面上看起来很对，实际上还是不大对，因为中国一般知识分子中，走隐士路线的人并不是不关心国家天下大事，而是非常关心，也许可以说关心得太过了，往往把自己站开了，而站开并不是不管。印度的思想，绝对出家了，去修道了，就一切事务不管；中国的隐士并不是这种思想。我们研究中国的隐士，每一个对于现实的政治社会，都有绝对的关系，不过所采取的方法，始终是从旁帮助人，自己却不想站到中间去，或者帮助他的朋友，帮助他的学生，帮助别人成功，自己始终不站出来。在中国过去每一个开创的时代中，看到很多这样的人。

最有名的如明朝朱元璋开国的时候，能够把元朝打垮，当然中间是靠几个道家思想的隐士人物出力，正面站了出来的是刘伯温，背后不站出来，故意装疯卖傻、疯疯癫癫的人有好几个，如装疯的周颠，另一个是铁冠道人，这是著名的。这些人朱元璋都亲自为他们写过传记。正史不载，因为正史是儒家的人编的，他们觉得这些人太神奇了，这些资料都不写在正史中。尤其是周颠这个人更怪，既不是和尚，又不是道士，一个人疯来疯去的，与朱元璋的交情也非常好，每逢朱元璋有问题解决不了的时候，他突然出现了，告诉解决的办法。有一次朱元璋还测验他，周颠自己说不会死，朱元璋把他用蒸笼去蒸烤，结果蒸了半天，打开一看，他等于现在洗了一个土耳其浴，洗得一身好舒服。从此朱元璋告诉部下，不可对周颠怠慢，这是一个奇人。像这一类的人，也属于有名的隐士思想一流的人物。

中国过去有道之士，可以不出来干涉现实的事，但他非常热心，希望国家太平，希望老百姓过得好，宁可辅助一个人做到太平的时代，而自己不出来做官；等到天下太平了，成功了，他的影子也找不到了，他什么都不要。在中国古代历史中，这一类的人是非常多的。当然正面历史不大容易看到，从反面的历史上，可以看到很多，几乎每个朝代，都有这些人。就拿王阳明来讲，他所碰到的与普通人的生活及观念不同的异人也很多。

隐士思想，明知道时代不能挽救的时候，他们站开了，但并不是消极的逃避，等于是保留了文化的精神，培养后一代，等待下一代。最有名的，如唐代的王通，我曾经提到过很多次，他的学生们在他死后私谥他为"文中子"。在隋炀帝的时候，他本来有志于天下，自己想出来干的，但与隋炀帝谈过话，到处看过以后，知道不行，回去讲学，培养年轻一代。所以到了唐太宗开国的时候，如李靖、房玄龄、魏徵这一批唐代的开国元勋、文臣武将，几乎都是他的学生，所以开创唐代的文化思想，文中子是最有功劳的。可是我们读唐代的历史，还没有他的传记，所以后人还是怀疑文中子的事迹是不是真的，否则为什么没有他的传记？最后经过考证，原来文中子的儿子，得罪了唐太宗的舅子，也是一位很有名的大臣，人也很好，不过在学说思想上意见不同，所以后来修唐史的时候，就没有把文中子的思想摆进去。因此文中子死后，他的谥号，还是朝中这班大臣、也就是他的学生们私下给他的。历史上有名的"自比尼山"故事，就是说不仅他的弟子，连他自己也自比为当代的孔子。而实际上以功业来说，也许他比孔子还要幸运，因为孔子培养了三千弟子，结果没有看到一个人在功业上的成就，而文中子在几十年中培养了后一代的年轻人，开创了唐代的国运与文化。

像这一类，也属于隐士之流的思想，明知道时代不可以挽回了，不勉强去做，不作儒家思想的"中流砥柱"——人应有中流砥柱的气概，但能不能把水流挽回呢？这是不可能的，只可以为自己流传忠臣之名而已，对时代社会则无法真正有所贡献。道家说要"因应顺势"，这类人的做法，就形成了后世的隐士。

中国科技落后的原因

我们三千年来的历史经验，素来朝儒道并不分家的传统思想方向施政，固守以农立国，兼及畜牧渔猎盐铁等天然资源的利用以外，一向都用重农轻商的政策，既不重视工业，当然蔑视科（学）技（术）的发展。甚至，还严加禁止，对于科技的发明，认为是"奇技淫巧"，列为禁令。因此，近代和现代的知识分子，接触西方文化的科学、哲学等学识之后，眼见外国人"富国强兵"的成效，反观自己国家民族的积弱落后，便痛心疾首地抨击传统文化的一无是处。如代表儒家的孔孟伦理学说，与代表道家的老庄自然思想，尤其被认为是罪魁祸首，不值一顾。

从表面看来，这种思想的反动，并非完全不对。例如老子的"不贵难得之货，使民不为盗。不见可欲，使民心不乱"等等告诫，便是铁证如山，不可否认。而且由秦汉以后，历代的帝王政权，几乎都奉为圭臬，一直信守不渝。其实，大家都忘记了如老子的这些说法，都是当时临病对症的药方，等于某一时期流行了哪种病症时，医生就对症处方，构成病案。不幸后世的医生，不再研究医理病理，不问病源所在，只是照方抓药，死活全靠病人自己的命运。因此，便变成"单方气死名医"的因医致病了！

我们至少必须要了解自春秋、战国以来的历史社会，由周代初期所建立的文治政权，已经由于时代的更迭，人口的增加，公室社会的畸形膨胀，早已鞭长莫及，虚有其表了。这个时期，也正如太公望所说的"取天下者若逐野鹿，而天下共分其肉"。一班强权胜于公理的诸侯，个个想要称王称帝，达到独霸天下的目的，只顾政治权力上的斗争，财货取予的自恣。谁又管得了什么经纶天下、长治久安的真正策略。因此，如老子他们，针对这种自私自利的心理病态、社会病态，便说出"不尚贤，使民不争。不贵难得之货，使民不为盗。不见可欲，使民心不乱"的近似讽刺的名言。后来虽然变成犹如医药上的单方，但运用方式的恰当与否，须由大政治家而兼哲学家的临机应变，对症抓药。至于一味的盲目信守成方，吃错了药，医错了病的责任，完全与药方药物无关。

例如我们过去历史上所讴歌颂扬的汉代文景之治，大家都知道，是熟读老子的汉文帝母子，信守道家的黄老之道的时代。老子传了三件法宝："曰慈、曰俭、曰不敢为天下先。"汉文帝自始至终，都一一做到了。汉文帝的俭约是出了名的，"不贵难得之货"，也是有事实证明的。他自己穿了二十年的袍子，舍不得丢掉，还要补起来穿。从个人的行为道德来说，一个"贵为天子，富有四海"的皇帝，能够如此俭约，当然是难能可贵。又有人献上一匹千里马给皇帝，他便下了一道诏书，命令四方，再也不要来献难得的货物。这是他继承帝位的第二年，有献千里马者的历史名诏。他说："鸾旗在前，凤车在后，吉行日五十里，师行三十里。朕乘千里马，独先安之？于是还其马，与道里费。"

下诏曰："朕不受献也，其令四方毋复来献。"

在我们的历史与辑著史书者的观念里，郑重记载其事的本意，就是极力宣扬汉文帝的个人行为道德，如此高尚而节俭，希望后世的帝王者效法。如用现代语体来表达这段史实，是说汉文帝知道了有人来献千里马，便说：此风不可长，此例不可开，我已经当了皇帝，要出去有所行动的时候，前面有擎着刺绣飞鸾的旗队，正步开道。后面又跟着侍候的宫人们，坐着刻画祥凤的车队，带着御厨房，平平稳稳，浩浩荡荡地向前推进，大约每天只走五十华里就要休息了。如果带着警卫的部队，加上军事设备等后勤辎重车队，大约每天只走三十华里便要休息了。那么，我当皇帝的，单独一个人骑上千里马要到哪里去呢？

无论是达官显要，乃至贵为帝王，没有周围的排场，没有军警保护的威风，也只是一个普通的人而已，并无其他的奇特之处。甚至，遇到危难，还很可能正如民间俗话所说："凤凰失势不如鸡"呢！因此，他退还了这匹奉献上来的千里马，并且交代下去，还要算还送马来的来回路费和开支。同时又下了一道命令——当时把皇帝的命令叫诏书。宣布说：朕（过去历史上皇帝们的自称）不接受任何名贵稀奇的奉献，要地方官们通知四方，以后不要打主意奉献什么东西上来。

　　这在汉文帝当时的政策作为，的确是很贤明的作风，不只是因为他的个性好尚节俭的关系。在那个时候，从战国以来到秦汉纷争的局面，长达两百余年，可以说中国的人民，长期生活在战争的苦难中。缩短来说，由秦始皇到楚汉分争以后，直到汉文帝的时代，也有五六十年的离乱岁月。这个时候的社会人民，极其需要的便是"休养生息"，其余都是不急之务。所以他的政策一上来便采用了道家无为之治，以慈、俭、不敢为天下先（不要主动去生事）为建国原则。首先建立宽厚的法治精神，废除一人犯罪，并坐全家的严刑。跟着便制定福利社会人民的制度，"诏定振穷、养老之令。"

　　"诏曰：方春和时，草木群生之物，皆有以自乐。而吾百姓鳏寡孤独穷困之人，或阽于死亡而莫之省忧。为民父母将何如？其议所以振贷之。

　　"又曰：老者非帛不暖，非肉不饱，今岁首不时（注：年初及随时的意思）使人存问长老。又无布帛酒肉之赐，将何以佐天下子孙孝养其亲哉！具为令：八十以上，月赐米肉酒。九十以上，加赐帛絮。长吏阅视，丞若尉（丞、尉都是地方基层官职名称）致二千石（地区主政官职称谓）遣都吏循行，不称者督之。"

　　学老子的汉文帝绝对没有错。但是后代有些假冒为善，画虎不成反类犬的帝王们，却错学了汉文帝。例如以欺诈起家、取天下于孤儿寡妇之手的晋武帝——司马炎，在他篡位当上晋朝开国皇帝的第四年，有一位拍错马屁的太医司马程，特别精心设计，用精工绝巧的手工艺，制作了一件"雉头裘"，奉献上去。司马炎便立刻把它在殿前烧了，并且下了诏书，认为"奇技、异服，典礼（传统文化的精神）所禁。"敕令内外臣民，敢有再犯此禁令的，便是犯法，有罪。读中国的历史，姑且不论司马氏的天下是好是坏，以及对司马炎的个人道德和政治行为又作什么评价，但历来对奇技淫巧、精密工业以及科技发展的严禁，大体上，都是效法司马炎这一道命令的精神。因此，便使中国的学术思想，在工商科技发展上驻足不前，永远停留在靠天吃饭的农业社会的形态上。

其实，回转来追溯我们在科学发展的学术思想史上，历代并非无人，只是都怕背上传统观念中玩弄"奇技淫巧"的恶名。同时，更受到混合儒道两家思想的"玩人丧德，玩物丧志"等似是而非的解释所限制。

姑且不说老祖宗黄帝如何发明"指南针""指南车"，或者更早的老祖宗们在天文和数学方面，又如何一马当先的居于世界科学史上的先导地位。至于战国时代，方士们的"炼丹术"，成为世界科学史上化学的鼻祖。甚至，五行学说的运用，在天文、地理和克服沙漠与航海等困难上，也有相当的贡献。只以科技工业来说，在战国前期，最著名的，便有墨子与公输般在军事武器上的彼此互相斗巧。除此之外，墨子《鲁问篇》与韩非子《外储篇》上，还分别记载着墨子曾经用木材制造一个飞鸟。公输般也有用竹子、木材制造一只鸟鹊，放在空中飞了三天不掉下来的记录。还有，南北朝的时期，有一位和尚，也用木材造了一个飞鸟，在空中飞翔好几天，最后又回转原处降落。不幸的是，这些比发明飞机还早的发明，受到"奇技淫巧"观念的影响，被埋没了。没有受到如西洋思想中的重视，再加研究，再加改进而成为人类实用的科学技能。

至于明代初期郑和所制造远航的大楼船，以及宋、元时代在战争中运用的大炮，是否学自西洋，或是中国的发明、辗转传到欧洲而加以改良，考证起来，实在也很困难，因此也不敢轻信一般的定论，贸然的认为自西洋传来。

总之，在我们的历史上，自战国以下，科技的发展，都被"奇技淫巧，典礼所禁"这个观念所扼杀，那也是事实。而这个观念，是否受老子的"不贵难得之货，使民不为盗"的思想所影响，却很难肯定。

老子所指的"难得之货"，正如吕不韦思想中的"奇货可居"的大货。换言之：他的内涵，多半是指天下国家的名器——权力，并非狭小到像他自己——老子一样，只愿意骑上一条青牛过函谷关，决不肯坐大马车去西渡流沙。

因为讲到古代科学技术的发展、机械的发明，以及工商货品的开发，几乎每一样事物都和道家的方伎有关。例如在十九世纪最为重视的动力能源，便是煤炭。在我们的历史上，最初发现煤炭的趣话，是在汉武帝时代。汉武帝为了教练水师——海军而开凿昆明池。因为开凿昆明池这个大水库，便挖到煤炭。但是当时的人们不知道这种黑而发亮又坚硬的石头是什么古怪的东西，便呈献上来给皇帝。汉武帝看了当然也不知道，只好找以滑稽出名的东方朔来问。东方朔耍了一个关子，推说他自己也不知道，就顺水推舟说，正好西域来了一位胡僧，请他来，一定可以找到答案。这样一来，更引起汉武帝的兴趣了。找来了胡僧，问他这块黑石头一样的是什么东西，胡僧便说："此乃前劫之劫灰也。"一块煤炭，叫它做"劫灰"，多么富有神秘性的文学笔调啊！

其实，劫灰的典故，出在佛经。佛说物质世界的存在，也和人的生命一样，有它固定的变化法则。在人的一生而到死亡，有四大过程，叫做"生、老、病、死"，谁也逃避不了。但在物质世界的地球和其他星球而言，它的存在寿命，虽然比人的身体寿命长，结果也免不了死亡的毁灭，不过把物质世界由存在到毁灭的四大过程，叫它"成、住、坏、空"。当上一次这个地球上的人类世界被毁灭的时候，火山爆发，天翻地覆的，在高温高压下，经过长时间的化学变化，没有烧化的，还保有原来形状的，就是化石。至于烧成灰块的，就是煤矿、铁矿之类。熔成浆的，就是石油。佛学中的"前劫之劫灰"，也就是我们所说的煤炭。佛学的这种说法，是被现代科学——地质学的理论所认同的。但在西汉武帝的时代，这种理论，就很新奇了。

那么，我们的古人，既然知道了煤炭，为什么不早早开发来应用，却始终要上山打柴，拿草木来做燃料呢？这又是另一个有趣而具意义的问题。这个思想，也出在道家的学术思想。道家认为天地是一大宇宙，人身是一小天地。地球也是一个有生机的大生命，就如人身一样。人体有骨骼、血脉、五脏、六腑、耳目口鼻以及大小便等等。地球也是一样，它有生机，不可轻易毁伤它。不然，对人类的生存，反有大害。因此，虽然知道有"天材地宝"的矿藏，也决不肯轻易去挖掘。即使挖掘，也要祭告天地神祇，得到允许。不然，只有偷偷地在地层表面上捡点便宜。其实，那个神祇又管得了那么多？但是人心即天心，人们的传统思想是如此，神祇的权威就起了作用了。

正因为这种思想，使得我们全国的丰富的煤矿等宝藏，才保留到现在，作为未来子孙们生存的资财。例如现在人所用的能源——石油，在道家的观念来讲，是万万不敢轻易多用的。因为那是地球自身营卫的脂肪或者就同人体的骨髓。如果挖掘过分了，这个地球生命受到危害，就会加速它的毁灭。

这种思想，这种观念，看来多么可笑，而且极富于儿童神话式的浓厚幽默感。因为我们现在是科技的时代，决不肯冒昧地轻信旧说。但是，我们不要不了解，现代真正的大科学家们，他们反而惊奇佩服我们的祖先，远在十几个世纪以前，早已有类似现代科学文明的地质学和矿藏学的理论和认识。

第六章

人生精言

古今中外，许多被后世认为是多么伟大、能影响千秋万世的人物，在当时，大多数都是那么凄凉寂寞的。就因为他在生前不重视短见的唯利是图，对自己个人，对国家天下事，都是以如此的人品风格来为人处世的。

我曾讲过，世界上所有的政治思想归纳起来，最简单扼要的，不外中国的四个字——"安居乐业"。所有政治的理想、理论，都没超过这四个字的范围；都不外是使人如何能安居，如何能乐业。同时我们在乡下也到处可以看到"风调雨顺，国泰民安"这八个字，现代一般人看来，是非常陈旧的老古董。可是古今中外历史上，如果能够真正达到这八个字的境界，对任何国家、任何民族、任何时代来说，无论是什么政治理想都达到了。而这些老古董，就是透彻了人情世故所产生的政治哲学思想。

学问最难是平淡，安于平淡的人，什么事业都可以做。因为他不会被事业所困扰。这个话怎么说呢？安于平淡的人，今天发了财，他不会觉得自己钱多了而弄得睡不着觉；如果穷了，也不会觉得穷，不会感到钱对他的威胁。所以安心是最难。

在现实的人生中，只为自己一身的动机而图取功名富贵的谋身者，便是凡夫。

在现实的人生中，如不为自己一身而谋，舍生取义，只为忧世忧人而谋国、谋天下者，便是圣人。

试看几千年来中国文化的整个体系，甚至古今中外的整个文化体系，没有不讲利的。人类文化思想包涵了政治、经济、军事、教育，乃至于人生的艺术、生活……等等，没有一样不求有利的。如不求有利，又何必去学？做学问也是为了求利，读书认字，不外是为了获得生活上的方便或是自求适意。即使出家学道，为了成仙成佛，也还是在求利。小孩学讲话，以方便表达自己的意见，当然也是一种求利。仁义也是利，道德也是利，这些是广义的、长远的利，是大利。不是狭义的金钱财富的利，也不只是权利的利。

人生的福祸都很难说。我们如果从道德果报的观点来看，便有后世宗教家们所说的："祸福无门，唯人自召。"如果只从哲学的观点来看，便符合"塞翁失马，焉知非福；塞翁得马，焉知非祸"的至理名言。

物质环境好，是不是就一定能够快乐？这是一个观念问题，并不是绝对的。固然，物质环境的好坏，可以影响到人的心情与思想。但有高度精神修养的人，同样的能够以自己的心，去转变环境的。如孔子说颜回："贤哉！回也。一箪食，一瓢饮，在陋巷，人不堪其忧，回也不改其乐，贤哉回也！"他自己有自己的天地，并不因为物质环境的影响而有所改变。如果没有中心思想，没有立身处世的道德标准和这一些精神的修养，纵然有再多的财富，再好的物质环境，而他的心理上，并不会快乐的。

个人的人生也是一样，自己不能矛盾，当受到艰难或迫害的时候，就要改变自己的环境。当环境不能改变时，就要自己站起来，坚强起来，宁死而不向困难环境屈服。

在艰苦中成长成功之人，往往由于心理的阴影，会导致变态的偏差。这种偏差，便是对社会、对人们始终有一种仇视的敌意，不相信任何一个人，更不同情任何一个人。爱钱如命的悭吝，还是心理变态上的次要现象。相反的，有器度、有见识的人，他虽然从艰苦困难中成长，反而更具有同情心和慷慨好义的胸襟怀抱。因为他懂得人生，知道世情的甘苦。

272

在我们几千年来的中国文化里，有一个中心思想——"邪不胜正"——这是一项真理，已成为家喻户晓、人人能道的至理名言了。但是自古以来，在任何时代，行正道都是非常艰难的。

今天耕耘的人，自己不一定享受得到它的成果。

人不论为国、为家、为自己，都是希望自己看到、享受到自己努力的成果，这也是人情之常。

世界上任何一个人，在心理行为上，即使一个最坏的人，都有善意，但并不一定表达在同一件事情上。有时候在另一些事上，这种善意会自然地流露出来。俗话常说，虎毒不食子，动物如此，人类亦然。只是一般人，因为现实生活的物质的需要，而产生了欲望，经常把一点善念蒙蔽了，遮盖起来了。而最严重的，如《西游记》中的牛魔王，也就是人的脾气，我们常常称之为牛脾气，人的脾气一来，理智往往不能战胜情绪。所以凡是宗教信仰、宗教哲学，乃至孔孟学说，都是教人在理性上、理智上，就这一点善意，扩而充之，转换了现实的、物质的欲望和气质，使内在的心情修养，超然而达到圣境。

过去历史上一切的决定权，都取决于君王，实在是不合理，毛病很大也很多。但真正的全民民主可也真难说，要讲真正的全民民主，先决的条件，除非是真正做到全民都是圣贤。至少要全民的教育水准、学识修养都能达到一致的水平才可以。不然，千万不要忘了群众有时的确是很盲从盲动的。众人之纷纷，不如一士之谔谔，那也是不可否认的事实。所以国人皆曰如何如何，也并不见得就是真正的是非善恶。因此一个强有力的君主，他的主张，的确具有百分之百决定性的影响，这就必须靠君主的聪明睿智了。我们放眼看今日西方文化的民主，尤其如美国模式的民主，群众所公认选举的，又何尝一定全是好的？至于幕后操纵在资本家手里的暗潮，更不必谈了。

孔孟之道，并不是像后儒所说的那样，坐在那里空谈、讲道，钻研心性微言，讲授孔孟理学，静坐终日，眼观鼻，鼻观心，观到后来，只有"乐岁终身苦，凶年不免于死亡"，那才真是误了道，造了孽了。所以孔孟之道是救世济民的，正如管子政治哲学的名言："仓廪实，而后知荣辱。衣食足，而后礼义兴。"都是先要个人的经济充裕了，才有安和康乐的社会，然后才能谈文化教育，谈礼乐。

细读中国几千年的历史，会发现一个秘密。每一个朝代，在其鼎盛的时候，在政事的治理上，都有一个共同的秘诀，简言之，就是"内用黄老，外示儒术"。自汉、唐开始，接下来宋、元、明、清的创建时期，都是如此。内在真正实际的领导思想，是黄、老（黄帝、老子）之学，即是中国传统文化中的道家思想。而在外面所标榜的，即在宣传教育上所表示的，则是孔孟的思想，儒家的文化。但是这只是口号，只是招牌而已，亦可以旁借"挂羊头卖狗肉"的市井俚语来勉强比拟，意思就是，讲的是一套，做的又另外是一套。

我们研究历史，很明显地看出，每当在变乱时代中的社会，所谓道德仁义，这些人伦的规范，必然会受影响，而惨遭破坏。相反的，乱世也是人才辈出、孕育学术思想的摇篮。拿西方的名词来说，所谓"哲学家"与"思想家"，也都在这种变乱时代中产生，这几乎是古往今来历史上的通例。

现在大家都觉得每天的会议太多，头大得很，这是中西文化合璧的过渡时期的现象。时代不同，社会结构、人事变化古今大不相同。古代官制人事比现在少得多。就清代而言，康熙年间，全国上下二十余省，从中央到地方的正式朝廷官员，只有二万五千多人。就此人数，办理约四万万人的政治事务。当然，我们看到清末的政治非常腐败，但是在腐败中间，也有一点值得注意，就说那时腐败衙门的师爷们，每天上班，大多已在下午两三点钟，吃过午饭，睡好午觉，鸦片烟抽足以后才上班。可是他们今日事今日了，难得有拖到好多天才办的。难道说这是制度问题？实在难以下一评断！

再看古代，皇帝都是早朝，非常辛苦。就以清朝的皇帝而论，承继中国五千年文化的正面，专权到了极点，事无巨细都要过问，以致皇帝从来不能睡得舒服。凌晨四五点钟就要起床，如果贪睡起不来，就有一个老太监跪下来叫；如果叫不起来，就由另一太监，打一铜盆热水，绞一条热热的面巾，覆到仍在睡梦中的皇帝脸上，替他擦一把脸，硬把他拖起来，替他穿上龙袍，拉着去主持早朝。吃饭也没有人陪，孤家寡人一个人吃。清代先祖的法制：不能由皇后陪，最多下命令找一个喜欢的妃子陪他吃。人到了这个地步，权力固然可爱，可是有许多事情，就没有味道了。我们顺便讲到这些，是要注意早朝制度。

一般的妇人之仁，如果扩而充之，就是仁之爱，那就非常伟大了。且看不同宗教中的几位代表人物，就可知母性仁爱的伟大。佛教里最受欢迎的是观世音菩萨，虽然在佛经的原始记载上，他是一位男性，但是他却常以女身出现，而后世人们也都喜欢膜拜他以女性姿态出现的化身。代代相传，如今他已成为母性慈爱的象征。天主教的圣母玛丽亚，是伟大母爱的表征。至于道教标榜的则有瑶池圣母。尽管人类各种宗教的教规、教条、教义，都是重男轻女，但最后还是推崇女性的伟大。看来蛮有意思的。

在中国文化中，有一句话，包括了四件事："声、色、货、利"。在历史上只要帝王好"声色货利"，那个社会、国家，没有不乱的。这四件事，没有一件是好事，全是坏事。

后世一些读书人，读了《孟子》这一类的书，学了这一派的论调，每提到声色货利，就视同毒蛇猛兽，像有剧毒一样的恐惧。其实，我们每一个人，对于"声色货利"，没有不爱好的。只是对这四件事的欲望、程度上有大小的不同而已。只要扩充这大家都爱好的事，并导之正途，那么不但对社会无害，而且能收到移风易俗的效果，反而是国家、社会、人民的福利了。我们所谓现代化的第一流强国，正是"声色货利"最前进的国家。反之，就是尚在落后、尚未开发中的国家。

其次，我们要讨论的"声、色、货、利"四事，我国历史文化上，几千年来，都认为是要不得的坏事。直至国民革命成功、推翻"满清"以前，大家还是看不起工商业，尤其是看不起商人。过去习惯上所谓的士、农、工、商，商人被列为四民之末，这都是中国文化受这些传统观念的影响，致使工商业不发达，科学不进步，而形成中国文化呆滞的一面。

老实说，个人好勇，最高明的也不过是"任气尚侠"而已，其偏差的流弊很大，甚至睚眦必报、犯禁杀人而自取灭亡。至于帝王好勇的偏差，则必然会穷兵黩武，以残杀侵略为能事，那就弄得生灵涂炭，造成社会、国家、人类的大祸害了。最后的结果，不但害了别人，自己的社会国家也同样受害，乃至于本身生命都不保。现代史的希特勒和第二次大战的日本军阀们，就是如此。只有一怒而"安"天下，这才是大勇。

"入国问禁，入乡随俗"，这是很重要的一个措施，尤其近代交通工具发达，超音速的交通，减少了旅途上使用的时间，等于缩短了空间的距离，于是人与人的接触愈益频繁。因此，在现代所谓"人际关系"上，问禁与随俗，更是十分重要的。我们在进入一个国家之前，一定要先了解这个国家的法令；去一个地方时，也一定要先弄清楚这个地方的风俗习惯；到任何国家、任何地方，都要尊重当地的法令和习俗，不要做出违逆的事来。对异国如此，对他乡客地如此，最好对于一般团体也如此。在人际关系上，要非常慎重，要尊重对方的习俗、信仰。对于个人也应注意到，例如某人精神有问题，见不得红色，而你穿了一件大红衣服去看他，结果一定很糟糕。扩而大之，对于某些行业，也要注意其禁忌。比如坐旧式的船，在船上吃过饭后，把筷子搁在碗上，就犯了大禁忌。我们这样注意自己的行为，一则是对人的礼貌和恭敬，次则是减少自己的麻烦和困扰，甚至减少失败的因素。可惜许多年轻人都忽视了孟子这句话，认为是几千年前的陈旧思想。

识人如辨物，那一种似是而非的赝品，最会把人难倒。玉和石，是很容易分辨得出来的，但是遇到一块很像玉的石头，那么珠宝店的专家，也感到头痛了。至于评断宝剑也是一样，普通的生铁所铸，锋刃不利的，一望而知。但是样子很像什么干将、莫邪的古代名剑，也会令古董商人头痛。物固如此，对人的认识就更难。因为人是活着的，是动的，会自我巧饰，所以一个很贤能的君主，也怕遇到那种耍嘴皮子能说善道的辩士，弄得不好就误认他是有真才实学的通人，予以重用而终于误国。历史上更有许多亡国之君，看来非常聪明；一些亡国之臣，看来非常忠心的。例如大家最崇拜的诸葛亮，也把马谡看走了眼，而自叹不如刘备的知人。

鉴识人，见其器度固难，即使是从言默举止有了认识，也是不够的，还必须要更深入地了解他的个性。

所以认识了一个人的气度，同时还要看他这一种气度，在反面有什么缺陷，那么"事上"也好，"用下"也好，才能达到知人善任的目的。

尧的儿子叫丹朱（他虽是皇帝的儿子，那时候还没有太子的名称），所谓丹朱不肖，大不如他的父亲，其实也没有大坏处，只是顽皮。尧用尽了种种办法教导他，始终不太成才。一个世家公子，有钱、有地位、有势力，在教育立场上看，有他先天性的优越，同时也有先天性的难以受教的缺失。据说，尧为这个儿子，发明了围棋（我们现在玩的围棋，便是尧所发明的），以此来教他的儿子，训练他的心性能够缜密宁静下来。但是，丹朱在下棋方面，也没有达到国手的境界，到底还是无效。因此，尧把帝位传给了舜，历史上称为"公天下"。后世历史学家认为帝尧真是高明，因此而有政治上最高尚的道德，同时也是保全自己后代子孙的最高办法。如果当时由丹朱即位做了皇帝的话，也许可能是作威作福，反而变成非常坏、非常残暴，那么尧的后代子孙，也可能会死无噍类了。他把天下传给了舜，反而保全了他的后代。

最近大专学生中兴起一股歪风，喜欢讲谋略学，研究鬼谷子等学说。我常对他们说少缺德，把那些年轻人给鬼谷子迷住了干什么？对于谋略，应该学，不应该用。因为用谋略有如玩刀，玩得不好，一定伤害自己，只有高度道德的人，高度智慧的人，才会善于利用。西方宗教革命家马丁·路德说的："不择手段，完成最高道德。"但一般人往往把马丁·路德的话，只用了上半截，讲究"不择手段"，忘记了下面的"完成最高道德"。马丁·路德是为了完成最高道德,所以起来宗教革命,推翻旧的宗教,兴起新的宗教——现在的基督教。而现在的人,只讲不择手段,忘了要完成最高道德。

一般人说儒家的人反对道家,说道家所提倡的"无为而治",就是让当领袖的,万事都不要管,交给几个部下去管就是。这样解释道家的"无为",是错误的。实际上道家的"无为",也就是"无不为",以道家的精神做事作人,做到外表看来不着痕迹,不费周章。譬如盖一栋房子,就在最初,把这栋房子将来可能发生的毛病,都逐次弥补好了。所以在盖完了以后,看起来轻而易举,不费什么,而事实上把可能发生的漏洞,事先都弥补了,没有了,这就叫"无为"。换句话说,就是现在已经看到,某一件事在将来某一个时候可能发生问题,而现在先把问题解决了,不再出毛病,这就是道家的"无为而治",这是很难做到的。并不是不做事、不管事叫做"无为"。

孔子说:"无为而治者,其舜也与!"无为而治,使天下大治是不容易的,只有上古时代的尧舜才做到。

我们经历这几年的离乱人生——国家、社会、天下事,经过那么大的变乱——才了解国家社会安定了,天下太平了,才有个人真正的精神享受。不安定的社会、不安定的国家,实在是做不到的。时代的剧变一来,家破人亡,妻离子散的悲剧,遍地皆是。所以古人说:"宁为太平犬,莫作乱世人。"而曾点所讲的这个境界,就是社会安定、国家自主、经济稳定、天下太平,每个人都享受了真、善、美的人生,这也就是真正的自由民主——不是西方的,也不是美国的,而是我们大同世界的那个理想。每个人都能够做到,真正享受了生命,正如清人的诗:"天增岁月人增寿,春满乾坤福满门。"我们年轻时候,家里有书房读书的生活,的确经历过这种境界,觉得一天的日子太长了,哪里像现在，每分钟都觉得紧张。如果我们有一天退休，能悠闲地回家种种菜，看看有多舒服！

清代才子袁枚有名的故事，他二三十岁就名满天下，出来作县长，赴任之前，去向老师——乾隆时的名臣尹文端辞行请训，老师问他：年纪轻轻去做县长，有些什么准备？他说什么都没有，就是准备了一百顶高帽子。老师说年轻人怎么搞这一套？袁枚说社会上人人都喜欢戴，有几个像老师这样不要戴的。老师听了也觉得他说的有理。当袁枚出来，同学们问他与老师谈得如何，他说已送出了一顶。这就是孔子说的："巽与之言，能无说乎？"好听的话谁不愿听？

真正的诚恳、朴实，就是最好的文化，也是真正的礼乐精神。而后天受这些知识的熏陶，有时候过分雕凿，反而失去了人性的本质。如明朝理学家洪自诚的《菜根谭》——此书两百多年来不见了，清末民初，才有人从日本书摊上买回。其书与吕坤的《呻吟语》是相同的类型。书中第一条就说："涉世浅，点染亦浅，历事深，机械亦深。"涉世，就是处世的经验。初进入社会，人生的经验比较浅一点，像块白布一样，染的颜色不多，比较朴素可爱。慢慢年龄大了，嗜欲多了（所谓嗜欲不一定是烟酒赌嫖，包括功名富贵都是），机心的心理——各种鬼主意也越来越多了。这个体验就是说，有时候年龄大一点，见识体验得多，是可贵；但是从另一个观点来看，年龄越大，的确麻烦越大。有些人变得沉默寡言，看起来似乎很沉着，似乎修养非常高，但实际上却是机械更深。因为有话不敢说，说对得罪人，说不对也得罪人。假使一个心境比较朴实一点的人，就敢说话了。譬如武则天时代的宰相杨再思，虽然是明经出身，经历多了，作宰相以后，反而变得"恭慎畏忌，未尝忤物"。别人问他："名高位重，何为屈折如此？"他说："世路艰难，直者受祸。苟不如此，何以全身。"

一个人道德修养，真要做到"君子坦荡荡"，必须修养到什么程度呢？要做到"弃天下如敝屣，薄帝王将相而不为"。把皇帝的位置丢掉像丢掉破鞋子一样。为了道德，为了自己终身的信仰，人格的建立，皇帝可以不当，出将入相富贵功名可以不要。孔子所标榜的人格的修养，到了这地步，那自然会真正"坦荡荡"。人有所求则不刚。曾子也说："求于人者畏于人。"对人有所要求，就会怕人。如向人借钱，总是畏畏缩缩的。求是很痛苦的。所谓"人到无求品自高"。所以要做到"君子坦荡荡"，养成"弃天下如敝屣"，然后可以担当天下大任了。因为担当这个职务的时候，并不以个人当帝王将相为荣耀，硬是视为一个重任到了身上来，不能不尽心力。但隋炀帝另有一种狂妄的说法，他说："我本无心求富贵，谁知富贵迫人来。"能说这种狂妄的话，自有他的气魄。这是反派的。到他自己晓得快要失败了，被困江都的时刻，对着镜子，拍拍自己的后脑："好头颅，谁能砍之？"后来果然被老百姓杀掉了。这是反面的，不是道德的思想。

对自己子女的教育更要注意，千万不要"儿女都是自己的好"，对自己的儿女也要看情形，"中人以上可以语上也，中人以下不可以语上也。"教育后代，只是希望他很努力，很平安的活下去，在社会上做一个好分子，这是最基本的要点，并不希望他有特殊的地方。像苏东坡，名气那么大，在文人学者中，他实在好运气。比苏东坡学问好的人，不是没有，可是苏东坡在宋朝，名闻国际，几个皇帝都爱他。当时日本、高丽派来的使臣都知道，甚至敌国的人都知道，当时金人所派来的使臣，第一个问起的就是苏东坡和他的作品，他的文章、诗词，中外传扬。后来他在政治舞台上受到重重打击，便写了一首感慨的诗说："人人都说聪明好，我被聪明误一生。但愿生儿愚且蠢，无灾无难到公卿。"我们从苏东坡这首诗上看到人生。他无限的痛苦、烦恼。所以学问好，名气大，官作高了，没痛苦吗？痛苦更多，这是我们从他这首诗了解的第一点。第二点，从这首诗看苏东坡的观点就很可笑了，试看他前两句，不但他有这个感觉，大家也有这种感觉；第三句也蛮好的；第四句毛病又出在他太聪明了。世界上哪有这种事？生个儿子又笨、又蠢，像猪一样，一生中又无灾无难，一直上去到高官厚禄，这个算盘打得太如意了。这是"聪明误我"？或是"我误聪明"呢？就人生哲学的观点来看，如果当苏东坡的老师，这一首诗前三句可打圈圈，末句不但打三个 ×，还要把苏东坡叫来面斥一顿："你又打如意算盘，太聪明了！怎么不误了自己呢？"

我有时也不大欢喜读书太过用功的学生，这也许是我的不对。但我看到很多功课好的学生，戴了深度的近视眼镜，除了读书之外，一无用处。据我的发现是如此，也是我几十年的经验所知，至于对或不对，我还不敢下定论。可是社会上有才具的人，能干的人，将来对社会有贡献的人，并不一定在学校里就是书读得很好的人。所以功课好的学生，并不一定将来到社会上做事会有伟大的成就。前天在 × 大考一个研究生，拿硕士学位，很惭愧的，我忝为指导老师。还好最后以八十五分的高分通过了。这个孩子书读得非常好，但是我看他做事，一点也不行，连一个车子都叫不好。书读得好的，一定能救国吗？能救国、救世的人，不一定书读得好。假定一个人书读得好，学问好，才具好，品德也好那才叫做文质彬彬，算是一个人才。所以我常劝家长们不要把子弟造就成书呆子，书呆子者无用之代名词也。试看清代中叶以来，中西文化交流以后，有几个第一名的状元是对国家有贡献的？再查查看历史上有几个第一名状元对国家有重大贡献的？宋朝有一个文天祥，唐朝有一个武进士出身的郭子仪。只有一两个比较有名的而已。近几十年大学第一名毕业的有多少人？对社会贡献在哪里？对国家贡献在哪里？一个人知识虽高，但才具不一定相当；而才具又不一定与品德相当。才具、学识、品德三者要兼备，不但学校教育要注意，家庭教育也要对此多加注意。

在权位、名利之间，大家都说对富贵功名不在乎，但有人问我喜欢什么？我一定说喜欢钱。问我有钱没有？我老实回答没有钱。当然，不应该要的钱不会去拿，危险的钱不敢去拿，所以一辈子也没有钱。但钱是人人喜欢的，所以要讲老实话。如果说"我绝不要钱"，这个话真不真？很难说了。同样的说"我绝不要做官"，这个话是不是真心的，也很难说。富贵功名我很喜欢，可是绝不乱来，绝不幸致。这是坦白话、良心话，我喜欢，但不苟取、不乱来，这已经了不起，是很好的素养了。如果说我绝对不喜欢，那是假话。人要诚恳。所以做官，必须要学学令尹子文，三次上台，不喜，三次下台，不愠。我们看书时往往把这种地方很轻易带过了，如果自己切实一体会，才知道他真是了不起。上台，应该的，你交给我做，只要能够做的我尽力去做；下台，最好，我休息休息，给别人做，心里无动于衷。这还不怎么难，最难的是："旧令尹之政，必以告新令尹。"自己所做的事情，一定详详细细告诉后面接任的人该怎么办。普通交接，只说："这事我办了一半，明天你开始接下去。"就这样了事，而不把事情的困难、机密，全部告诉来接印的新人。多数人都会有经验，新旧任交接，在交印时总不是味道，多半不愿把困难的所在告诉新任的人。即使双方是好朋友，也是一样。甚至原来两个好朋友，一个在台上的病危了，另一个到医院去探望，关心的是哪一天可以去接他的印，而不是病情何时好转。看了几十年人情，颇恨眼睛还很亮，不太老花，耳朵也颇灵光，这真不是件快乐的事！

中国文化里讲人生的道理："唯大英雄能本色，是真名士自风流。"所谓大英雄，就是本色、平淡，世界上最了不起的人就是最平凡的，最平凡的也是最了不起的。换句话说：一个绝顶聪明的人，看起来是笨笨的，事实上也是最笨的，笨到了极点，真是绝顶聪明。这是哲学上一个基本的问题。人没有谁算聪明，谁又算笨，笨与聪明只是时间上的差别。所谓聪明人，一秒钟反应就懂了，笨的人想了五十年也懂了，这五十年与一秒钟，只是那么一点差别而已，所以了不起就是平凡。唯大英雄能本色——平淡。上台是这样，下台也是这样。所以曾国藩用人，主张始终要带一点乡气——就是土气。什么是土气？我是来自民间乡下，乡下人是那个样子，就始终是乡下人那个样子，没有什么了不起。所以彭玉麟、左宗棠这一班人，始终保持他们乡下人的本色，不管自己如何有权势，在政治功业上如何了不起，但我依然是我，保持平凡本色是大英雄。另一句"是真名士自风流"，同一意义，不再重复了。

一个人不要迷于绚烂，不要过分了，也就是一般人所谓不必"锦上添花"，要平淡。

我们都常听说"得意忘形"，但是，据我个人几十年的人生经验，还要再加上一句话——"失意忘形"。有人本来蛮好的，当他发财、得意的时候，事情都处理得很得当，见人也彬彬有礼；但是一旦失意之后，就连人也不愿见，一副讨厌相，自卑感，种种的烦恼都来了，人完全变了——失意忘形。所以我就体会到孟子讲的："富贵不能淫，贫贱不能移，威武不能屈。"一个人做学问，只要做到"贫贱不能移"一句话——能够受得了寂寞，受得了平淡，所谓"唯大英雄能本色"，无论怎么样得意也是那个样子，失意也是那个样子，到没有衣服穿，饿肚子仍是那个样子，这是最高修养，达到这步修养太难了。

"谨慎"在历史上有个榜样，就是我们中国人最崇拜的人物之一的诸葛亮。所谓"诸葛一生唯谨慎，吕端大事不糊涂。"这是一副名联，也是很好的格言。吕端是宋朝一个名宰相，看起来他是笨笨的，其实并不笨，这是他的修养，在处理大事的时候，遇到重要的关键，他是绝不马虎的。那诸葛亮则一生的事功在于谨慎，要找谨慎的最好榜样，我们可多研究诸葛亮。

谨慎不可流于小器，这点修养要注意，这个人能谨慎处世而信——在人与人之间，人与社会之间，一切都言而有信。

为人处世，善于运用巧妙的曲线只此一转，便事事大吉了！换言之：做人要讲艺术，便要讲究曲线的美。骂人当然是坏事。例如说："你这个混蛋！"对方一定受不了，但你能一转而运用艺术，你我都同此一骂，改改口气说："不可以乱搞，做错了我们都变成豆腐渣的脑袋，都会被人骂成混蛋！"那么他虽然不高兴，但心里还是接受了你的警告。若说："你这个混蛋，非如此才对"。这就不懂"曲则全"的道理了，所以，善于言词的人，讲话只要有此一转就圆满了，既可达到目的，又能彼此无事。若直来直往，有时是行不通的。不过曲线当中，当然也须具有直道而行的原则，老是转弯，便会滑倒而成为大滑头了。所以，我们固有的民俗文学中，便有："莫信直中直，须防仁不仁"的格言。总之：曲直之间的"运用之妙，存乎一心"。

中外历史上，与政治有关的女人太多，几乎任何一个政权都离不开女人。常在报纸上看到，英国的绯闻出来了，白宫的桃色新闻又出来了，全世界新闻界闹得那么凶，我看看觉得蛮好玩的。有的学生问，怎么觉得好玩而已？我说这有什么稀奇呢？报纸上闹是另外一回事。古今中外任何一个政权，几乎没有不和女性发生关系的。不过有些是好的女性，有些是坏的女性，和历史的整个形态都有关系，可惜的是古代重男轻女，历史的记载没有朝此方向发挥而已。明末清初文学家李笠翁说的，人生就是戏台，历史也不过是戏台，而且只有两个人唱戏，没有第三个人。哪两个人？“一个男人，一个女人。”

这句话又引起另一则有名的故事：相传清朝的乾隆皇帝游江南，站在江苏的金山寺，看见长江上有许多船来来往往。他问一个老和尚：“老和尚，你在这里住了多少年？”老和尚当然不知道这个问话的人就是当今皇上，他说：“住了几十年。”问他：“几十年来看见每天来往的有多少船？”老和尚说：“只看到两只船。”“这是什么意思？为何几十年来只看到两只船？”老和尚说：“人生只有两只船，一只为名，一只为利。”乾隆听了很高兴，认为这个老和尚很了不起。李笠翁说人生舞台上只有两位演员，一个男的，一个女的，这也是很自然的现象。

《庄子》书中有句话妙得很，他说：“不亡以待尽。”这话怎么说呢？意思是我们活在世界上并没有活，是在那里等死。所以庄子又说：“方生方死，方死方生。”当一个婴儿出世，我们说生了，但庄子的观念中，那不是生了，而是死亡的开始。自生之时就开始慢慢走向死亡。两岁时，一岁的我过去了；十岁时，九岁的我过去了；四十岁时，三十九岁的我过去了。天天都在生死中新陈代谢，思想也在生了死，死了生。我们一个新的思想生了，前一个思想马上死亡了，流水一样。正如孔子说的“逝者如斯夫！不舍昼夜”。所以庄子说看着这生命活着，没有死，是在等最后的一天。

从哲学的观点来看人生，的确是这样。所以有人学哲学，学得不好的，反而觉得人生没有意思，你说搞了半天有什么结论？没有结论。这个世界就是一个缺憾的世界。但是也有人通了的，晓得这个世界本来就是个缺憾的世界。像曾国藩在晚年，就为他的书房命名为“求阙斋”，要求自己有缺憾，不要求圆满。太圆满就完了，作人做事要留一点缺憾。如宋朝的大哲学家、通《易经》而能知道过去未来的邵康节，和名理学家程颢、程颐弟兄是表兄弟，和苏东坡也有往来。二程和苏不睦。邵康节病得很重的时候，二程在病榻前照顾，这时外面有人来探病，程氏兄弟问明来的是苏东坡，就吩咐下去，不要让苏东坡进来。邵康节躺在床上已经不能说话了，就举起一双手来，比成一个缺口的样子。程氏兄弟不懂他作出这个手势来是什么意思，后来邵康节喘过一口气，他说："把眼前路留宽一点，让后来的人走走。"然后死了。这也就是说世界本来缺憾，又何必不让人一步好走路！

许多人误解了佛学的用词。如在佛学上经常看到"梦幻空花"这句话，在文学上看来很美，世界上一切的感情、人事等等就是这四个字。从这四个字的文学表面看，以为什么都没有。但不是没有，"梦幻空花"形容得非常好，不能说是没有。这就是哲学了。

当一个人在梦中，如果说"梦没有"，这句话不见得能成立。当我们在梦中的时候，并没有觉得梦是没有。所以在梦中的时候，伤心的照样会哭，好吃照样在吃，挨打照样会痛，这就不能说在梦中的为"没有"，当他在梦中的时候是有的。一个人在作梦的时候，不管在作什么梦，千万不要叫醒他，否则就是大煞风景。即使他梦中觉得痛苦，而痛苦中也有值得回味之处，这也是他的生活，何必叫醒他？

我们知道梦的现象，是在睡眠里头所发现的，感觉到的，醒来以后，自己一笑，说作了一个梦，是空的，那是闭着眼的迷糊事，张开眼睛，梦就没有了。事实上，我们现在张开眼睛在作梦。试把眼睛一闭，前面的东西就没有了。白天张开眼睛，心里构成了活动，也在作梦，并没有两样，现在闭上眼睛，马上前面的东西看不见了，如梦一样，过去了。昨天的事情，今天一想，也过去了，很快的过去了，那也是一个梦，很快的梦，和一张开眼就没了，在心镜上是完全一样的。所以梦中不能说它没有。

再说"空花"，虚空中的花朵，怎么看得见？人把眼睛一揉，可以看到眼前许多点点，那些点点本来没有，是揉出来的。可是在视觉上是看到了。拿生理学、医理学来讲，因为视神经被磨擦，疲劳了，充血压迫刺激以后，起了幻觉，虽然是幻，但却实实在在看到了。

无论东方或西方，任何一种文化、一种学术思想，都是以求利为原则。如果不是为了求利，不能获利的，这种文化、这种思想，就不会有价值。

从哲学的观点看，一切生物，都有一个共同的目标，就是"离苦得乐"。饥饿是苦，吃饱了则得乐。疾病是苦，医好了则乐。天气太热则苦，到树荫下乘凉，或到有冷气的房子里，全身清凉则乐。一切生物的一切行为动态，目的都在"离苦得乐"，也就是我们中国文化《易经》上的"利用安身"，也就是现代观念想办法在我们活着时，活得更好。像设法利用太阳能，净化空气，防止水源的污染，目的都是使我们好好地活着，这些都是《易经》中所说的"利用安身"。所以任何文化，任何学说思想，如不能求利，没有利用价值，则终必被淘汰。

即如宗教家们的修道，也是为利。修道的人，看起来似乎与人无争。实际上出世修道的宗教家，是世界上最讲究先求自利的人，他抛弃世间一切去修道，修道为了使自己升天或成佛，这也是为了自己。虽然说自利而后利他，那也只是扩充层次上的差别，其唯利而图是一样的。为了升天成仙之利而修道，这也是为了利。

关于领导人的心理行为问题，我们站在心理哲学立场（我今天提出"心理哲学"这一名词，也许有些人要反对、批评或指责。但事实上任何一种专门学说刚刚提出来的时候，一定会遭遇到这样的反应，然后大家慢慢了解，而接受。如果有时间到学校里开这么一门课，必能建立起"心理哲学"这一学说的完整体系）来看历代帝王，有很多人，或多或少，都有心理变态，或心理病态的。如明代的开国皇帝明太祖朱元璋，到了晚年的好杀，就是心理病态的一种。至于其他皇帝所表现的，也往往有医学上所称心理变态或病态的症状，只是各有不同而已。有的好杀，有的好色，有的好货等等，但都属于心理变态或病态的症状是没错的。如果遇到这样的皇帝，那就很不幸了，往往会弄得民不聊生，甚至于丧身失国。

历史上这一类的例子很多，所以几千年来，我国固有文化讲究心性修养，讲究内圣外王之道，尤其对于君临天下的政治领导人要求更严，这是很有道理的。

不但是古代需要重视领导人的领导心理行为，就是现代，更要重视这门学问。放眼今日世界，有许多国家的领导人，像现在乌干达的阿明，假如他有勇气到心理医师那里去就诊，那么诊断书上的记载，可能相当严重。至于拿破仑、希特勒、墨索里尼等，世人已经公认了他们心理不健全。

后世好乐的帝王也很多。唐太宗爱好音乐，同时爱好武功，爱好书法。中国的书法，以他提倡最力。后来几位大书法家，如颜真卿、柳公权等，都出在唐代。其实唐太宗自己的字就写得很好，还有他的"秘书长"虞世南，"秘书"褚遂良等，都是最好的书法家。唐太宗临死时，什么都不要，吩咐他儿子把从别人那里抢来的王羲之写的《兰亭集序》放到棺材里陪葬，可见他爱好之深。他同时也爱好诗，结果不但自己的诗作得好，而且影响唐代的诗达到鼎盛。唐太宗有多方面的兴趣，也有多方面的欲望，可是他自己知道站在领导人的地位，应该如何去适当处理自己的欲望，使之变为正常化，所以他能够成为后世的英明之主。不然的话，像另外几个爱好音乐的帝王，因为不善于处理自己的爱好，结果都是把政治生命连同本身生命一起玩掉了。

在唐代帝王中，最好提倡音乐的就是唐明皇，后世戏班中供奉的祖师爷，就是这位唐朝的皇帝。

唐代末期的僖宗，年少不懂事，只好玩乐，政令都被他左右的权奸、大臣们所把持。他好踢球，自己认为球技最佳。有一天打球回来，对他最嬖幸的优人，也是球手石野猪说，如果打球也可以参加考试的话，我一定可以考取状元。石野猪说，不错，你在打球上可以考状元；但是，如果碰到尧舜来主管吏部的话，在考绩的时候，一定会把你免职了。僖宗听了，便哈哈大笑了事。

再下来残唐五代，几乎没有几个帝王不好音乐、戏剧，如南唐后主等，结果都是这样玩玩，把政治搞坏了。国家也完了，而整个五代也因此弄得乱七八糟。这在历史的环节中，也是很有趣的问题。

领导人对部下，或者丈夫对太太，都容易犯一个毛病。尤其是当领导人的，对张三非常喜爱欣赏，一步一步提拔上来，对他非常好，等到有一天恨他的时候，想办法硬要把他杀掉。男女之间也有这种情形，在爱他的时候，他骂你都觉得对，还说打是亲骂是爱，感到非常舒服。当不爱的时候，他对你好，你反而觉得厌恶，恨不得他死了才好。这就是"爱之欲其生，恶之欲其死"。爱之欲其生的事很多，汉文帝是历史上一个了不起的皇帝，他也有偏爱。邓通是侍候他，管理私事的，汉文帝很喜欢他。当时有一个叫许负的女人很会看相，她为邓通看相，说邓通将来要饿死。这句话传给汉文帝听到了，就把四川的铜山赐给邓通，并准他铸钱（自己印钞票）。但邓通最后还是饿死的。这就是汉文帝对邓通爱之欲其生。当爱的时候，什么都是对的，人人都容易犯这个毛病，尤其领导人要特别注意。孔子说："既欲其生，又欲其死，是惑也。"这两个绝对矛盾的心理，人们经常会有，这是人类最大的心理毛病。

我们做人处理事情，要真正做到明白，不受别人的蒙蔽并不难，最难的是不要受自己的蒙蔽。所以创任何事业，最怕的是自己的毛病；以现在的话来说，不要受自己的蒙蔽，头脑要绝对清楚，这就是"辨惑"。譬如有人说"我客观地说一句"，我说对不起，我们搞哲学的没有这一套，世界上没有绝对的客观，你这一句话就是主观的，因为你说"我"，哪有绝对的客观？这就要自己有智慧才看清楚。这些地方，不管道德上的修养，行政上的领导，都要特别注意。"爱之欲其生，恶之欲其死"是人类最大的缺点，最大的愚蠢。

作人与其开放得过分了，还不如保守一点好。保守一点虽然成功机会不多，但绝不会大失败；而开放的人成功机会多，失败机会也同样多。以人生的境界来说，还是主张俭而固的好。同时个人而言奢与俭，还是传统的两句话："从俭入奢易，从奢入俭难。"就像现在夏天，气候炎热，当年在重庆的时候，大家用蒲扇，一个客厅中，许多人在一起，用横布做一个大风扇，有一个人在一边拉，扇起风来，大家坐在下面还说很舒服。现在的人说没有冷气就活不了。我说放心，一定死不了。所以物质文明发达了，有些人到落后地方就受不了，这就是"从奢入俭难"。

历史上许多人，像吕蒙正，当了宰相，生活仍然很清苦。如最近电视上轰动的包青天，他一生的生活，也是清俭到极点，他本身没有缺点被人攻击。那么多年，身为大臣，龙图阁直学士兼开封府尹，等于中央秘书长，兼台北市长。做了这么大的官，可是一生清俭。民间传说，更把他当做了神，讲儒家文化，包公成了一个标竿。如宋朝的赵清献，当时人称他铁面御史，对谁都不买账，做官清正，政简刑清，监牢里无犯人，也和包公一样。历史上有许多名臣都是俭，乃至许多大臣，有的临到死了，连棺材都买不起。不但一生没有贪污一文钱，连自己薪水积蓄都没有，后代子孙都无力为他买棺材，要由老朋友来凑钱，这就是俭的风范。

后世道家所讲的"炼精化气，炼气化神，炼神还虚"，究竟有没有这回事呢？——有这回事。但千万别误认所指是人体生理周期所产生的精虫卵子。如果这样认定，就有毫厘之差，千里之失。有一位在美国研究心理学的同学，回来跟我讲：真糟糕，现在美国心理学家，提倡老人可以结婚，享受充分的性生活，并不承认中国道家"十滴血一滴精"的说法，而且不反对多交、杂交，这不是要把老人玩死了吗！这位同学毕竟是知识分子，不能做到"绝学无忧"，一直担心得不得了。

于是，我问他：你知不知道所谓"十滴血一滴精"的说法是怎么传到美国去的？他说：道书上都这么讲。我告诉他：这不是正统的道书，这种书把"精"认作男性精子及女性卵子，根本大错特错，事实上精子卵子也不是单靠血液变出来的。美国这些心理学家、生理学家拼命攻击这种观念，是有其道理的。人家有科学上的根据，岂会随随便便相信你的说法？怪只怪我们自己贩卖中国文化的人搞错了。

后　记

　　自从一九八七年第一次读到南怀瑾先生的《老子他说》后，就对南先生的著作产生了浓厚的兴趣。几年下来，先后读了先生的大部分专著。有出版界人士怂恿：何不择其精华，编一本《南怀瑾妙语精言》之类的书，肯定会有读者。

　　南怀瑾先生祖籍浙江温州，生于一九一七年。在台湾毕生从事教学工作，精研儒释道，兼及易经天文和诗词文学，著作等身，桃李满天下，至今已出版了三十一部学术专著。两岸关系松动后，大陆多家出版社先后出版了南先生的好几部专著，总印数已达数十万。

　　南怀瑾先生著作的最大特点是内容博大精深，文字通俗易懂，南先生在阐述我国传统文化的经典名著时，广征博引，谈笑风生。南先生谈诗，有哲理，有典故；南先生谈人生，引用了大量的典故、诗词；南先生用典故，又有其独到的见地。我把这本书的名字定为《南怀瑾历史人生纵横谈》，肯定未能收尽南先生著作中的"妙语精言"，希望还能算是切题。

　　本书取材自南先生的《论语别裁》《孟子旁通》《老子他说》《禅宗与道家》《新旧的一代》《易经杂说》《易经系传

别讲》《观音菩萨和观音法门》和《金粟轩诗话八讲》等。我所做的事就是剪刀加浆糊，"断章取义"，稍加整理。好在南先生的书通篇结构严谨，但撷取一段，又能独立成篇。文章的标题大多是原书中的小标题，小部分是我加上去的。在编辑过程中只删去个别字句，纯粹是技术性的。

本书编成后，曾得到南先生的首肯，但先生无暇对此书加工润色，一切疏误不当之处，责任全在编者。

练性乾

二〇一五年八月

南怀瑾先生著述目录

1. 禅海蠡测　　（一九五五）

2. 楞严大义今释　　（一九六〇）

3. 楞伽大义今释　　（一九六五）

4. 禅与道概论　　（一九六八）

5. 维摩精舍丛书　　（一九七〇）

6. 静坐修道与长生不老　　（一九七三）

7. 禅话　　（一九七三）

8. 习禅录影　　（一九七六）

9. 论语别裁（上）　　（一九七六）

10. 论语别裁（下）　　（一九七六）

11. 新旧的一代　　（一九七七）

12. 定慧初修　　（一九八三）

13. 金粟轩诗词楹联诗话合编　　（一九八四）

14. 孟子旁通　　（一九八四）

15. 历史的经验　　（一九八五）

16. 道家密宗与东方神秘学　　（一九八五）

17. 习禅散记　　（一九八六）

18. 中国文化泛言（原名"序集"）　　（一九八六）

19. 一个学佛者的基本信念　　（一九八六）

打开微信，扫码听南怀瑾著作有声书

《论语别裁》有声书   《易经杂说》有声书

购买南怀瑾先生纸质图书，请打开淘宝，扫码登陆
复旦大学出版社天猫旗舰店

打开微信，扫码看南怀瑾著作电子书

《金刚经说什么》电子书　　　　　　　《老子他说》电子书

购买南怀瑾先生纸质图书，请打开淘宝，扫码登陆
复旦大学出版社天猫旗舰店

图书在版编目(CIP)数据

南怀瑾谈历史与人生/练性乾编.—2 版.—上海:复旦大学出版社,2016.4(2021.8 重印)
ISBN 978-7-309-11914-5

Ⅰ.南… Ⅱ.练… Ⅲ.南怀瑾(1917~2012)-人生哲学 Ⅳ.B821

中国版本图书馆 CIP 数据核字(2015)第 265881 号

南怀瑾谈历史与人生(第二版)
练性乾 编
策划创意/南怀瑾项目组
编辑统筹/南怀瑾项目组
责任编辑/邵 丹

复旦大学出版社有限公司出版发行
上海市国权路 579 号 邮编:200433
网址:fupnet@ fudanpress.com http://www.fudanpress.com
门市零售:86-21-65102580 团体订购:86-21-65104505
出版部电话:86-21-65642845
浙江临安曙光印务有限公司

开本 787×960 1/16 印张 19.5 字数 240 千
2021 年 8 月第 2 版第 5 次印刷
印数 26 301—30 400

ISBN 978-7-309-11914-5/B · 565
定价:45.00 元